Christian Hadorn

Der Schock des Wirklichen

D1665681

Der Autor

Christian Hadorn, geboren in Zürich, Studium der Kunstwissenschaft, Filmwissenschaft und Philosophie an den Universitäten Bern und Zürich, Forschungsaufenthalte zum wissenschaftlichen Film in Paris. Abschluss an der Universität Zürich mit einer Lizenziatsarbeit über das Verhältnis von Wissenschaftsfilm und Pariser Avantgarde in den 1920er- und 1930er-Jahren.

Mit einer Weiterbildung zum Master in Sozialer Arbeit heute als freier Kulturvermittler und Filmwissenschaftler tätig. Aktuell Publikationsprojekt zum albanischen Film.

CHRISTIAN HADORN

DER SCHOCK DES WIRKLICHEN

WISSENSCHAFTSFILM UND PARISER AVANTGARDE

SCHÜREN

Bibliografische Information der Deutschen Nationalbibliothek
Die Deutsche Nationalbibliothek verzeichnet diese Publikation in der
Deutschen Nationalbibliografie; detaillierte bibliografische Daten sind im
Internet über http://dnb.d-nb.de abrufbar.

Schüren Verlag GmbH
Universitätsstr. 55, D-35037 Marburg
www.schueren-verlag.de
© Schüren 2015
Alle Rechte vorbehalten
Gestaltung: Erik Schüßler
Umschlaggestaltung: bigfish, Aarau
unter Verwendung eines Motivs aus CAPRELLES ET PANTOPODES
(Regie: Jean Painleve, F 1932) – «La danse macabre»
Druck: druckhaus köthen, Köthen
Printed in Germany
Gedruckt auf Papieren aus nachhaltiger Waldwirtschaft
ISBN 978-3-89472-890-8

Inhaltsverzeichnis

Vorwort

Ohne gestalterische Absicht und mit rigorosem Realitätsbezug von einem wissenschaftlichen Institut hergestellt ist der auf optische Analyse und Dokumentation angelegte wissenschaftliche Film künstlerisch grundsätzlich unbestimmt. Mit gestalterischer Absicht und einem weniger rigorosen Realitätsbezug von einer populärwissenschaftlichen Produktion hergestellt erfährt sein filmisches Material dagegen – zum Beispiel durch eine anthropomorphisierende Mise en scène oder durch eine assoziative Montage – eine bestimmte Formung. In beiden Fällen aber können sich im filmischen Material so etwas wie ‹künstlerische Qualitäten› ergeben, auf die es eine populärwissenschaftliche Produktion vielleicht grundsätzlich anlegt, die sich aber in der jeweils spezifischen Form nicht wirklich planen lassen und sich zum Teil einfach zufälligerweise, das heißt unvorhersehbarerweise, dem filmischen Material einschreiben. Es sind dies normalerweise unsichtbare und immer ein wenig anders erscheinende kinematographische Formen und Bewegungen (zum Beispiel von Menschen, Tieren, Pflanzen oder Mikroben), die mithilfe der Vergrößerung, des Zeitraffers oder der Zeitlupe sichtbar gemacht werden. Sie verraten mit ihrer je individuellen Erscheinung genauso viel über schwer zugängliche Lebenswelten der Natur wie über die Ausdrucksmöglichkeiten der wissenschaftlichen kinematographischen Verfahren. Von derartigen Formen und Bewegungen (und von einigem mehr) wird im Folgenden die Rede sein.

Um 1910, als der wissenschaftliche Film auf Pariser Jahrmärkten und in Pariser Varieté-Theatern für Attraktionen sorgte, und nach 1920, als die Pariser Filmtheorie den wissenschaftlichen Film als Modell für eine zukünftige Filmkunst für sich entdeckte, erfuhr dieses aufgedeckte und kaum kontrollierbare kinematographische Leben jeweils eine besondere und heute weitgehend vergessene Aufmerksamkeit. Die mit diesem spezifischen Ausdruck von Leben verbundenen Qualitäten wurden vor dem ersten Weltkrieg in der französischen Hauptstadt zum Gegenstand einer populären Vermarktung, nach dem ersten Weltkrieg dann, zur Zeit der Pariser Avantgarden, daselbst zum Gegenstand von avantgardistischer Theorie und Praxis, die in diesen Qualitäten und ihren kinematographischen Voraussetzungen Hinweise für eine zukünftige Filmkunst vermuteten. Zwischen der populären Zurschaustellung wissenschaftsfilmischer Phänomene und der Theoretisierung dieser Phänomene ein gutes Jahrzehnt später besteht zweifellos ein innerer Zusammenhang, gründete doch in beiden Rahmungen die Auseinandersetzung mit dem wissenschaftlichen Film auf ästhetischen Erfahrungen derselben (zuerst noch jugendlichen) Generation der um 1900 Geborenen. Zu dieser Generation gehörten auch Jean Epstein und Jean Painlevé, zwei Protagonisten der Pariser Filmwelt der Zwischenkriegszeit und zweifellos die Leuchttürme unserer avantgardistischen Auseinandersetzung mit dem wissenschaftlichen Film. Im Werk dieser beiden Filmemacher und Filmtheoretiker erhalten die Qualitäten der wissenschaftlichen Filme, die ich eingangs heuristisch ‹künstlerische Qualitäten› genannt habe, nicht nur ein prominentes, sondern auch ein besonders akzentuiertes und vor allem historisch fassbares Gesicht. Das ‹Künstlerische› des wissenschaftlichen Films, das schon formal nicht abschließend zu bestimmen ist, erfährt durch seinen historischen (und in ihm durch seinen theoretischen) Ort erst seine filmwissenschaftliche Bestimmung. Ich erwähne Epstein und Painlevé an dieser Stelle aber auch, weil sie sich eignen, in diesem Pariser Kontext auf zwei Positionen der filmischen Avantgarde hinzuweisen, die voneinander zu unterscheiden sind: Während Epstein in seinen filmtheoretischen Texten (aber auch in einigen seiner Filme) die überraschenden Aufdeckungsqualitäten des wissenschaftlichen Films und seine Verfahren reflektiert, um den umfassenden Bewegungsaspekten des Lebens und des neuen Mediums auf den Grund zu gehen, nutzt Painlevé in seinen Filmen (aber auch in einigen seiner Texte) die überraschenden Aufdeckungsqualitäten des wissenschaftlichen Films, um die Lebenswelt des einzelnen, meist bizarren, meist aquatischen Tiers offenzulegen und zu zelebrieren. Epstein steht also für eine Position, die sich an einem betont theoretischen, reflexiven, ja metaphysischen (von manchen auch ironisierten) Zugang zum wissenschaftlichen Film orientiert, wohingegen Painlevé eher für eine Position steht, die den Blick ungefiltert auf die individuelle und surreale Ausdruckskraft des Animalischen und des Aquatischen richtet.

Painlevé und Epstein erwähne ich hier schließlich auch, weil die Stationen meiner Beschäftigung mit ihrem Werk die Geschichte dieser Arbeit selbst illustrieren, eine Geschichte nämlich, die, verkürzt gesprochen, in der Vorbereitung zu einer Lizenziatsarbeit bei Painlevé ihren Anfang nahm und nun bei Epstein zu ihrem vorläufigen Schluss kam: Mein Interesse für die hier geschilderten Zusammenhänge musste sich anfänglich in Painlevés Leben und Werk verfangen, konnte der ‹avantgardisierte› Wissenschaftsfilmer und ehemalige Surrealist Apollinaire'scher Prägung doch als die Verkörperung des Verhältnisses von Wissenschaftsfilm und Pariser Avantgarde gelten. Insbesondere sein innovativer Umgang mit der Aufnahmeapparatur, sein surrealer Blick auf bizarre aquatische Tiere und seine wunderbaren Schlussmontagen schienen beispielhafte Interpretationen des avantgardisierten Zugangs zum wissenschaftlichen Film zu sein. Die Unmittelbarkeit, mit der sich Painlevés Werk mir aufdrängte, verdeckte aber den Blick auf dahinterliegende Zusammenhänge, die zu sichten sich lohnte und die Painlevé schließlich zu einer Nebenrolle in dieser Arbeit verdammten. Sicherlich, angesichts der in diesem Zusammenhang reichhaltigen Spuren, die weit über die Werke dieser beiden Protagonisten hinausgehen, musste sich der topografische und historische Fokus auf das Paris der 1920er-Jahre zu einer klaren, eingrenzenden Vorgabe in dieser Arbeit verfestigen, diese Vorgabe änderte sich also nicht. Vielmehr erweiterte sich der Fokus innerhalb dieser Vorgabe von Filmen auf Texte, in der Hoffnung bessere Voraussetzungen für die Erklärung dieses besonderen Verhältnisses von Wissenschaftsfilm und Avantgarde zu haben. Im Vordergrund stehen nun nicht mehr Painlevés Leben und Werk, auch nicht mehr das Genre des aquatischen Dokumentarfilms oder des Avantgardefilms, ja nicht einmal mehr einzelne Filme (sie haben lediglich illustrierende Funktion) oder ein filmisches Œuvre, sondern journalistische und filmtheoretische Texte aus jener Zeit, des Weiteren Erinnerungsberichte und filmjournalistische Texte aus den nachfolgenden Jahren, aber auch Eintragungen über Vortragsaktivitäten und Eröffnungen von Studiokinos. Die schlichte Absenz von systematischen Untersuchungen zum Verhältnis von Wissenschaftsfilm und Pariser Avantgarde erzwang die Grundlegung einer derartigen Arbeit des Sammelns, Ordnens und Interpretierens, denn wie anders kann eine Erklärung für die Avantgardisierung des wissenschaftlichen Films im Paris der 1920er-Jahre gefunden, wie anders eine intrinsische Interpretation eines in diesem Geiste entstanden Films oder Texts gegeben werden? Es stellte sich heraus, dass die Aufgabe, dem Diskurs dieser spezifischen historischen und theoretischen Auseinandersetzung systematisch nachzuspüren, leichter von der Hand ginge, wenn sie sich eher an Texten als an Filmen orientieren würde, geben die hier relevanten Texte, die vorallem in Epsteins Umfeld zu finden sind, doch den Blick frei für die damals wesentlichen Interpretationsrichtungen, ohne dass diese durch die individuellen Kapriolen einzelner Avantgardefilme oder durch die gewichtige Ausnahmeerscheinung der avantgardisierten Wissenschaftsfilmproduktion Painlevés zu sehr verdeckt würden. Ebenso sollte auch eine formalistische Interpretation einzelner Filme vermieden werden, die die historische und theoretische Einbindung unterminiert hätte.

So liegt denn hier in Form dieses Buches das vorläufige Ende dieser für mich unerwartet langen Geschichte des Sammelns, Ordnens und Interpretierens vor. Der Text versucht erstmals in systematischer Weise und in aller Kürze Geschichte und Theorie des spezifischen kulturellen und ökonomischen Austauschs von Wissenschaftsfilm und Pariser Avantgarde auf der Basis dieser zeitgenössischen Diskurse nachzuvollziehen, in der Hoffnung, im sich abzeichnenden Muster der thematischen, intertextuellen, biografischen und pragmatischen Beziehungen ein differenziertes Bild dieses Austauschs nachzeichnen und das eigentümlich ‹Künstlerische› der in der Pariser Zwischenkriegszeit rezipierten und produzierten wissenschaftlichen Filme besser bestimmen zu können. Die Fußnoten sind dabei mit ihren Verästelungen fester Bestandteil dieses Geflechts von dokumentierten Beziehungen und dementsprechend umfangreich ausgefallen.

Zufall oder nicht – mein Dank geht fast ausschließlich an Frauen: an Brigitte Berg für ihren herzlichen Empfang in Paris, an Roxane Hamery für ihre selbstlosen Informationen, an Erika Brüning für ihr *backup*, an Catherine Silberschmidt für ihren Einblick in die Welt Dulacs, an Inis Hadorn für ihre Geduld, an Daniel Schnurrenberger für seine umsichtige Durchsicht des Manuskripts und *last but not least* an Margrit Tröhler für ihre vorbehaltlose Unterstützung und ihre Epstein-Lektüre. Dem Seminar für Filmwissenschaft der Universität Zürich danke ich für die finanzielle Unterstützung.

Im Folgenden verwende ich eine Zitierweise, die (in einer meist verkürzten Weise) Bezug nimmt auf den Titel des zitierten Buches oder Aufsatzes. Sie dient der schnelleren inhaltlichen Orientierung. Angaben zur Erstveröffentlichung werden (genauso wie meine persönlichen Kommentare) in eckigen Klammern gefasst. Im Übrigen ist zu beachten, dass Texte, die ursprünglich als gesonderte Publikationen oder Bücher erschienen waren (z. B. Epstein, *Bonjour Cinéma*) im Gesamtwerk des Autors als Kapitel erschienen sind (z. B. Epstein, Bonjour Cinéma). Je nach verwendeter Quelle können also beide Zitierweisen vorkommen.

Im Zusammenhang mit den historisch determinierten Begriffen «Chronophotographie» und «Kinematographie» und unserem hier verhandelten historischen Kontext sei im Folgenden auch die alte Schreibweise «Photographie» wieder zur Anwendung gebracht. Bei der Übersetzung von «la photogénie» zu «die Photogénie» übernehme ich im Deutschen den weiblichen Artikel des französischen Ursprungsworts.

Einleitung

> *Tous les volumes se déplacent et mûrissent jusqu'à*
> *éclater. Vie recuite des atomes, le mouvement brow-*
> *nien est sensuel comme une hanche de femme ou*
> *de jeune homme. Les collines durcissent comme des*
> *muscles. L'univers est nerveux. Lumière philosophale.*
> *L'atmosphère est gonflée d'amour.*
> *Je regarde.*[1]
>
> Jean Epstein 1921

Bonjour Cinéma (1921) und *Le Cinématographe vu de l'Etna* (1926), Jean Epsteins bekanntesten avantgardistischen Publikationen zum Kino, tragen sie in sich; René Clairs ENTR'ACTE (1924)[2] und L'ÂGE D'OR (1930) von Luis Buñuel und Salvador Dalí, berühmte Film-Preziosen der dadaistischen und surrealistischen Verehrung, tragen sie in sich; und doch sind sie noch bis heute im Kontext der avantgardistischen Pariser Filmkultur der Zwischenkriegszeit weitgehend unbekannt geblieben: die Rede ist von den frühen wissenschaftlichen Filmen und ihren intertextuellen Spuren, die Aktivisten des Pariser Avantgardekinos vor dem Hintergrund eines – heute weitgehend vergessenen – äußerst vitalen Diskurses in verschiedensten Zeugnissen der Filmliteratur und des Avantgardefilms hinterlassen haben.

In diskreter aber produktiver Weise durchdrang der wissenschaftliche Film im Paris der 1920er-Jahre nicht nur die aufblühende Filmtheorie als theoretisches Modell für das so beschworene Cinéma pur und seine filmspezifischen Aufdeckungs- und Ausdrucksmöglichkeiten, sondern mit seinen Bewegungsbildern auch die avantgardistische Filmpraxis in Produktion und Programmation der aufkommenden Studiokinos oder anderer Kulturhäuser. Insbesondere mit der Anwendung ihrer wissenschaftlichen Verfahren der Zeitlupe und des Zeitraffers, des *ralenti* und *accéléré*, und mit der Kompilation von Versatzstücken aus biologischen Filmen in einer verblüffenden kinematographischen Montage prägten sie auch die damalige allgemeine Wahrnehmung dessen, was einen avantgardistischen Kurzfilm

---

1 EPSTEIN, *Écrits sur le cinéma*, Bd. I, S. 93 [Erstveröffentlichung: Jean EPSTEIN: *Bonjour Cinéma*. Paris: Éditions de la Sirène 1921]. Verweise auf die Erstveröffentlichungen erscheinen im Folgenden grundsätzlich in eckigen Klammern.
2 Wenn nicht anders vermerkt, handelt es im Folgenden ohne Landesangaben immer um französische Produktionen.

ausmachte. Die wissenschaftlichen Filme durchdrangen mit anderen Worten die gesamte avantgardistische Filmkultur jener bewegten Pariser Jahre, Pilzgeflechten gleich, deren Verbindungen weitgehend unsichtbar und doch allgegenwärtig sind, immer bereit, hier und dort in einem geeigneten Umfeld auszuschlagen und ihre Sporen zu verbreiten.

Mit dem Versuch, dieses Geflecht der Beziehungen von Wissenschaftsfilm und Pariser Avantgarde systematisch zu untersuchen, betrete ich weitgehend Neuland. Zum einen erfuhr der historische wissenschaftliche Film – im Unterschied zur Chronophotographie Mareys – in kulturwissenschaftlicher Hinsicht bisher wenig Beachtung. Bisher ist noch keine konsistente Geschichte des wissenschaftlichen Films erschienen, weder des französischen wissenschaftlichen Films noch des wissenschaftlichen Films generell.[3] Zum anderen wurde der wissenschaftliche Film als Avantgarde-Phänomen der 1920er- und 1930er-Jahre bisher nur selten erfasst; und wenn dies doch geschah, dann weniger in einer umfassenden historisch-pragmatischen und theoretischen Auswertung der rigorosen Perspektive der Pariser Avantgarde, wie ich sie hier anstrebe, als vielmehr nur in einer partiellen, betont filmhistorischen Auslegung.[4]

Die in unserem Zusammenhang besonders wichtige theoriegeschichtliche Auswertung dieser spezifisch avantgardistischen Perspektive, die ihre Themen vor allem unter dem Leitbegriff des Cinéma pur auswählte, ist schon eher in der von der Cinémathèque française herausgegebenen Publikation *Jeune, dure et pure! Une histoire du cinéma d'avantgarde et expérimental en France* zu finden. Auf eine in den 1930er-Jahren in Frankreich übliche historische Klassifizierung des wissenschaftlichen Films anspielend steht der wissenschaftliche Film in dieser umfangreichen Sammlung von Aufsätzen zum experimentellen Film im Zeichen des Avantgardefilms.[5] Mit dem

---

3   Zum wissenschaftlichen Film sind lediglich erschienen: *Le Cinéma Scientifique Français* von Pierre Thévenard und Guy Tassel von 1948 (THÉVENARD/TASSEL, *Le Cinéma Scientifique*); *Il cinema prima di Lumière* von Virgilio Tosi von 1984 (in engl. Übers. 2005: TOSI, *Cinema Before Cinema*); und schließlich *Le cinéma et la science*, zum ersten Mal 1994 vom Institut de cinématographie scientifique (ICS) herausgegeben (MARTINET, *Le cinéma et la science*). Alle drei Publikationen bilden auf ihre Art eine Geschichte des wissenschaftlichen Films, Erstere und Letztere des französischen wissenschaftlichen Films; doch lassen sie allesamt einen konsistenten Entwurf einer Geschichte des wissenschaftlichen Films vermissen: Thévenard und Tassel berichten gewissermaßen aus erster Hand ‹aus dem Labor heraus›, Tosi beschränkt sich auf die Vorbedingungen des wissenschaftlichen Films und das ICS beschränkt sich auf eine Sammlung von informativen Aufsätzen.
4   Vgl. LEFEBVRE, De la science à l'avantgarde; vgl. GAYCKEN, Das Privatleben des *Scorpion languedocien*.
5   So werden im Kapitel 5 («Une terrible invention à faire du vrai») sowohl Beiträge zum wissenschaftlichen Film als auch zum avantgardistischen Stadtfilm aufgeführt (BRENEZ/LEBRAT, *Jeune, dure et pure!*, S. 103–129). Zur historischen Klassifizierung des wissenschaftlichen Films, die den wissenschaftlichen Film in die Nähe der filmischen

hohen (und zum Scheitern verurteilten) Anspruch auf Vollständigkeit vereint der Sammelband unter dem von Fernand Léger geliehenen Kapiteltitel «Une terrible invention à faire du vrai» auch Beiträge zum wissenschaftlichen Film, unter anderem einen, trotz aller Theorie, wunderbar poetischen Zeitungsartikel von Émile Vuillermoz aus dem Jahre 1922 zum mikrokinematographischen Film Dr. Comandons und einen informativen Beitrag von Brigitte Berg zu den avantgardistischen Aktivitäten Painlevés, des in der Zwischenkriegszeit in Paris wohl bekanntesten Wissenschaftsfilmers.[6] Für uns ist diese Publikation aber insbesondere aufgrund ihrer Methode der thematischen Zusammenschau wichtig, mit der sie – nah an den Anliegen der Experimentalfilmer selbst – mithilfe des wissenschaftlichen Films den ‹harten› Gegenpositionen zum *mainstream* nachspürt, formale und thematische Querverbindungen präsentiert und die Grenzen einzelner historischer avantgardistischer Zirkel durchbricht. Diese Methode bietet sich grundsätzlich auch hier an, denn nicht anders versuchte sich in den Pariser 1920er-Jahren eine äußerst heterogene filmische Avantgarde sich mithilfe der ‹immerwährenden› Wahrheiten des wissenschaftlichen Films in einer radikal modernen und grundsätzlichen Weise aus den Zwängen der historischen Gebundenheit zu befreien, und nicht anders wandte sie sich gegen den *mainstream* des Theater-nahen Spielfilms. Wofür der Sammelband aber kein Beispiel sein kann, ist die Tatsache, dass die Herausgeber die Verbindungen dieser thematischen Beziehungen letztlich nicht wirklich erklären oder interpretieren und verschweigen, unter welchen konkreten historischen und theoretischen Umständen Wissenschaftsfilme avantgardisiert wurden.[7] – Konkretere Hinweise zur Beantwortung dieser offenen Fragen bieten eher zwei filmhistorische Aufsätze (beide ursprünglich Vorträge, die 2002 an der 10. Ausgabe von *Visible Evidence*, der interdisziplinären internationalen Konferenz zum Dokumentarfilm in Marseille, gehalten wurden): Der eine Aufsatz, «De la science à l'avant-garde. Petit panorama» des französischen Pharmazeuten und Filmwissenschaftlers Thierry Lefebvre, durchschreitet in einem filmhistorischen Schnelldurchgang die Entwicklung des wissenschaftlichen Films von einem Phänomen populärer Varietévorführung zu einem Gegenstand cinéphiler und avantgardistischer

---

Avantgarde bringt und an die diese Publikation erinnert: s. mein Kap. 2.2 («Historisierung des avantgardisierten Wissenschaftsfilms in den dreissiger Jahren»; die Filmgeschichte etwa, die Maurice Bardèche und Robert Brasillach 1935 veröffentlichten, ordnet den wissenschaftlichen Film unter den Avantgardefilm der 1920er-Jahre ein: BARDÈCHE/BRASILLACH, *Histoire du Cinéma*, S. 249–250).

6   VUILLERMOZ, Le docteur Comandon. BERG, Painlevé et l'avant-garde.

7   Vgl. die Vorworte von Dominique Païni, Nicole Brenez und Christian Lebrat; vgl. insbes. den formalistischen Ansatz von Brenez: N. B.: «L'Atlantide», in: BRENEZ/LEBRAT, *Jeune, dure et pure!*, S. 18 u. 19–20.

Theorie und Praxis.[8] Lefebvre, der sich ansonsten in Untersuchungen zum medizinischen Film und zur frühen populärwissenschaftlichen Filmproduktion in Frankreich hervorgetan hatte,[9] erzählt in diesem Text die rund zwanzigjährige Geschichte dieser Entwicklung in beispielhafter Weise: die wesentlichen Zusammenhänge und Konzepte sind herausgearbeit und in einen atemberaubend schnellen Erzählfluss eingearbeitet, sodass verständlich wird, wie viel die ‹Avantgardisierung› des wissenschaftlichen Films doch mit der Attraktion der wissenschaftlichen Filmvorführung um 1910 zu tun hat. Wie Lefebvre am Schluss des Textes durchblicken lässt, war der wissenschaftliche Film – und man könnte ergänzen: auch die Wissenschaftsfilmer – in der Pariser Zwischenkriegszeit wichtiger Teil eines breit angelegten innovativen Konzepts des Cinéma pur (oder «Cinéma absolu», um den synonymen Begriff, den Lefebvre vorzieht, zu verwenden) und somit ein natürlicher und wichtiger Partner des Avantgardefilms.[10] Die Grenzen des Textes liegen für mein Anliegen aber in seiner Kürze und in seiner irreführenden scharfen Trennung von «Cinéphilie» und «Avantgarde». Letztere führt zu der nicht nachvollziehbaren Aussage, die «Hommage der Avantgarde [gemeint: der Avantgardefilme? Ch. H.] an das populärwissenschaftliche Kino» sei genauso «zurückhaltend» wie «unbestreitbar» gewesen.[11] – Der andere Aufsatz, «Das Privatleben des *Scorpion languedocien*: Ethologie und *L'Âge d'Or* (1930)» des amerikanischen Anglisten Oliver Gaycken, nimmt sich hingegen eines konkreten und des vielleicht bisher bekanntesten Falls wissenschaftsfilmischer Verwertung in einem Avantgardefilm an.[12] Gaycken, der sich auf das gleiche Terrain wie schon vor ihm Lefebvre gewagt und die populärwissenschaftliche Produktion zwischen 1909 und 1914 in Paris einer Prüfung unterzogen hatte,[13] untersucht in seinem Aufsatz die Umstände und Bedeutungen der dokumentarischen

---

8   LEFEBVRE, De la science à l'avant-garde (2003).
9   LEFEBVRE, De François Franck à Comandon (1993). LEFEBVRE, Scientia (1993). LEFEBVRE, The Scientia production (1993). LEFEBVRE, Diss., *Cinéma et discours hygiéniste* (1996). LEFEBVRE, Nosferatu (1999). Des Weiteren: LEFEBVRE, *La chair et le celluloïd* (2004). LEFEBVRE, scientific films: Europe (2005).
10   «En réalité pourtant, le vol de la libellule analysé au moyen de l'ultra-ralenti de Bull, le saut en hauteur dévoilé par le ‹ralentisseur› Pathé, la course échevelée et paradoxale du cortège funèbre imaginée par Francis Picabia et mise en sène par René Clair, constituaient trois formulations agonistes d'une même préoccupation: tous trois participaient en effet à ce ‹cinéma absolu›, dépouillé des afféteries de l'intrigue et pouvant être considéré comme le plus petit dénominateur commun des soubresauts avant-gardistes des années 1920.» LEFEBVRE, De la science à l'avant-garde, S. 108 f.
11   «L'hommage de l'avant-garde au cinéma de vulgarisation scientifique fut généralement discret, mais incontestable.» Ebd., S. 107.
12   GAYCKEN, Das Privatleben des *Scorpion languedocien* (2005).
13   GAYCKEN, «A Drama Unites Them» (2002). GAYCKEN, Diss., *Devices of Curiosity* (2005).

und gleichzeitig so bizarren Anfangssequenz von L'Âge d'Or. Dabei zeigt er auf, wie Buñuel und Dalí mit dieser Kompilation einer Sequenz aus einem knapp zwanzigjährigen zoologischen Film über den südfranzösischen Skorpion des Languedoc eine spezifisch surrealistische Rezeption der ungebührlichen und symbolischen Kraft wissenschaftlicher Filme hinterlassen haben. Die Grenzen dieses Aufsatzes liegen für mein Anliegen freilich wiederum im Umfang und der Tiefe dieser Untersuchung, die den Rahmen der Fallstudie nicht verlässt. – Erste Ansätze sind also zu verzeichnen, aber auch nicht mehr.

Das weitverzweigte Geflecht der Beziehungen und Verbindungen gilt es also nach wie vor auszugraben und zu ordnen. Doch mit welchen Instrumenten ist das Gebilde zu bergen? Die methodische Annäherung an dieses weitgehend vergessene Verhältnis von Wissenschaftsfilm und Pariser Avantgarde verlangt zunächst nach einem interdisziplinären Ansatz, etwa danach, das Feld der Untersuchung bis hin zu avantgardistischen Konzepten von «Surrealität» (es gibt deren zwei)[14] oder gar bis hin zu wissenschaftlich-avantgardistischen Konzepten raumzeitlicher Bewegung zu öffnen.[15] Aufgrund der notgedrungenen Unschärfe meiner Arbeit an den Rändern der jeweiligen Forschungsfelder und der hier noch fehlenden fachlichen Konsensvorgaben aus internationalen Kolloquien oder Ähnlichem stellt dies natürlich ein Wagnis dar. Orientierung bieten vorerst das Thema umgebende filmwissenschaftliche und kunstwissenschaftliche Forschungsfelder, im Rahmen derer folgende Themen angegangen werden: die Filmtheorie der Pariser 1920er-Jahre, der frühe Film der 1910er-Jahre und der wissenschaftliche Film dieser Zeit im Besonderen und schließlich auch der dadaistische und der surrealistische Film. Aber auch das grundsätzliche Verhältnis von Wissenschaft und Kunst beziehungsweise von Wissenschaft und Avantgarde muss eine derartige Arbeit thematisch streifen. Das bedeutet, dass ich mich mit dem vorliegenden interdisziplinären Ansatz in einem breiten Forschungsbereich zwischen historischen Untersuchungen zum ‹frühen Film› und überzeitlichen Theorien zur ‹filmischen Bewegung› befinde, das heißt in einer nicht geringen Spannweite zwischen *new film historicism* und ‹Bildwissenschaft›.[16] An einer Stelle meiner Arbeit bewege

---

14 Vgl. mein Kap. 2.8.2.
15 Vgl. mein Kap. 2.7.2.
16 Zu den Themen ‹Früher Film› und *new film historicism* s. in unserem Zusammenhang inbes.: MEUSY, Films de ‹non-fiction›; u. HORAK, Frühes Kino und Avantgarde (zur Begründung der Forschungsausrichtung des *new film historicism* an der FIAF-Konferenz 1978 in Brighton und zu ihrer Auseinandersetzung mit vornarrativer Sehkultur s.: Ebd. S. 96). – Zu den Themen ‹Bewegungsbild› und ‹Bildwissenschaft› s. in unserem Zusammenhang inbes.: PAECH, Bewegungsbild; DELEUZE, *Kino* 1; DOANE, *The Emergence of Cinematic Time*; VIOLA, Das Bild in mir.

ich mich im Übrigen auch an diesem zweiten, bildwissenschaftlichen Ende, um Epsteins theoretische Suche nach dem Bild substantieller Bewegung zu veranschaulichen;[17] ansonsten ziehe ich es aber vor, bildwissenschaftlich motivierte Überlegungen zum wissenschaftlichen Bild und zum ‹Bewegungsbild› zugunsten der historisch näher stehenden Auslegung der Pariser Filmtheorie der 1920er-Jahre beiseite zu stellen. In dieser Spannweite zwischen Geschichte und Theorie des zu untersuchenden Verhältnisses siedelt sich mein Ansatz also eher auf der Seite der Geschichte (und der Theoriegeschichte) an.

Der Aufbau der Arbeit gliedert sich im Wesentlichen in zwei Teile, wobei der erste Teil, der sich der Blütezeit des frühen wissenschaftlichen Films um 1910 widmet, auf den zweiten Teil zum Verhältnis von Wissenschaftsfilm und Pariser Avantgarde vorbereitet. Der erste Teil wird trotz seiner zudienenden Funktion in ein separates Kapitel gegossen, da eine konsistente Geschichte zum wissenschaftlichen Film fehlt und sie an dieser Stelle entworfen werden muss. Der Hauptteil, das heißt der zweite Teil, führt dann über theoretische Kapitel und verschiedene kleinere, aber wichtige Stationen der ‹Avantgardisierung› von wissenschaftlichen Bewegungsbildern (im Futurismus, in chinéphilen Veranstaltungen, in der DADA-Bewegung) zum Kern der Arbeit. In ihm wird die avantgardistische Perspektive auf den wissenschaftlichen Film von der damals in den 1920er-Jahren in Paris so aktuellen filmtheoretischen Warte aus aufgefächert. Die theoretischen Beiträge von Colette, Émile Vuillermoz, Louis Delluc, Jean Epstein und Germaine Dulac bilden hier das Zentrum dieser Perspektive, die, im Bemühen, den Film als neue Kunstform zu etablieren, in all diesen Fällen von einem experimentellen Dokumentarismus und einer analytischen Realitätsaneignung geprägt wird. Immer wieder dringen zwei Aspekte des wissenschaftlichen Films durch diese Texte an die Oberfläche und belegen somit ihren Stellenwert in dieser Diskussion: 1. Als Aufdeckungsinstrument deckt der wissenschaftliche Film nicht nur eine im weitesten Sinn kosmische Bewegung, sondern auch das Potenzial einer filmspezifischen Bewegungskunst auf, wie sie für die Zukunft gefordert wird. 2. Der wissenschaftliche Film und seine Verfahren der Zeitlupe und des Zeitraffers halten die Elemente einer filmspezifischen kinematographischen Ursprache bereit. Letzte Station des Parcours durch das heterogene Verhältnis von Wissenschaftsfilm und Pariser Avantgarde ist schließlich der Pariser Surrealismus und seine so ganz andere avantgardistische Perspektive auf den wissenschaftlichen Film. Er entdeckte für sich in den grausamen, feuchten

---

17   In Kap. 2.7.2 diskutiere ich das von Henri Bergson, Ernst Haeckel und Jean Epstein gleichermaßen umkreiste wissenschaftliche Bild substanzieller Bewegung.

oder trockenen Naturwelten des wissenschaftlichen Films ein filmisches *bestiaire* mit symbolischer Kraft und subversivem Potenzial. Dieses Kapitel musste zugunsten des Kerns der Arbeit, der sich in der Filmtheorie und im experimentellen Dokumentarismus entfaltet, zurückstehen, bildet aber ein Kapitel, das an sich nach Vertiefung und Ausbau verlangt. Zu guter Letzt seien als Anhänge zu unserem Thema noch sechs wichtige Texte und ihre Übersetzungen ins Deutsche präsentiert. Zum Teil begegnen wir diesen sehr unterschiedlichen Aufsätzen (mehr oder weniger flüchtig) auch in meinem vorhergehenden Text, sie müssen also nicht unbedingt in die Lektüre meines Textes einbezogen werden, um diesen besser zu verstehen. In ihrer umfassenden, meist vollständigen Länge, mit literarischen Qualitäten ausgestattet und zum Teil über die 1920er-Jahre hinausgreifend sind sie aber ein gesondertes Studium wert. Wenn nicht anders vermerkt, sind sie von mir übersetzt worden.

Die Hauptaufgabe der vorliegenden Arbeit liegt im Anspruch, ein vollständiges Bild der weitgehend vergessenen heterogenen Beziehungen von Wissenschaftsfilm und Pariser Avantgarde zu zeichnen. Trotzdem seien an dieser Stelle zwei vertiefende Thesen formuliert, die über die zwei erwähnten, mit der historischen Pariser Filmtheorie belegten Bedeutungen des wissenschaftlichen Films als Emanation filmischer Bewegung und Modell für kinematographische Sprache hinausgehen. Die erste ergibt sich nicht nur aus der Sichtung filmtheoretischer Texte, sondern ebenso aus der Freilegung pragmatischer Spuren in den Vorführprogrammen vieler Pariser Studiokinos und Filmclubs der 1920er- und 1930er-Jahre. Diese Aufzeichnungen belegen die Popularität wissenschaftlicher Filme in den Institutionen avantgardistischen Lebens und darüberhinaus ihren Platz in der Geschichte des wissenschaftlichen Films als Phänomen der Populärkultur: 1. Der wissenschaftliche Film – stamme er nun aus einer damals schon historischen oder aus einer modernen, zeitgenössischen Produktion – entwickelte sich in den Kreisen der Pariser Avantgarde der 1920er-Jahre zu nichts weniger als zu einem unbestrittenen Topos für ein wie auch immer geartetes Kunstkino der Zukunft. – Verlässt man die Filmtheorie der 1920er-Jahre zugunsten der fruchtbaren, weitergehenden Sichtung avantgardistischer Kunsttheorie desselben topografischen und zeitlichen Raums und erfasst man insbesondere das Verhältnis von (Populär-) Wissenschaft und Avantgarde, so drängt sich die folgende, zweite These auf: 2. Der wissenschaftliche Film in den 1920er-Jahren wiederholt für Theorie und Praxis des Avantgardefilms etwas, was schon die Chronophotographie Mareys und Muybridges in den 1910er-Jahren für den Pariser Futurismus und Marcel Duchamp geleistet hatte, nämlich das Modell zu bilden für einen wissenschaftlichen Avantgardismus der Bewegung.

Dass die hier vorgestellte avantgardistische Perspektive auf den wissenschaftlichen Film und seine wiederentdeckten Attraktionen aus der Warte von Film- und Kunstwissenschaft nicht nur ein marginales Phänomen sein kann – wie Lefebvre suggeriert –, zeigen schon die oben erwähnten wissenschaftsfilmischen Spuren in prominenten Filmen und Texten der Pariser Avantgarde, die – stammen sie von Clair, Buñuel oder Epstein – mittlerweile zum selbstverständlichen Kanon der Kunst- und Filmgeschichte gehören. Aber auch die Breite der Auseinandersetzung mit dem wissenschaftlichen Film, die – man denke nur an Colettes Texte – über den Kreis dessen, was man heute gemeinhin als die «Pariser Avantgarde» bezeichnet, hinausgeht, weist in diese Richtung.

Sie werden es bemerkt haben, liebe Leserin, lieber Leser: Der ohnehin unscharfe Begriff der «Pariser Avantgarde» verliert in unserem Zusammenhang noch mehr an Schärfe. Dies ist durchaus beabsichtigt, hilft uns diese Art der Begriffsverwendung doch, den Blick auf eine spezifische und kaum erforschte avantgardistische Dynamik zu öffnen, die in der Zwischenkriegszeit von den verschiedensten künstlerischen Gruppen in den angesagten Studiokinos und Filmclubs der französischen Hauptstadt gleichermaßen geprägt wurde.

‹Was ist ein Wissenschaftsfilm?›

Funktionsweisen des wissenschaftlichen Films

Wie der dokumentarische Film generell birgt auch der wissenschaftliche Film den dokumentarisierenden Modus in sich, ein nach Roger Odin (im Gegensatz zum fiktionalisierenden Modus) strukturell schwaches und vielfältiges Aggregat[1] – so vielfältig, dass der Versuch der sich 1947 in einem internationalen Verband vereinigenden Dokumentarfilmer, den Dokumentarfilm zu definieren, entsprechend ohne klare Konturen bleiben musste.[2] Gleichgültig ob wir es mit einem streng wissenschaftlichen, analytischen Zeitlupenfilm zu tun haben, der, ursprünglich für ein wissenschaftliches Labor produziert, den Flügelschlag einer Libelle aufdeckt, oder ob wir einen, für ein breiteres Publikum bestimmten, populärwissenschaftlichen Film sehen, der das Liebesleben des Oktopus zeigt: wir müssen nicht nur die Filmbilder als Dokumente der Realität lesen, sondern auch der wissenschaftlichen Aussage insgesamt Glauben schenken, um den wissenschaftlichen Film als solchen zu lesen. Nach Gunnar Schmidt muss das wissenschaftliche Bild drei Bedingungen erfüllen, um sich von anderen Sphären der Bildverwendung zu unterscheiden: Es muss «einem definierten und begrifflich gefassten Gegenstand gewidmet sein», «eine ausgewiesene Stel-

---

1   Die Begrifflichkeit stützt sich auf Roger Odins Aufsatz «Dokumentarischer Film – dokumentarisierende Lektüre» (in der Bibl. unter: ODIN, dokumentarisierende Lektüre) und auf die Abschnitte «Mode documentarisant et mode fictionnalisant» und «Le fonctionnement des films documentaires» des zwölften Kapitels in: ODIN, *De la fiction*, S. 135 u. 136/137.

2   Die von Henry Langlois, dem damaligen Leiter der Cinémathèque française, 1947 in Brüssel gegründete *World Union of Documentary Filmmakers* rang sich trotz erster Anzeichen des Kalten Kriegs und entsprechender politischer Querelen daselbst im Gründungsjahr zu folgender unscharfen Definition durch: Ein Dokumentarfilm sei «any film that documents real phenomena or their honest and justified reconstruction in order to consciously increase human knowledge through rational or emotional means and to expose problems and offer solutions from an economic, social, or cultural point of view» (PAINLEVÉ, Castration of the Documentary, S. 149; vgl. BERG, Contradictory Forces, S. 39). Es handelt sich hier natürlich um eine sehr allgemeine funktionalistische Definition, die die genrespezifischen Distributions- und Rezeptionsbedingungen verschiedenster dokumentarischer Formen nach dem Krieg ausklammert. Sie gemeindet den wissenschaftlichen Film somit in den Dokumentarfilm ein und öffnet ihn für eine breitere ‹emotionale› bzw. ästhetische Rezeption. Diese Sichtweise der Nachkriegsjahre, die sich in Painlevés Wortwahl widerspiegelt, entspringt dem die dokumentarischen Formen einenden Geist der 1920er-Jahre, im Rahmen dessen der dokumentarische, wissenschaftliche und avantgardistische Kurzfilm gemeinsam eine Gegenkultur zum narrativen Film bildete (vgl. insbes. mein Kap. 2.4).

lung innerhalb des wissenschaftlichen Diskurses einnehmen, zum Beispiel als Illustration, als Beleg, als Erkenntnishilfe» und schließlich auch «eine präzise kommunikative Funktion erfüllen».[3] Die Bedingungen, die das strukturell schwache Aggregat des wissenschaftlichen Films stärken und in ein wissenschaftlich verbindliches und lesbares verwandeln – das heißt es dem Zuschauer ermöglichen, einen reellen, wissenschaftlichen Enunziator zu konstruieren –, sind im Prinzip die gleichen: das wissenschaftliche Sujet muss als solches erkennbar sein (etwa durch Titel, Kommentar und Kameraführung), die Diskursebene, auf der der Film seine Funktion erfüllt, muss ersichtlich sein (durch Produktionsangaben vom wissenschaftlichen Labor oder von der populärwissenschaftlichen Produktionsabteilung, durch den Kommentar der Bilder und durch die Bilder selbst, die den Sachverhalt belegen) und schließlich muss sich die Form in effizienter Weise aus der Funktion des wissenschaftlichen Films als analytisches Instrument der Aufdeckung oder als Instrument der Unterweisung ergeben (Fokussierung auf die effiziente wissenschaftliche Aussage etwa durch eine entsprechende Montage und einen entsprechenden Kommentar). Die wichtigste Lösung des Problems der schwachen und vielfältigen Struktur der wissenschaftlichen Filmbilder ist der wissenschaftliche Kommentar, der theoretisch schon alleine ausreicht, um die Aussage dieser Filmbilder zu strukturieren und als wissenschaftliche Aussage lesbar zu machen. In der Regel tritt er in Form einer Voice-over oder, vor allem im Falle von Fernsehproduktionen, in Form eines, zeitweise im Bild sichtbaren, wissenschaftlichen Moderators auf, dessen Stimme sich vielleicht als Voice-over über die Filmbilder fortsetzt. Der wissenschaftliche Kommentar zwingt zur wissenschaftlichen Lesart. Fehlen die Verankerungen der dokumentarisierenden Lektüre durch wissenschaftlichen Kommentar oder institutionelle wissenschaftliche Rahmung, blüht dem wissenschaftlichen Film das Schicksal einer unwissenschaftlichen, aber vielleicht auch inspirierenden Lesart. Dann nämlich erweist sich die strukturelle Schwäche des dokumentarisierenden Modus inbesondere für den populärwissenschaftlichen Film als eine Stärke, wenn dadurch bei der Lektüre nicht nur wissenschaftliche, sondern auch alternative, fiktionalisierende, ästhetische oder assoziative Bedeutungsproduktionen anklingen.

Während der wissenschaftliche Kommentar die wissenschaftliche Lesart der Filmbilder fördert, haben schon die Filmbilder selbst – wenn es sich nicht um animierte Filmbilder handelt –[4] als mechanisches und opti-

---

3   SCHMIDT, Splashes & Flashes, S. 180–195.
4   Denkbar sind auch animierte Schemata (Kurven, Formeln etc.), die nicht qua Apparatur selbst schon Dokumente einer analytischen, aufzeichnenden Anordnung sind; sie bilden aber eine Ausnahme. Die seit 1903 entstandenen, animierten Mathematik- und Geomet-

sches Mittel der Aufdeckung und der Analyse eine objektive wissenschaftliche Relevanz, indem die ihnen zugrunde liegende filmische Apparatur dem menschlichen Auge normalerweise nicht sichtbare Formen und Bewegungen in zeitlicher Hinsicht (zu schnelle oder zu langsame Bewegungen) oder in räumlicher Hinsicht (zu kleine oder zu weit entfernte Formen und Bewegungen) abbildet und aufdeckt.

Ist der wissenschaftliche Film umgekehrt nicht nur Instrument einer optisch-filmischen Analyse, sondern auch mithilfe eines wie auch immer konzipierten Kommentars Mittel einer wissenschaftlichen Aussage für ein bestimmtes Publikum, so vereint er in sich die zwei vertrauten Funktionsweisen, die schon immer seine Anwendung bestimmt haben: die *analytische*, Formen und ihre Bewegungen durchdringende Funktionsweise auf der einen und die *rhetorische*, nach außen gerichtete, vermittelnde Funktionsweise auf der anderen Seite, Letztere zum Zweck der Demonstration, des Beweises oder auch der Versinnlichung des Gegenstandes.[5] Einerseits kann auf der Ebene der rhetorischen Funktionsweise die Montage der wissenschaftlichen Filmbilder das wissenschaftliche Argument beeinflussen oder der Kommentar das Bild gar ‹erschlagen›, andererseits kann sich aber auf der Ebene der analytischen Funktionsweise die indexikalische Realität des filmischen Materials gegen derartige Manipulationen auch ‹wehren›. Das semantische Zusammenspiel dieser beiden Funktionsweisen, das die Art der Vermittlung der wissenschaftlichen Aussage (zwischen einer streng wissenschaftlichen und einer populärwissenschaftlichen Form) bestimmt, ist also schwer zu kontrollieren und subtil.

Dieses Zusammenspiel beinflusst aber gleichzeitig auch den ästhetischen Ausdruck des wissenschaftlichen Films, um den es in dieser Arbeit insbesondere gehen wird. Mit sicherem Gespür tastete sich in den Pariser 1920er-Jahren die filmische Avantgarde diesen beiden Funktionsweisen des wissenschaftlichen Films entlang zu ästhetischen Phänomenen und Aktionen vor, die die künstlerischen Möglichkeiten der neuen Kunst auszeich-

---

riefilme des Deutschen Ludwig Münch gehören zu den wenigen bisher bekannt gewordenen frühen Beispielen dieser wissenschaftsfilmischen Richtung (LEFEBVRE, scientific films: Europe, S. 569; ARNOLD, La grammaire cinématographique, S. 210 u. 213).

5   Beide Funktionsweisen des Wissenschaftsfilms waren innerhalb der wissenschaftlichen Gemeinde der 1920er-Jahre Teil einer Debatte um den wissenschaftlichen Wert (der Analyse und Vermittlung) des Wissenschaftsfilms. Während die analysierende Funktionsweise (in biologischen oder astronomischen Filmen) wegen ihrer mangelnden Bildqualität und dem Wegfall der Farben kritisiert wurde, stieß die rhetorische Funktionsweise (in den chirurgischen Filmen Dr. Doyens oder in Lehrfilmen) auf Skepsis, da sie die traditionelle Erziehungsmethodik in Frage stellte. Während ich die Begrifflichkeit «analysierende und rthetorische Funktionsweise» verwende, spricht Hamery in diesem Zusammenhang von «film d'observation» und «film de démonstration». Vgl. HAMERY, Diss., *Jean Painlevé*, S. 55.

nen sollten. Jean Painlevé sollte sich als einziger ‹echter› Wissenschaftsfilmer unter den Avantgardisten in seinen populärwissenschaftlichen Filmen immer beider Funktionsweisen bedienen. Als avantgardisierter *Autor* sprach er sich allerdings eher für die semantischen und ästhetischen
Möglichkeiten der streng wissenschaftlichen, analytischen Funktionsweise
aus – Möglichkeiten, die besonders Jean Epstein und Germaine Dulac um-
trieben –, wenn er in «Le cinéma scientifique» mit den Worten schließt: «Er
[der wissenschaftliche Film] ist nicht nur ein Werkzeug, sondern auch eine
Grammatik und Kunst.»[6] Es sind die aufdeckenden Zeitlupen- und Zeitrafferaufnahmen oder die Großaufnahmen von normalerweise nicht sichtbaren Bewegungen des Lebens, des Weiteren der spezifische und schwer fass-
bare Ausdruck dieser Bewegungen (inbesondere ihre kinematographische
«Sprache») und schließlich die Magie des kleinteiligen Zufalls, die hier
anklingen. Als avantgardisierter *Filmemacher* dagegen verfolgte Painlevé
eher die Strategie der rhetorischen Funktionsweise – wie sie Dalí, Buñuel
und Desnos interessierte –, wenn er in empathischer Nähe zum einzelnen
Tier nicht nur sein normalerweise unsichtbares Leben aufdeckt, sondern
auch – und vorallem – in einer anthropomorphisierenden oder assoziati-
ven Darstellung rhetorisch erhöht. Insbesondere am Schluss seiner späteren populärwissenschaftlichen Filme verwandelt sich das aquatische Tier
nämlich in etwas anderes: etwa indem das Aquariums-Seepferdchen durch
eine gleichzeitige Rückprojektion eines Springreitwettbewerbs sich einem
Springpferd angleicht (L'Hippocampe, 1935), der Seeigel sich am Sand-
strand in ein Buchstabenbild einreiht (Oursins, 1958) oder indem sich das
Positivbild der Kugelschnecke sich schlicht in sein Negativbild verwandelt
(Acéra ou le bal des sorcières, 1978). Es ist der ungebundene, bizarre
Ausdruck des Animalischen im Allgemeinen und des einzelnen aquatischen und exotischen Tiers im Speziellen, der hier jeweils anklingt und
bürgerliche Sehgewohnheiten in Frage stellt. Beide Funktionsweisen des
wissenschaftlichen Films (die analytische und die rhetorische) lieferten den
Stoff für zwei ebenso unterschiedliche Interessen der Pariser Avantgarde
an wissenschaftsfilmischen Verfahren, wenn etwa Germaine Dulac in den
Zeitrafferaufnahmen ihrer beiden Experimentalfilme neben all der Mühe
um Ausdruck auch der Natur analytisch näher zukommen trachtet, wohingegen René Clair in seinem dadaistischen Schwank (Entr'Acte, 1924)
ganz auf Wirkung abzielt. Die Neigung hin zu einer wissenschaftlichen,
schockartig überraschenden Wirklichkeit ist aber beiden Zugangsweisen
gemein.

---

6   PAINLEVÉ, Scientific Film, S. 169, übers. aus dem Engl. v. Ch. H.

Generische Fragen zum wissenschaftlichen Film vor 1930

Eine derartige Skizze der Funktionsweise wissenschaftlicher Filme muss in dieser zwangsläufigen Unschärfe und Abstraktion unergiebig erscheinen, und tatsächlich trieb die Regisseure wissenschaftlicher Filme, die sich nach der Gründung der Internationalen Vereinigung des Wissenschaftlichen Films 1947[7] jährlich trafen, bei der (anlässlich des zweiten Treffens aufgeworfenen) Frage, was denn ein «Wissenschaftsfilm» sei, nicht die Suche nach der Funktionsweise des wissenschaftlichen Films oder nach dem kleinsten gemeinsamen Nenner des wissenschaftsfilmischen Genres um, sondern vielmehr ein von Vorurteilen geprägter Kampf um Einfluss in dieser neuen Vereinigung, in dessen Zeichen der populärwissenschaftliche Film in den Generalverdacht der Unwissenschaftlichkeit geriet, ja seine Ausgrenzung aus dem hehren Feld des «Wissenschaftsfilms» gefordert wurde.[8] Die (weit zurückreichende) Polemik führt uns bei der Frage, was denn ein «Wissenschaftsfilm» sei, neben den besprochenen Funktionsweisen zu einer anderen Charakterisierung wissenschaftlicher Filme, denn die in London versammelten Wissenschaftler und Filmemacher stützten

7   Die Internationale Vereinigung des Wissenschaftlichen Films (L'Association international du cinéma scientifique [AICS]) wurde anlässlich der Konferenz des Institut du cinéma scientifique (ICS), der schon 1930 von Jean Painlevé ins Leben gerufenen französischen Institution, 1947 in Paris gegründet. Painlevé zeichnete von da an für den Vorsitz der größeren, internationalen Vereinigung als Präsident verantwortlich, Vizepräsident wurde John Madison, ein sich auf den Wissenschaftsfilm spezialisierender englischer Autor. Die Vereinigung löste sich 1992 auf. Heute existiert an ihrer Stelle die International Association for Media in Science (IAMS, s. Bibl.); das ICS dagegen existiert bis heute, nun unter dem Namen Institut de cinématographie scientifique (ICS, Direktion: Alexis Martinet, s. Bibl.). Seinerzeit von Painlevé noch als strikt private Institution gegründet und geführt, genießt es heute die finanzielle Unterstützung des Centre national de la cinématographie (CNC) und verschiedener Ministerien und unterhält insbesondere Kontakte zum Centre national de la recherche scientifique (CNRS).

8   Zur Debatte über die Definition des Wissenschaftsfilms, die sich bei diesem zweiten Treffen des AICS in London 1948 entzündete, notierte Painlevé: «Some swore by pure research only and thought that to make a popular film was to prostitute oneself. [...] The discussions were endless, hours and hours spent quibbling and splitting hairs» (Les Documents Cinématographiques/Painlevé-Archiv [im Folgenden unter dem Kürzel: «LESDOCS», Jean Painlevé: unveröffentlichte Notiz]; auch in: BERG, Contradictory Forces, S. 36 [Übers. aus dem Franz. v. Jeanine Herman]). Painlevé, damals Präsident des AICS, zeigte kaum Interesse an dieser Debatte und zog es vor, bei der entsprechenden Gelegenheit sich zusammen mit dem Vizepräsidenten John Madison in die Pleasure Gardens zurückzuziehen (Ebd. S. 36 f.). Tatsächlich interessierte ihn gleichzeitig vielmehr die Verteidigung der Qualität des Dokumentarfilms: vgl. Jean Painlevé‹ «The Ten Commandments», aus den Programmnotizen zum Filmprogramm «Les poètes du documentaire» (1948) in englischer Übers., in: BELLOWS/MCDOUGALL/BERG, Jean Painlevé, S. 159.

sich auf eine schon in den 1920er-Jahren etablierte Produktionspraxis, die sich auf drei unterschiedliche Märkte beziehungsweise drei unterschiedliche institutionelle Bereiche ausrichtete.[9] Im Paris der Zwischenkriegszeit beispielsweise konnten wissenschaftliche Filme genauso in den Volksbildungsinstitutionen der Offices du cinéma éducateur gesehen werden wie in der Académie des sciences oder in den Kinosälen der Pariser Avantgardekinos.[10] Sie wandten sich also damals und später an ein denkbar heterogenes Publikum, mit unterschiedlichen Formen und Zielen der Vermittlung, die mitunter weit über die wissenschaftlichen Möglichkeiten des modernen Mediums Film zur Analyse und Demonstration von wissenschaftlichen Phänomenen hinausgingen.

Die drei Kategorien des Wissenschaftsfilms vor 1930

Mitten in der Entstehung seiner ersten Kinofilme, kurz vor Einführung des Tons, reflektiert Painlevé 1929 über die formalen Anforderungen und Möglichkeiten, welche vor Ort die verschiedenen Märkte des wissenschaftlichen Films mit sich bringen und teilt sie in die drei damals geläufigen generischen Kategorien ein: zuerst in «Dokumentarfilme» (*documentaires*), die sich «an alle Publika», dann in solche, die sich an ein schon «ein wenig unterrichtetes» Publikum wenden, und schließlich in solche, die sich «ausschließlich an Spezialisten» richten.[11] Der für alle Publika bestimmte Dokumentarfilm (der *film de vulgarisation scientifique*, wie Painlevé hier zwar noch nicht, aber bald immer wieder schreiben wird) erfülle seine Aufgabe mit der Präsentation eines attraktiven Sujets und mit künstlerischen Mitteln (*le côté plastique, anecdotique et rythmique, la prise de vues, montage*),[12] wo-

---

9   Die europaweite Etablierung der drei Märkte stand nicht nur in Abhängigkeit der jeweils federführenden Institution, die den Film produzierte oder herstellte, sondern erfolgte auch aufgrund des kommerziellen Druckes, das ursprüngliche Filmmaterial besser auszuwerten. Die am 1. Juli 1918 gegründete Ufa-Kulturfilmabteilung etwa, unter die auch die Produktion wissenschaftlicher Filme fiel, konnte in den 1920er-Jahren, als die finanzielle Unterstützung der Abteilung durch das Deutsche Reich wegfiel, gar nicht anders, als auf eine verbesserte Auswertung des wissenschaftsfilmischen Materials zu achten. Drei verschiedene Fassungen, eine wissenschaftliche für Universitäten, eine pädagogische für Schulen und eine populäre fürs Kino waren die Folge. Vgl. Ursula v. Keitz: «Die Kulturabteilung der Ufa», Kap. «Kulturfilm» der Webseite des Deutschen Filminstituts (DIF), Frankfurt a. M., www.deutsches-filminstitut.de/dframe12.htm, Eintrag vom 3. 5. 2000 (29.01.2008).

10   Vgl. LEFEBVRE, Scientia, S. 91; HAMERY, Diss., *Jean Painlevé*, S. 62 f.; und GAUTHIER, *La Passion du Cinéma*, S. 191 f., S. 210.

11   PAINLEVÉ, Les films biologiques, S. 15 f.; auch in: HAMERY, Diss., *Jean Painlevé*, S. 162.

12   Von den Mitteln des Tons für die Gestaltung des populären wissenschaftlichen Films ist im Übrigen in «Les films biologiques» noch keine Rede. Zwar war Painlevé 1929, zur Zeit der Abfassung des Artikels, mit der Dreharbeit für CAPRELLES ET PANTOPODES beschäftigt, mit einem Film, der schließlich sein erster Tonfilm werden sollte (Musik:

hingegen der für die Schulung bestimmte Dokumentarfilm künstlerische Qualität zugunsten einer klaren Aussage über detaillierte Sachverhalte opfern möge, sodass die, mit technischen Begriffen versehenen, aber verständlichen Zwischentitel sich auch lösen könnten von der generellen Entwicklung des Sujets und dem «Rhythmus des Fotos». Schließlich bedürfe das zugrunde liegende Filmmaterial des an ein Fachpublikum gerichteten Dokumentarfilms zwar eines kompletten, technischen Kommentars, aber keiner künstlerischen Mittel.

Der populärwissenschaftliche Film von 1910 bis 1956 – *Film scientifique* oder *documentaire*?

Die bisher nicht aufgearbeitete Entwicklung der generischen Bezeichnungen für denjenigen Teil wissenschaftlicher Filmproduktion, den wir heute in der Regel als «populärwissenschaftlich» bezeichnen, sei hier im französischen Kontext nur kurz umrissen: Sie beginnt um 1910 mit unzähligen, kaleidoskopischen Begriffen, wie *film instructif, éducatif, scientifique, documentaire, botanique, de vulgarisation* etc.[13] Mit zunehmender Diversifizierung von Produktion und Distribution im Verlaufe der Zwischenkriegszeit erreichen die Bezeichnungen im Rahmen pädagogischer Filmvorführung eine Zuspitzung auf den Begriff *film de vulgarisation scientifique* und im Rahmen der wenige Jahre florierenden avantgardistischen und kommerziellen Verwertung in Avantgardekinos eine Zuspitzung auf den Begriff *documentaire*. Diese begriffliche Ungleichbehandlung populärwissenschaftlicher Produktionen, die theoretisch den gleichen Film betreffen kann, besteht – wie wir gleich noch bei Painlevé, Bazin und Langlois sehen werden – in den Jahren nach dem zweiten Weltkrieg fort.[14] Indes, der wissenschaftliche Dokumentarfilm und seine Bezeichnung *documentaire*, wie sie die Pariser Avantgarde um 1930 noch pflegte, sind schließlich, in den 1950er-Jahren, dem Untergang geweiht. Den *documentaires*, im Sinne ‹avantgardisierter› wissenschaftlicher Kurzfilme, erwächst in den europäischen Nachkriegskinos insbesondere mit den abendfüllenden narrativen Unterwasserfilmen Jacques-Yves Cousteaus und Hans Hass' eine übermächtige Konkurrenz.

Maurice Jaubert). Dass der Ton – insbesondere die Musik – in seinen Filmen zu einer zentralen gestalterischen Größe werden sollte, konnte Painlevé 1929 aber noch nicht umfassend abschätzen. Vgl. HAMERY, Diss., *Jean Painlevé*, S. 104 f.

13 LEFEBVRE, Scientia, S. 84.

14 Die relative Unbestimmtheit in der Bezeichnung von populärwissenschaftlichen Filmen bleibt in Frankreich auch nach 1910 bestehen. Die von mir vorgeschlagene Differenzierung zwischen *films de vulgarisation scientifique* und *documentaire* entspricht lediglich einer Bezeichnungs*tendenz* gemäß der unterschiedlichen Verwertungsstrukturen der französischen Zwischenkriegszeit.

Abendfüllend, narrativ ausgelegt und in Farbe waren sie es, die, in Abgrenzung zum aufkommenden Fernsehen, den Weg des dokumentarischen Kinofilms wiesen. *Documentaire*, dem noch die Konnotationen von ‹nicht narrativ› und ‹kurz›, oder gar von ‹lehrmeisterlich informativ› (im Sinne des Lehrfilms oder der Wochenschau) anhaftete, wird zu einem an der Kinokasse nicht mehr verwertbaren Begriff. An diese Regel hält sich 1956 die Kino-Promotion für Le monde du silence von Jacques-Yves Cousteau u. Louis Malle,[15] an diese Regel hält sich noch heute die Kino-Promotion für Natur- und Dokumentarfilme.[16]

Der avantgardisierte wissenschaftliche Film um 1930 – *documentaire!*

Wie wir gesehen haben, bezeichnet Painlevé in «Les films biologiques» den wissenschaftlichen Film aller drei Kategorien als *documentaire*. Die relative Unbestimmtheit der Bezeichnung *documentaire*, beziehungsweise die Setzung von *documentaire* an die Stelle von *film scientifique* oder *biologique* ist insofern interessant, als sie uns die Gelegenheit gibt, im Zusammenhang mit wissenschaftlichen Filmen ein erstes Mal auf die avantgardistische Vorliebe für den Begriff *documentaire* und somit auf die uns heute so fremde historische Einbettung des wissenschaftlichen Films im Kontext der Pariser Avantgarde einzugehen:

Wir wollen an dieser Stelle noch gewissermaßen an der Oberfläche verweilen und, anhand von Painlevés Begrifflichkeit und im Zusammenhang mit dem wissenschaftlichen Film, lediglich die avantgardistische strategische Nutzung des Begiffs *documentaire* umkreisen, wenn zunächst einfach feststzuellen ist, dass in diesem Begriff auch die avantgardistische Konzeption eines alternativen oder auf die Zukunft gerichteten Kinos steckt. In einem Studiokino gegen Ende der 1920er-Jahre einen Dokumentarfilm zu zeigen, galt *per se* schon als avantgardistisch. In ihrem gemeinsamen Kampf gegen den kommerziellen Spielfilm und für eine, wie es immer wieder hieß, «unliterarische», auf die Wirklichkeit ausgerichtete

---

15 Eigentlich erhielt Le monde du silence (1956, Regie: Jacques-Yves Cousteau, Kamera: Louis Malle) an der Premiere in Cannes 1956 die erste Goldene Palme für einen Dokumentarfilm. Trotzdem vermied die Promotion den Begriff *documentaire*, stattdessen hieß es auf dem Werbeplakat: *un grand film de couleur!*.

16 Als Beispiel soll die Kinopromotion von Genesis genügen (2004, Regie: Claude Nuridsany u. Marie Pérennou), ein narrativ angelegter, bildgewaltiger Kinofilm über die Evolution: Dieser abendfüllende Kinofilm würde im Fernsehprogramm als *documentaire* oder «Dokumentarfilm» angekündigt. Auf der, für seine Promotion eingerichteten Webseite aber, die auch auf die Vermarktung in den Kinosälen angelegt ist, wird er schlicht als *film* bezeichnet (*un film de …*). Vgl. www.genesis.fr (29.01.2011).

Filmkunst, erreichten, wie das Ehepaar Virmaux zeigen konnte, Avantgar-
de- und Dokumentarfilm gegen Ende der 1920er-Jahre eine beispiellose
Nähe.[17] Dieses programmatische und promotionale Konzept von *documentaire* der filmischen Avantgarde schließt den wissenschaftlichen Film, und
mit ihm einen grundsätzlich unvoreingenommenen, analysierenden Blick,
selbstverständlicherweise mit ein.

Painlevé sollte an dieses Konzept von *documentaire* und wissenschaftlichem Film, das er selbst schon in seinem Aufsatz «Les films biologiques»
mit dem Sammelbegriff *documentaire* anklingen ließ, nach dem zweiten
Weltkrieg als Programmverantwortlicher anknüpfen; etwa 1948 unter seinem Festivaltitel *Les poètes du documentaire*, indem er in selbstverständli-
cher Weise den wissenschaftlichen Film ‹unter den Schutz› des Begriffs
documentaire und der Gruppe anderer, in Bezug auf ihren Kunstwert unbe-
strittener Dokumentarfilme stellte.[18] Mit André Bazin und Henri Langlois,
die beide in je eigener Weise mit Painlevés Aktivitäten verstrickt waren,
lassen sich zwei weitere ‹Paten› des wissenschaftlichen Films anführen,
zwei weitere ‹avantgardisierte› Strategen dieses programmatischen und
promotionalen Konzepts und, mit ihm, dieser generisch weitgefassten
Bezeichnung des Dokumentarischen: zuerst André Bazin, ein Jahr zuvor,
1947, noch als junger Filmkritiker und Painlevé-Bewunderer, in seinem Artikel «Beauté du hasard. Le film scientifique», in dem er die Offenheit der
Genregrenzen des wissenschaftlichen Films betonte;[19] und ein paar Jahre
später Henri Langlois, auch er wie Painlevé als Programmverantwortlicher, in der Planung des 1954 für die Schweiz vorgesehenen *Festival du
film de demain*, als er Painlevé in einem Brief versicherte, Painlevés wissenschaftlichen Filme unter dem «Euphemismus» des *cinéma d'avant-garde* zu
präsentieren.[20]

Wenn wir diese begrifflichen und generischen Überlegungen (zur
Einbettung des wissenschaftlichen Films in die avantgardistische Bezeichnung *documentaire*) vertiefen wollen, also von der Oberfläche der historischen Beschreibung dieser Einbettung vermehrt zur einer Tiefe ihrer
intrinsischen Bedeutung kommen wollen – und dahin wird der Weg die-

---

17 Vgl. VIRMAUX, Documentarisme et avant-garde.
18 PAINLEVÉ, *Les poètes du documentaire*. In dieser von ihm verfassten Broschüre zu sei-
    nem gleichnamigen Filmprogramm führt Painlevé unter dem Titel *Les poètes du docu-
    mentaire* so unterschiedliche Filme wie LES HURDES (LAS HURDES, E, 1933, Regie: Luis
    Buñuel), RYTHME DE LA VILLE (MÄNNISKOR I STAD, S, 1947, Arne Sucksdorff) und den
    wissenschaftlichen Film ÉCLOSION DES OISEAUX (P, Puchalski) an.
19 BAZIN, Beauté du hasard, S. 317 (in meiner deutschen Übers. in Anhang 5 in dieser Arbeit).
20 BERG, Painlevé et l'avant-garde, S. 112 (LESDOCS [Brief Henri Langlois' an Jean Pain-
    levé vom 12. August 1954]). In jenem Jahr ergaben sich zwischen Painlevé und Langlois
    aber Differenzen (dazu: HAMERY, Diss., *Jean Painlevé*, S. 313–317).

ser Arbeit führen –, lohnt es sich, schon an dieser Stelle in der Zeit etwas zurückzugehen: Eine generische Unbestimmtheit in der Bezeichnung *documentaire* für dokumentarische Kurzfilme ist genauso auch um 1910 festzustellen, und man mag für diese Parallele die generelle strukturelle Schwäche des Dokumentarfilms anführen, von der schon die Rede war, oder auch Gründe, die zunächst weniger mit den späteren avantgardistisch geprägten Zielen der Promotion von dokumentarischen Kurzfilmen zu tun hat, sondern schon eher mit einer noch weitgehenden Absenz von Genregepflogenheiten und mit einem allgemeinen Darstellungsmodus des Zeigens. Hinter dieser begrifflichen Parallele jedoch verbirgt sich auch eine gemeinsame, quasi wissenschaftliche Motivation, die beide Begriffe von *documentaire*, der populärwissenschaftlich geprägte von 1910 und der avantgardistisch geprägte um 1928 (und später) miteinander teilen: In ihm und in seiner Unbestimmtheit scheint sich in beiden Fällen ein quasi wissenschaftliches Interesse für die phänomenalen Eigenschaften der ‹hintersten Winkel› eines normalerweise kaum sichtbaren bewegten Universums zu verbergen und mit ihm eine ‹naive› Sehlust angesichts der noch neuen oder unausgeschöpften Möglichkeiten des Ausdrucks. Auf dieser universellen, auf das Universum und das allgemeine Bewegte ausgerichteten experimentellen Stufe des Sehens, Verstehens und des Zeigens bedurfte es weder um 1910 noch um 1928 anderer generischer Kategorien als *documentaire*.[21]

Wie Oliver Gaycken klarstellt, war um 1910 diese Vorstellung von *documentaire*[22] von der späteren Grierson'schen Konzeption noch weit entfernt, also noch frei von den generischen und ideologischen Einschränkungen, die da kommen sollten und voller Bewunderung für eine neue Technik und ihre neue Welt der universellen und bewegten Bilder.[23] Die filmische Avantgarde der 1920er-Jahre sollte diese populäre

21 Zur Ausrichtung auf das Universelle in den filmischen Tableaus um 1910 vgl. den Ausdruck «Univers» im Kopf der Annonce des «Pathé-Journal» von 29. Mai 1914 in *Le Cinéma*: «Pathé-Journal – Le premier *Journal Vivant* de l'Univers» (MEUSY, Films de ‹nonfiction›, S. 184).

22 Inwiefern sich meine Vorstellung von *documentaire* um 1910 sich mit derjenigen Gayckens deckt oder nicht deckt, müsste ihn einem Gespräch mit ihm noch erörtert werden. Vgl. GAYCKEN, «A Drama Unites Them».

23 Ebd., S. 353–356. In Bezug auf die um 1910 noch schwach konventionalisierten generischen Bezeichnungen der verschiedenen Dokumentarfilmkategorien erwähnt Gaycken den auch in dieser Hinsicht aufschlussreichen promotionalen Artikel, den Georges Maurice im Auftrag der Produktionsgesellschaft Éclair am 17. Januar 1913 in *Film-Revue* veröffentlichte (MAURICE, La Science au cinéma, 2. Teil, S. 3). – Jan-Christopher Horak führt schön an diesen kinematographischen Blick des generisch kaum bestimmten frühen Dokumentarfilms heran und an die mit ihm verbundene, nahezu vergessene (und heute wiederentdeckte) Sehlust (die er insbesondere an INTERIOR NEW YORK SUBWAY [Biograph 1905], einem aus der Perspektive eines fahrenden Zugs gedrehten Film

Leidenschaft der 1910er-Jahre für den sammelnden empirischen Blick auf eine bewegte, aber auch kuriose und dabei immer wahrhaftige Wirklichkeit wieder aufnehmen, inbesondere Painlevé, der uns hier mit seiner Begrifflichkeit als Leitfaden dient. Painlevé wuchs mit dieser Erfahrung des ungefilterten kaleidoskopischen Blicks auf die Wirklichkeit auf und trug sie in sich, aber auch Epstein oder Dalí, beziehungsweise die Generation der um 1900 geborenen Filmemacher und Filmliebhaber. Nur freilich verwandelte sich die unmittelbare Erfahrung dieses kinematographischen Blicks, die diese Generation in ihrer Kindheit auf Jahrmärkten oder in schulischen Institutionen durchlief, im Verlauf der Jahre in eine reflektierte Erfahrung von bewegter kinematographischer Welt und in folgenden Filmproduktionen in bewusstere und formal kontrolliertere Formen der Realitätsaneignung (und gegebenenfalls auch ihrer Manipulation). Was sich aber nicht veränderte war die große und offene Konzeption von *documentaire* und mit ihr dieses nahezu wissenschaftliche, experimentelle Verständnis für die Kinematographie, für ihre analytische Aufdeckungskraft und somit auch eine Vorliebe für den wissenschaftlichen Film, der in diesem universellen Zusammenhang des Sehens, Verstehens und des Zeigens seinen besonderen Platz zugewiesen bekam.

Wie wir noch sehen werden, nahmen genauso Jean Epstein und Germaine Dulac wie auch Salvador Dalí und Luís Buñuel in ihrem theoretischen und praktischen Werk direkt Bezug auf die wissenschaftlichen Dokumentarfilme der 1910er-Jahre (während dieser konkrete Bezug bei Painlevé schon etwas schwieriger nachzuweisen ist). Im Mittelpunkt der avantgardistischen Bezeichnung *documentaire* stand also eine Leidenschaft des *unmittelbaren* kinematographischen Kontakts mit der universellen Realität und ihrer Wunder, oder mit anderen Worten ein unerbittlicher Realismus, den Epstein und Goll (und mit ihm auch Painlevé) 1924 als «Surrealismus» bezeichneten.[24] Weniger die *Vermittlung* von Realität prägte diesen Begriff, sondern vielmehr die *unmittelbare Erfahrung* von Realität, – von einer kinematographischen zwar, aber deswegen nicht von einer weniger wahrhaftigen Realität. So erstaunt es auch nicht, dass Painlevé trotz seiner generischen Dreiteilung des wissenschaftlichen Films von 1929 schließlich 1955 – bewusst oder nicht – die *vermittelnde* Form des edukativen Films

festmacht; HORAK, Frühes Kino und Avantgarde). Zu diesem kinematographischen Blick gehört auch eine einfache (oder die Absenz einer) Montage im *Mode de la représentation primitif* (MRP), an die Noël Burch mit seiner bekannten Einteilung der historisch gewachsenen Repräsentationsmodi erinnert (vgl. BURCH, Primitive Mode; BURCH, *La Lucarne de l'infini*).

24   GOLL, le cinéma («Exemple de surréalisme: le cinéma», in: *Surréalisme*, Nr. 1, 1924). EPSTEIN, *Schriften zum Kino*, S. 48 u. 54 (*Le Cinématographe vu de l'Etna* 1926).

zugunsten der *unmittelbaren und leidenschaftlichen* Ausdrucksformen des populärwissenschaftlichen Films und des Forschungsfilms ausblendete und zu guter Letzt den edukativen Film auch aus seiner Werkliste verbannte.[25]

---

25 «The term science film refers to two different branches of cinema, each with its own mode of production and distribution: the popular film and the research film» (PAINLEVÉ, Scientific Film, S. 161 [1955]). Der Schulungsfilm für Volksbildung oder schulische Erziehung fand keinen Niederschlag in seinem filmischen Werk (vgl. die Filmografie in HAMERY, Diss., *Jean Painlevé*).

1 Die Blütezeit des wissenschaftlichen Films in Frankreich und Europa (1902–1916)

Nicht nur der rund hundertjährige historische Abstand zu den ersten populärwissenschaftlichen Filmen, auch die heute üblicherweise am Fernsehen gezeigten, so gänzlich anderen Präsentationsformen populärwissenschaftlicher Inhalte erschweren den Zugang zu den Frühformen wissenschaftlicher Kinounterhaltung um 1910. Wir haben es hier noch mit Erscheinungen in der Tradition der Laterna magica zu tun, überspitzt gesagt mit stummen, bewegten wissenschaftlichen ‹Tableaus›, die nur ansatzweise narrative Strukturen aufweisen und natürlich noch nicht über die heute üblichen Ton-Verfahren des wissenschaftlichen Kommentars (Voice-over / Moderator) verfügen. Nichtsdestotrotz erreichten sie vor dem ersten Weltkrieg für ein paar Jahre eine Popularität, die sie den neuen kinematographischen Techniken, einem neuen, unverblümten Modus des Zeigens und ihren überraschenden, schön-schauerlichen Wundern einer neuen bewegten Welt verdankten. Mit diesen populären, spezifisch modernen Eigenschaften verließen sie den bürgerlichen ästhetischen Kanon des 19. Jahrhunderts und gerieten Jahre später in die Hände der Avantgarden. Welcher Art jene faszinierenden, neuen Eigenschaften wissenschaftlicher Filme im Einzelnen waren, sei anhand der Stationen ihrer filmtechnischen Innovationen und populären Vermarktung im Folgenden skizziert:

Die ersten filmtechnischen Erfindungen zur wissenschaftlichen Aufdeckung verborgener Bewegungen sorgten für Furore (das zeigen schon der Einzug ihrer Verfahren in die Hallen der Académie des sciences und das jeweilige Echo in der Presse)[1], das vereinigte Grundgerüst ihrer kohärenten und gesicherten Technikgeschichte[2] hingegen fehlt bis heute genauso wie eine Kulturgeschichte des Wissenschaftsfilms, im französischen ebenso wie im internationalen Kontext. In Pierre Thévenards (seines Zeichens selbst Autor von Wissenschaftsfilmen) und Guy Tassels *Le Cinéma Scientifique Français* (1948) fehlen einerseits die verbindenden Argumente einer nachvollziehbaren Geschichte filmtechnischer Entwicklungen (und die entsprechenden Angaben von Patenten) andererseits die moderne pragma-

---

1   Vgl. S. 33, Anm. 5, und S. 40, Anm. 25.
2   Mit einer «gesicherten Technikgeschichte des wissenschaftlichen Films» ist eine Geschichte seiner technischen Entwicklung, seiner Apparaturen, ihrer Erfinder und ihrer technischen Daten und Patente gemeint.

tische Sicht auf die populäre Verbreitung und Nutzung wissenschaftlicher Filme.[3] Dennoch können in unserem Zusammenhang Technik- und Kulturgeschichte des französischen wissenschaftlichen Films hier nur äußerst selektiv, nur anhand einiger historischer Spuren von Art und Wirkung jener neuen und populären Eigenschaften wissenschaftlicher Filme in Angriff genommen werden, inbesondere anhand von Spuren, die in den 1920er-Jahren von besonderem künstlerischem Interesse waren. Das bedeutet in Bezug auf den technikgeschichtlichen Teil, dass wichtige wissenschaftliche Anwendungen wie der chirurgische und der Röntgen-Film in unserem Filmkunst-Zusammenhang ausgeklammert werden[4] und nur auf die spezifischen kinematographischen Techniken der Bewegungsaufdeckung eingegangen wird, die für die neue Sicht auf eine bislang unbekannte Welt mitverantwortlich waren. In Bezug auf den kulturwissenschaftlichen Teil wiederum heißt dies, dass der edukative Aspekt, der von Anfang an die

---

3   Vgl. THÉVENARD/TASSEL, *Le Cinéma Scientifique*, und die verstreuten Angaben in MARTINET, *Le cinéma et la science* (letztere Publikation hg. v. Institut de cinématographie scientifique [ICS]). Roxane Hamery kritisiert in diesen beiden Übersichtswerken zum französischen wissenschaftlichen Film die Ungenauigkeit der Daten zu den technischen Innovationen und zu den Hinterlegungen der Patente (HAMERY, Diss., *Jean Painlevé*, S. 56 [Anm. 70]). Verlässliche technische Angaben dagegen sind vielmehr in Aufsätzen aus der Feder des langjährigen Direktors des ICS, Jean Painlevé, zu finden (vgl. die Bibliografie von Painlevés Aufsätzen in: HAMERY, Diss., *Jean Painlevé*). In jüngerer Zeit sind insbesondere verschiedene Publikationen Thierry Lefebvres zum frühen wissenschaftlichen Film erschienen (s. Bibl.).

4   Die wissenschaftlichen Filme des Pariser Chirurgen Dr. Eugène-Louis Doyen (1859–1916) zählen zu den ersten wissenschaftlichen Filmen überhaupt und sind in einer einzigen Totalen gehalten. Seit 1898 dokumentieren sie seine professionelle Arbeit als Chirurg und zeigen in der Regel ihn selbst (noch ohne Operationshandschuhe!), wie er inmitten eines ihm assistierenden Kreises in atemberaubender Geschwindigkeit Operationen durchführt. Seine für den Unterricht an Universitäten bestimmten chirurgischen Filme legten nicht nur Zeugnis ab von chirurgischen Fällen, sondern auch seines eigenen Könnens, galt es doch seinen Ruf in den eigenen Kreisen als zu schnell operierender Chirurg aus der Welt zu schaffen. Um seinen Ruf bangen musste Doyen aber erst wirklich nachdem er im Februar 1902 seinen Kameramann Clément Maurice anwies, die chirurgische Separation der siamesischen Zwillinge Doodica und Radica zu filmen. Denn schon die Trennung der Zwillinge an sich erschien in Pariser Ärztekreisen als Frevel gegen die Natur. Als Doyen dann auch noch begann, diese Aufnahmen kommerziell zu verwerten und vom Arzt Dr. Legrain 1905 in einen Aufsehen erregenden Prozess verwickelt wurde, galt er wohl als umstrittenster Chirurg Frankreichs. Dennoch ist sein Stellenwert in der Geschichte des Wissenschaftsfilms nicht zu unterschätzen. Sein umfassendes filmisches Werk (bis zu seinem Tode nahezu 100 Filme, heute nur noch in Fragmenten vorhanden) erreichte über den Wert als wissenschaftliche Fachdokumentation für den universitären Unterricht hinaus in der Form einzelner Attraktionsfilme Sensationsstatus. Einzelne Filme konnten gar in Monte Carlo oder im fernen Wien in kommerziellen Veranstaltungen angetroffen werden. Vgl. Thierry Lefebvre: «Le docteur Doyen: un précurseur», in: MARTINET, *Le cinéma et la science*, S. 70–77, insbesondere S. 74. Thierry Lefebvre schloss wenige Jahre nach diesem Artikel die maßgebliche Dissertation zu Dr. Doyens Filmschaffen ab (LEFEBVRE, Diss., *Cinéma et discours hygiéniste*).

wissenschaftliche Filmproduktion mitprägte, vernachlässigt wird zugunsten der dynamischen Perspektive populärwissenschaftlicher Unterhaltung und Vermarktung in Studiokinos und Varietétheatern.

1.1 Film als wissenschaftliches Instrument: Europäische Stationen filmtechnischer Innovationen und Sensationen (1902–)

Als Painlevé 1928 seinen ersten Wissenschaftsfilm L'Oeuf de l'épinoche, de la fécondation à l'éclosion (1927) in der Académie des sciences einer skeptischen Gemeinde von Wissenschaftlern vorstellte,[5] hatten Lucien Bull und Dr. Comandon in Frankreich schon längst ihre Wegmarken in der Entwicklung der Zeitraffer- und Mikrokinematographie gelegt.[6] Beide standen (Ersterer unmittelbar als Mitarbeiter des Institut Marey) in der Tradition chronophotographischer und mikroskopischer Techniken des 19. Jahrhunderts. Wenn auch die Wurzeln des Wissenschaftsfilms generell freilich noch weiter, bis auf optische Aufdeckungs- und Demonstrationstechniken der frühen Moderne, das heißt auf das Mikroskop und die Laterna magica des 17. Jahrhunderts,[7] zurückgreifen, so beginnt die eigentliche Technikge-

---

5   HAMERY, Diss., *Jean Painlevé*, S. 62 f.; BERG, Contradictory Forces, S. 17 f.
6   Fälschlicherweise gilt Jean Painlevé gerne als Wissenschaftsfilmer der ersten Stunde: «Jean Painlevé est l'inventeur du cinéma scientifique. À 84 ans, il assène comme un enfant terrible quelques vérités à faire trembler les scientifiques les plus orthodoxes» (Programmvorschau auf den kurzen Dokumentarfilm von Marie-Luce Staïb und Claude de Givray über Jean Painlevé im Rahmen der Reihe «Saga» auf TF1, in: *Aujourd'hui en France*, Nr. 127, Feb. 1984).
7   Frühe Voraussetzung der analytischen Funktionsweise wissenschaftlichen Filmens war die rasante Entwicklung von optischen Apparaten im Zuge der wissenschaftlichen Revolution des 17. Jahrhunderts, mit dessen Hilfe das weit Entfernte und das mikroskopisch Kleine der natürlichen Umwelt in die Erfahrungswelt des europäischen Nordens Einzug hielt (und weniger in den europäischen Süden, Ausnahme: Galileo Galilei). Linse, Fernrohr und Mikroskop hatten schon Constantijn Huygens (1596–1687), Sekretär des Statthalters der holländischen Republik und Vater des berühmten Physikers Christiaan Huygens (1629–1695), beschäftigt und ihn, einen glühenden Verehrer Francis Bacons, von Erfahrungen einer «neuen Welt» berichten lassen, die bisher dem Auge fremd geblieben war: «Und alles durch unsere Augen unterscheidend, als ob wir es mit Händen berührten, wandeln wir durch eine bis jetzt unbekannte Welt von kleinen Kreaturen, als ob es ein neu entdecktes Erdteil wäre» (Passage aus dem Kommentar zu Huygens' *Daghwerck*, seinem Lobgedicht auf seine Frau Susanna; Kommentar zu Zeilen 1192–1195, *Daghwerck van Constantijn Huygens*, hg. v. F. L. Zwaan, Assen: Van Gorcum en Comp. B. V. 1973, zitiert nach: ALPERS, *Kunst als Beschreibung*, S. 63). Huygens' Sohn Christiaan, sollte sich neben anderen (zum Beispiel Robert Hooke) schon früh unter anderem mit der Weiterentwicklung von Mikroskopen beschäftigen, bevor er von 1666–81 an der neu gegründeten Pariser Académie des sciences wirken sollte. Die wissenschaftliche Auswertung der neu entdeckten mikroskopischen Welt als Erster begonnen zu haben, blieb dem holländischen Naturforscher Antonie van Leeuwenhoek (1632–1723) vorbehalten,

schichte des wissenschaftlichen Films im engeren Sinne bei dieser ersten wissenschaftlichen Nutzung spezifischer filmischer beziehungsweise protofilmischer Eigenschaften in der Chronophotographie, inbesondere in den Versuchsanordnungen ihrer berühmtesten Vertreter, Eadward Muybridge (1830–1904) und Etienne-Jules Marey (1830–1904, gleiche Lebensdaten!), die notabene beide – der angloamerikanische Photograph und der französische Mediziner und Physiologe – Kunstsinn und Interdisziplinarität in ihre wissenschaftlichen Forschungen einbanden. Die darauffolgende Erfindung des Kinematographen setzte zwar eine umwälzende neue Industrie der Massenkultur in Gang, als optisches Verfahren zur Analyse von verdeckten Bewegungen war er aber lediglich für einen weiteren Schub in der wissenschaftlichen Bewegungsanalyse verantwortlich, der sich sogleich niederschlug in der Entwicklung der entsprechenden kinematographischen Verfahren (Zeitlupen-, Zeitraffer-, Mikroskopiefilm) – in Verfahren, die in chronophotographischer Form allesamt schon in Mareys *Le Mouvement* (1894) beschrieben worden waren.

Die Hochgeschwindigkeitskamera, eine der ersten wissenschaftlichen filmtechnischen Erfindungen im engeren Sinne und verantwortlich für wissenschaftliche Zeitlupenaufnahmen, folgte der ursprünglichen Hauptaufgabe Muybridges und Mareys, Bewegungen aufzudecken, die normalerweise für den menschlichen Sehsinn zu schnell sind, um erfasst zu werden. Es war denn auch die Station physiologique, die unter der Ägide von Mareys Schüler Lucien Bull (1876–1972) und Pierre Noguès (1878–1971) diese Technik entwickelte. Die Kinematographen erledigten ihre Aufgabe nun in zeitlichen Bereichen, die dem Chronophotographen noch unzugänglich waren. Ungefähr zeitgleich mit dem Österreicher von Lendenfeld, der eine ähnliche Technik anwandte, gelang es schon 1904 Lucien Bull, die Flugbewegungen einer Libelle mit einer Ultrahochgeschwindigkeitskamera einzufangen, die imstande war, mithilfe eines «elektrischen Funkenzugs» – je nach Quelle – zwischen 1200 und 2000 Bilder pro Sekunde aufzunehmen. [8]

der schließlich die Infusorien, Bakterien und Blutkörperchen entdeckte, wohingegen der englische Physiker und Naturforscher Robert Hooke (1635–1703) kaum später als Leeuwenhoek 1665 in seinem Hauptwerk *Micrographia* die neue mikroskopische Welt, zum Beispiel der Struktur eines Fliegengesichts mit seinen tausenden von Einzelaugen oder eines Korkschnitts mit seinen «Zellen», umfassend beschrieb (HOOKE, *Micrographia*). – Frühe Voraussetzung der «rhetorischen» Funktionsweise wissenschaftlichen Filmens war die Entwicklung der schon von Christiaan Huygens 1659 dargelegten und von Athanasius Kircher in *Ars magna lucis et umbrae* (1671) beschriebenen Laterna magica, deren Projektionstechnik spätestens im 19. Jahrhundert mit der Erfindung der Photographie als volksbildende, populärwissenschaftliche Technik eingesetzt wurde und somit als Vorläufer des Erziehungsfilms gesehen werden kann.

8   Vgl. die unterschiedlichen Angaben: «puis 1500 images par seconde en 1904» (PAINLEVÉ, Bull); «des prises de vues à 1200 images/seconde» (Bildlegende, MARTINET,

Die Kamera-Disposition zur Zeitrafferaufnahme stand schon seit 1898 zur Verfügung. Während die Zeitlupenaufnahme vor allem zur Erfassung schneller Bewegungen von fliegenden Körpern (z. B. von Vögeln, Insekten, ab 1909: von Gewehrkugeln) geeignet war, zielte die Zeitrafferaufnahme insbesondere auf die Erfassung von langsamen Wachstumsprozessen in der Biologie (z. B. von Bakterienkulturen und Planzenbewegungen).[9] Noch vor der Erfindung des Kinematographen hatte der Deutsche Wahrnehmungs-psychologe Ernst Mach die Idee der Zeitrafferaufnahme aufgeworfen, die Marey dann auch chronophotographisch umsetzte (Fig. 211 in *Le Mouvement* 1894, S. 291). Mit den Filmaufnahmen phototropischer Reaktionen von Tulpen und Mimosen, die schon 1898 Wilhelm Pfeffer in Leipzig gelangen,[10] und den makroskopischen Aufnahmen vom Wachstum einer Kolonie von Seescheiden (einer bestimmten Art von Meeresmuscheln, franz.: *botrylles*), die 1902[11] Lucien Bull für den Biologen Antoine Pizon anfertigte,[12] verbesserte die neue Filmtechnik die Analyse- und Dokumentationsmöglichkeiten in der Entwicklungsbiologie und trieb die Forschungen auf diesem Gebiet an (die Laboratorien von Lucienne Chevroton und Fred Vlès in Frankreich sowie von Julius Ries in der Schweiz beispielsweise hielten beide um 1908 die Teilung und Entwicklung des Seeigel-Eis filmisch fest).[13] Spektakuläre wissenschaftliche Filme über pflanzliche Bewegungen sollten folgen (zum Beispiel in England Percy Smiths BIRTH OF A FLOWER [GB 1910; vgl. S. 92, Abb. 8–9] oder in Frankreich Dr. Comandons MOUVEMENTS DES VÉGÉTAUX [F 1929, vgl. S. 134]).

Neben der Hochgeschwindigkeitskamera (seit 1904) und der Zeitraffer-Disposition (seit 1898) entwickelte sich die mikrokinematographische

---

Le cinéma et la science, S. 20); «pouvant atteindre 2000 images/seconde» (Bildlegende, MARTINET, *Le cinéma et la science*, S. 106).

9   THÉVENARD/TASSEL, *Le Cinéma Scientifique*, unterscheiden entsprechend: «Première Partie, Etude analytique des mouvements rapides» und «Deuxième Partie, Etude synthétique des mouvements lents». Die Verwendung von «synthétique» im zweiten Titel ist insofern problematisch, als es sich ja auch in der Zeitrafferkinematographie um eine analytische Untersuchung handelt.

10   LEFEBVRE, scientific films: Europe, S. 568.

11   Während Bull selbst sowie Painlevé die Pionierleistung der Zeitrafferaufnahmen von Seescheiden auf das Jahr 1902 datieren, ist bei Lefebvre in diesem Zusammenhang von 1903 die Rede (MARTINET, *Le cinéma et la science*, S. 106 [Lucien Bull: «La technique cinématographique au temps des pionniers», in: *Bulletin de l'Institut de cinématographie scientifique*, Nr. 2, 1961]; PAINLEVÉ, Bull; LEFEBVRE, scientific films: Europe, S. 568).

12   Mit einer Vergrößerung um den Faktor 8 oder 10 fotografierte die Apparatur jede Viertelstunde die Seescheidenkolonie (MARTINET, *Le cinéma et la science*, S. 106) und erreichte somit bei der Projektion eine Beschleunigung um den Faktor 20 000 (PAINLEVÉ, Bull). Vgl. auch LEFEBVRE, scientific films: Europe, S. 568.

13   LEFEBVRE, scientific films: Europe, S. 568; LEFEBVRE, De François Franck à Comandon, S. 46 (L. Chevroton [die zukünftige Frau von Dr. François-Franck, Ch. H.] und F. Vlès: «La cinématique de la segmentation de l'oeuf et la chronophotographie du développement de l'Oursin», Sitzung der Académie des Sciences, 8. November 1909).

Kamera seit 1903 zum Kernstück des dritten (und für unsere Belange letzten) Hauptfeldes filmtechnischer Entwicklungen im Dienste der wissenschaftlichen Forschung, nun nicht mehr zur Aufdeckung von Bewegungen in normalerweise zeitlich, sondern räumlich unzugänglichen Bereichen.[14] Wie der chirurgische Film oder der Röntgenfilm bot die Mikrokinematographie mit ihren Filmen über das mikrobische Geschehen in Körper- oder anderen Flüssigkeiten zwar kaum einen tieferen Einblick in das zeitliche Geschehen, zeigte also kaum mehr als das Bild, das sich dem Forscherauge schon durch das Mikroskop hindurch bot. Die über den Film gewonnenen faszinierenden Einblicke in eine unbekannte, im Maßstab massiv vergrößerte Welt molekularer oder zellulärer Vorgänge hatten aber gegenüber dem Blick ins Mikroskop nicht nur den jedem Filmdokument innewohnenden Vorteil der objektiven Aufnahme (im Vergleich zum subjektiven Blick des Forschers durch ein Mikroskop) und der zur Analyse und Demonstration wiederholbaren Projektion, sondern auch den wissenschaftlich besonders interessanten Vorteil, das mikroskopische Geschehnis quantifizieren zu können.[15]

Das im Jahre 1903 in den Jenaer Zeiss-Laboratorien von Siedentopf und Zsigmondy erfundene «Ultramikroskop»[16] erfüllte, mit der «Dunkel-

14   Thévenard und Tassel räumen der Technik der Mikrokinematographie kein eigenes Kapitel ein, sondern integrieren sie im zweiten Hauptkapitel («Etude synthétique des mouvements lents») in das Unterkapitel «Biologie»; auf der einen Seite zu Recht, weil die Mikrokinematographie ohne Zeitraffer (ähnlich wie die Radiokinematographie) als wissenschaftliches Analyseinstrument gegenüber dem gewöhnlichen Mikroskopieren kaum einen zusätzlichen Nutzen hervorbringt (sie ist ‹nur› ein wissenschaftliches Instrument der Demonstration vor Publikum), auf der anderen Seite zu Unrecht, denn sie ermöglicht nicht nur die Dokumentation der visuellen mikroskopischen Bewegungsinformationen für eine unter Umständen benötigte, spezifische und wiederholbare optische Analyse oder Diagnose, sondern sie stellt den Forscher auch technisch vor spezifische Herausforderungen (Vibrationen, Überhitzung der mikroskopischen Lebewesen). Vgl. THÉVENARD/TASSEL, *Le Cinéma Scientifique*, S. 50; LEFEBVRE, de François Franck à Comandon, S. 38/39.

15   Noch heute dient die mittlerweile computerunterstützte Technik der Mikrokinematographie beispielsweise der quantitativen (und qualitativen) Beurteilung von männlichem Erbgut in Zuchtprogrammen leistungsorientierter Viehaltung, indem in den verdünnten für den Verkauf bestimmten Spermienflüssigkeiten Anzahl und Prozentsatz gesunder Samenzellen mikrokinematographisch, am Computerbildschirm sichtbar erfasst und computergesteuert errechnet werden.

16   1902 begannen der Chemiker und Privatgelehrte Richard Zsigmondy (1865–1929) und sein Mitarbeiter, der Physiker Henry Siedentopf (1872–1940), in Jena mit der Entwicklung eines Ultramikroskops, dem Mittel der Wahl in der Kolloidforschung Zsigmondys, wie sich herausstellen sollte («Kolloide»: kleinste Teilchen in Gas oder Flüssigkeiten gelöst). 1926 erhielt Zsigmondy für seine Kolloidforschungen den Chemie-Nobelpreis «für die Aufklärung der heterogenen Natur kolloidaler Lösungen sowie für die dabei angewandten Methoden, die grundlegend für die moderne Kolloidchemie sind». Es war der erste Nobelpreis für Mikroskopie. Vgl. Axel Burchardt: «Zum Gedenken an einen Pionier der Mikroskopie», Friedrich-Schiller-Universität Jena, Informationsdienst Wissenschaft e. V., http://idw-online.de/pages/de/news161390 (10.02.2008). Ein Ex-

feldbeleuchtung» (einer von einer Bogenlampe emittierten, auf das zu untersuchende Gut seitlich einfallenden Beleuchtung) ausgerüstet, nicht nur die Hauptbedingung einer moderaten Hitzeentwicklung bei genügender Lichtausbeute, sondern lieferte überdies derartig brilliante und kontrastreiche fotografische Bilder von durchsichtigen, aus sich heraus strahlenden, lebenden Zellkörpern (zytoplasmischen Pollenkörnern, Blutkörperchen etc.) vor schwarzem Hintergrund, dass

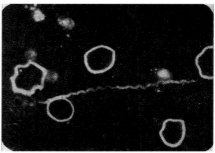

1 Von roten Blutkörperchen umgebene Spirochäte (Treponema pallidum, korkenzieherförmig) im Blut einer Maus – Ultramikroskopisches Standbild eines diagnostischen Films, Institut Pasteur (F 1909, Regie: Dr. Comandon)

die neuartigen Bilder auch den nüchternen Wissenschaftler an einen zauberhaften Sternenhimmel erinnern mussten.[17] Die Anwendung des für die Mikrokinematographie idealen Ultramikroskops in einer wissenschaftsfilmischen Anordnung ließ nicht lange auf sich warten. Dr. Karl Reicher, Mediziner am zweiten königlichen Klinikum von Berlin, stellte noch im gleichen Jahr (1903) die weltweit ersten ultramikroskopischen Filmaufnahmen der gleichenorts ansässigen medizinischen Gesellschaft vor.[18] Als der junge französische Arzt Jean Comandon 1909 an der Académie des sciences seinerseits ultramikroskopische Filmaufnahmen von *Treponema pallidum*, dem «blassen» und gefährlichen Syphiliserreger, der Öffentlichkeit präsentierte (Abb. 1), feierte ihn daraufhin die französische Presse als Schöpfer der Mikrokinematographie: «On a réussi la cinématographie de l'invisible»[19] – fälschlicherweise, denn das Privileg, die Mikrokinematographie 1903 erfunden zu haben, gebührt nach Vorarbeiten von Etienne-Jules Marey, Lucien Bull und Georges Weiss, ungefähr gleichzeitig Francis Martin Duncan in

ponat steht im Deutschen Museum, München: *Ultramikroskop mit Bogenlampe*, Carl Zeiss Jena, 1912, Inv.-Nr. 35.349.

17 Dr. Paul Gastou, Leiter der Laboratoriums des Pariser Spitals St. Louis und wissenschaftlicher Betreuer des Dissertanten Jean Comandon, verglich das optische Feld des Ultramikroskops mit einem Sternenhimmel: «d'où la comparaison faite du champ de l'ultramicroscope: à un ciel constellé d'étoiles» (Dr. Paul Gastou, *L'ultra-microscope dans le diagnostic clinique et les recherches de laboratoire*, Paris: Baillière et Fils, 1910; zit. n. LEFEBVRE, de François Franck à Comandon, S. 42).

18 Reichers Vorstellung fand am 29. Juli 1903 vor der Berliner Gesellschaft für Medizin statt (Meldung in *Berliner Klinische Wochenschrift*, Nr. 34, 24. August 1903; zit. n.: LEFEBVRE, de François Franck à Comandon, S. 42).

19 Dies war der Wortlaut des Titels in der Tageszeitung *Le Matin* am 27. Oktober 1909 (zit. n. DO O'GOMES, Jean Comandon, S. 79). Weitere Dokumente medialer Resonanz dieser berühmten Sitzung in *Je sais tout, Lectures pour tous* und anderen Zeitschriften (s. LEFEBVRE, de François Franck à Comandon, S. 43).

London und François-Franck in Paris, ihre ultramikroskopische Variante, wie erwähnt, dem Berliner Arzt Reicher.[20] Comandon, der mit dieser Vorführung seine medizinische Dissertation abschloss und anschließend auch für legendäre öffentliche Vorführungen innerkörperlicher Kämpfe zwischen Schlafkrankheitserregern (Trypanosomen) und weissen Blutkörperchen sorgen sollte,[21] gelang es aber mit Charles Pathés finanzieller Unterstützung das in Frankreich noch kaum entwickelte ultramikrokinematographische Dispositiv zu perfektionieren und eine unmittelbar nützliche medizinische Anwendung vor Augen zu führen, indem er das, im Spital Saint-Louis unter Dr. Paul Gastou entwickelte ultramikroskopische optische Verfahren zur Diagnose der Syphilis für die diagnostische Lehre systematisch, in verschiedenen Abstrichen, kinematographisch zur Anschauung brachte.[22] Das sich schraubenartig fortbewegende, korkenzieherförmige Bakterium aus der Klasse der Spirochäten, das gleichzeitig die Pariser Libertinage umtrieb, konnte sich ein Medizinstudent von nun an aufgrund der, auf Film festgehaltenen, eigentümlichen Vorwärtsbewegung gut einprägen.

Nicht weniger prominent muss der mikrokinematographische Nachweis der Existenz der Atome ein Jahr vor Comandons Auftritt in derselben Académie gewesen sein, denn seit Albert Einsteins theoretischem Nachweis des physikalischen Phänomens der Brown'schen Bewegung im Jahre 1905[23] war die Brown'sche Bewegung – und somit die Existenz der atoma-

20   LEFEBVRE, scientific films: Europe, S. 567. Zum direkten Vergleich der mikrokinematographischen Apparaturen von Dr. François-Franck und Dr. Comandon: LEFEBVRE, de François Franck à Comandon, S. 40 f.

21   Detaillierte Angaben zu Comandons Filmen aus der Zeit in Kahns Residenz in Boulogne (1926–1929, «Centre de documentation de Boulogne») und aus der anschließenden Zeit im Pasteur-Institut in Garches, Seine-et-Oise (1932–1948, «Laboratoire du Dr. Comandon») finden sich mit Titel und Länge der Filme aber ohne Jahresangabe in THÉVENARD/TASSEL, Le Cinéma Scientifique, S. 47 f. Weitere zusammenfassende Angaben zu Comandons Filmen in DO O'GOMES, Jean Comandon; in DO O'GOMES, Un laboratoire de prises de vues scientifiques; und in DE PASTRE, Jean Comandon.

22   DO O'GOMES, Jean Comandon, S. 274 (Jean Comandon: De l'usage en clinique de l'ultramicroscope, en particulier pour la recherche et l'étude des spirochètes, thèse de médecine; Paul Gastou und Jean Comandon: «L'ultramicroscope et son rôle essentiel dans le diagnostic de la syphilis», in: Journal médical français, Nr. 4, 15.04.1909).

23   Einstein, der in dieser wegweisenden Schrift seine Diffusions-Theorie darlegte und somit – ohne sich dessen sicher zu sein (s. u.) – auch die Brown'sche Bewegung erklärte (sie erklärt und berechnet die eigentümliche Bewegung von in ruhenden Flüssigkeiten schwebenden, kleinsten, mikroskopisch sichtbaren Teilchen mithilfe eines Diffusionskoeffizienten und seiner Relation zur in der Suspension herrschenden Temperatur), weist ausdrücklich auf den nächsten Schritt, den experimentellen Nachweis mithilfe eines Mikroskops hin. «In dieser Arbeit soll gezeigt werden, dass nach der molekularkinetischen Theorie der Wärme in Flüssigkeiten suspendierte Körper von mikroskopisch sichtbarer Größe infolge der Molekularbewegung der Wärme Bewegungen von solcher Größe ausführen müssen, dass diese Bewegungen leicht mit dem Mikroskop nachgewiesen werden können. Es ist möglich, dass die hier zu behandelnden Bewegungen mit der sogenannten «Brown'schen Molekularbewegung» identisch sind; die mir erreich-

ren Grundstruktur der Welt – zu einem physikalischen Schlüsselproblem in der Grundlagenforschung aufgestiegen. Die auf den ersten (mikroskopischen) Blick eigenartige, vermeintliche Eigenbewegung von mikroskopisch kleinen Teilchen (es können dies irgendwelche Teilchen sein, Brown entdeckte die Bewegung zuerst an zytoplasmischen Pollenkörnern), die, in einer ruhigen Flüssigkeit schwebend, unberechenbare und, im mikroskopischen Maßstab, kleinste Zick-Zack-Bewegungen vollführen, stellte sich nicht als eine Eigenbewegung eben dieser Teilchen heraus, sondern vielmehr als mikroskopisch sichtbare Folgebewegung, hervorgerufen durch die temperaturabhängige Eigenbewegung der an diese Teilchen stoßenden unsichtbaren Flüssigkeitsmoleküle. Auf dem Weg, die von Einstein theoretisch beschriebene Brown'sche Bewegung auch experimentell nachzuweisen, verwendete der französische Physiker Prof. Victor Henri die mikrokinematographische Anordnung Dr. François-Francks im Collège de France, verfehlte aber schließlich mit dem konventionellen Mikroskop in der mikrokinematographischen Anordnung das Ziel. Mithilfe eines Ultramikroskops gelang aber noch im selben Jahr seinem Landsmann Prof. Jean-Baptiste Perrin der unbestrittene experimentelle Nachweis der Brown'schen Bewegung (und der Existenz der Atome). Seine technische Anordnung nämlich war im Stande, Lageveränderungen einzelner Atome als sich verändernde Reflektionserscheinungen sichtbar und überprüfbar zu machen.[24]

Seit Mareys chronophotographischen Präsentationen an der Académie des sciences sorgte der wissenschaftliche Film als Analyse- und Dokumentationsinstrument mit den jeweils neusten Aufdeckungstechniken in

---

baren Angaben über Letztere sind jedoch so ungenau, dass ich mir hierüber kein Urteil bilden konnte.» [Anfang des Textes]. «Möge es bald einem Forscher gelingen, die hier aufgeworfene, für die Theorie der Wärme wichtige Frage zu entscheiden! Bern, Mai 1905». [Schluss des Textes]. (EINSTEIN, Die Bewegung von in ruhenden Flüssigkeiten suspendierten Teilchen, S. 549–560).

24 Schon 1827 beschrieb der schottische Botaniker Robert Brown das später nach ihm benannte physikalische Phänomen: Die Bewegungen der in Wasser suspendierten zytoplasmischen Pollenkörner «arise neither from currents in the fluid, nor from its gradual evaporation, but belonged to the particle itself» (Brown in: Milton Kerker: «Brownian Movement and Molecular Reality prior to 1900», in: *Journal of Chemical Education*, 51.12, Dezember 1974, S. 765; zit. n.: CURTIS, Die kinematographische Methode, S. 31). – Zu Victor Henris Versuch des mikrokinematographischen Nachweises der Brown'schen Bewegung s.: Ebd., S. 35; MARTINET, *Le cinéma et la science*, S. 80; LEFEBVRE, de François Franck à Comandon, insbes. S. 40–43 (und Henris eigenen Bericht «Étude cinématographique des mouvements browniens», 18. Mai 1908, in: *Comptes rendus hebdomadaires des séances de l'Académie des sciences*, 146, 1908, S. 1024 f.). – Zu Jean-Baptiste Perrins gelungenem kinematographischen Nachweis der Brown'schen Bewegung s.: SCHIRRMACHER, Looking into (the) Matter, S. 8 (v. a. Anm. 21); und CURTIS, Die kinematographische Methode, S. 35 (und Perrins eigene Berichte «Agitation moléculaire et mouvement brownien», in: *Comptes rendus hebdomadaires des séances de l'Académie des sciences*, 146, 1908, S. 967; und «Mouvement brownien et molécules», in: *Annales de chimie et de physique*, 18, 1909, S. 1–114). Perrin erhielt 1926 den Nobelpreis für Physik.

wissenschaftlichen Kreisen und der Presse für Furore. Erst er verlieh der normalerweise unsichtbaren Bewegungswelt in der Öffentlichkeit ein Gesicht. Trotzdem und auch deshalb hatte er bei aller Wissenschaftlichkeit im Fachpublikum der Académie stets mit Widerstand zu rechnen.[25] Vielleicht drohte in den Augen einiger die so machtvolle neue ästhetische Welt des wissenschaftlichen Films den nüchternen Geist zu kontaminieren, denn die Vermarktung wissenschaftlicher Filme in Varietétheatern und auf Jahrmärkten – und somit ihre Popularisierung – setzte nach der Erfindung ihrer jeweiligen Techniken ebenso schnell ein wie ihre wissenschaftliche Anwendung.[26]

1.2 Geburt und Blüte des französischen Wissenschaftsfilms als populäre Attraktion (1903–1914)

Wissenschaftliche Bildproduktion und Kino kamen sich in den ersten Jahren nach der Erfindung des Kinematographen so nah wie später selten mehr, galt es doch nicht nur für Wissenschaftler und Filmtechniker, sondern auch für ein breites Publikum, am modernen Abenteuer der Erschließung unbekannter Räume teilzuhaben und normalerweise unsichtbare Formen

---

25 Obwohl schon Mareys innovativer Technik der Chronophotographie und ihren Resultaten Einlass in die altehrwürdige Pariser Académie des Sciences gewährt worden war, hatte der wissenschaftliche Film es schwer, sich auf dem Prüfstand dieser Institution zu behaupten. Victor Henris vor der Académie vorgetragener und letztlich fehlgeschlagener wissenschaftsfilmischer Beweis mag wohl ein schlechter Auftakt gewesen sein, die Wissenschaftlichkeit der modernen, wissenschaftsfilmischen Technik an dieser Institution zu etablieren und mag die Frage nach der wissenschaftlichen Redlichkeit filmischen Materials geschürt haben. Daraus resultierenden Animositäten in den Reihen der Académie war ein Jahr darauf nicht nur der Dissertant Comandon bei der ersten Präsentation ultramikrokinematographischer Aufnahmen in Frankreich ausgesetzt. Auch dem jungen Biologen Painlevé wehte von konservativer wissenschaftlicher Seite ein kalter Wind entgegen, als er 1928 seinen ersten Film, L'Oeuf de l'épinoche, de la Fécondation à l'éclosion (1927) an der Académie vorführte. Knapp zwanzig Jahre nach den ersten Vorstellungen von wissenschaftlichen Filmen nahm die Skepsis auf dieser Seite nicht ab, im Gegenteil: Die Autorität des Initianten dieser Veranstaltung, Prof. Wintrebert (Painlevés Professor und selbst Mitglied der Académie des sciences), konnte den anwesenden Wissenschaftler Louis Blaringhem nicht daran hindern, den Saal zu verlassen und dabei laut auszurufen: «Le cinéma ce n'est pas sérieux!» (So Painlevé im Dokumentarfilm Jean Painlevé au fil de ses films [PAINLEVÉ/DERRIEN, *Painlevé au fil des ses films*]; vgl. HAMERY, Diss., *Jean Painlevé*, S. 62 f.; BERG, Contradictory Forces, S. 17 u. 19).
26 Im Falle der Mikrokinematographie haben wir es im europäischen Kontext sogar mit einer Gleichzeitigkeit zu tun: Martin Duncan brachte für seinen Londoner Filmproduzenten Charles Urban noch im selben Jahr, 1903, als Dr. Karl Reicher in Berlin und wahrscheinlich auch Dr. François Frank in Paris ihre streng wissenschaftlichen (mikroskopischen) Filme präsentierten, seine populärwissenschaftlichen (mikroskopischen) Filme in die Kinosäle. Vgl. LEFEBVRE, scientific films: Europe, S. 567.

und Bewegungen mithilfe neuester Filmtechniken zu entdecken. Während Marey sich mit dem wissenschaftlichen Potenzial der vor allem zur Unterhaltung eingesetzten kinematographischen Technik noch schwer getan hatte,[27] schien nun, im ersten Jahrzehnt des neuen Jahrhunderts, der Damm zwischen hehrer Wissenschaft und populärer Unterhaltungsindustrie zu brechen, zu faszinierend waren die kinematographischen Projektionen von fließenden Blutzellen, sich eigentümlich bewegenden exotischen Tieren und normalerweise zeitlich verdeckten Bewegungen. Berufliche Trangressionen waren die Folge: Wie schon Martin Duncan in England verließen beispielsweise Georges Démény und Dr. Comandon in Frankreich zeitweise den institutionellen Rahmen ihrer ohnehin schon interdisziplinären wissenschaftlichen Tätigkeit und verpflichteten sich bei Gaumont beziehungsweise Pathé zur breiten industriellen Produktion wissenschaftlicher Filmbilder.

27 Gänzlich der wissenschaftlichen Analyse verdeckter Bewegungsformen verpflichtet und noch nicht mit der mechanischen Genauigkeit der späteren Aufnahme- und Projektionsgeräte bekannt, musste Marey die verwackelte Projektion seiner chronophotographischen Filme noch verbieten. Mareys Assistenten (unter ihnen Lucien Bull) ließen sich dennoch zu spielerischen Projektionen der belichteten chronophotographischen Filmspulen hinreissen, was Marey in keinster Weise schätzte:
[…]
Dr. Thévenard: «Et ces prises de vues que vous faisiez avec l'appareil de Marey, est-ce que vous les projetiez?»
Lucien Bull: «Oui, nous pouvions le projeter plus ou moins bien avec l'appareil de prise de vues. Et nous étions obligés de le faire quand Marey n'était pas là parce qu'il n'aimait pas beaucoup ça.»
Dr. Thévenard: «Et pourquoi n'aimait-il pas cela?»
Lucien Bull: «Parce que la projection ne l'interessait en aucune façon. Il aimait beaucoup mieux que nous exécutions ses commandes, ses ordres, que de nous amuser à faire ça.»
Dr. Thévenard: «Parce que pour lui, la chronophotographie, c'était avant tout l'analyse?»
Lucien Bull: «C'était purement l'analyse qui l'intéressait.»
Dr. Thévenard: «Et pas du tout la reconstitution du mouvement?»
Lucien Bull: «Pas du tout, en aucune façon.»
Dr. Thévenard: «Et c'est ça en somme qui l'a empêché, peut-on dire, de découvrir le cinéma avant Lumière?»
Lucien Bull: «Mais, absolument, n'est-ce pas, ces projections étaient très mauvaises, même ce que nous faisions était très mauvais. Ces images manquaient de stabilité sur l'écran, parce que les intervalles entre les images n'étaient pas égaux.»
Dr. Thévenard: «Et pourquoi?»
Lucien Bull: «Mais parce qu'il n'a pas voulu employer la perforation.»
Dr. Thévenard: «Perforation qui avait été adoptée depuis longtomps par d'autres?»
Lucien Bull: «Edison l'avait fait dans son Kinematoscope … et ensuite Lumière l'a reprise pour montrer en projection sur écran …»
Dr. Thévenard: «Et Reynaud, je crois?»
Lucien Bull: «Reynaud l'avait fait aussi, seulement, c'était avec des bandes dessinées à la main. Il n'avait pas la photographie.»
[…]
(Auszug aus dem gefilmten Interview von Dr. Thévenard mit Lucien Bull in der Cinémathèque de l'Institut de cinématographie scientifique (ICS), hier aus der Abschrift «Transcription de l'entretien filmé entre Lucien Bull et le Dr. Thévenard» in: MARTINET, *Le cinéma et la science*, S. 109).

1.2.1 Kinematographische Aufdeckung und Kinomonster: Die Geburt des populärwissenschaftlichen Kinos in Frankreich und seine Attraktionen

Bis vor kurzem war der frühe und um 1910 so umkämpfte französische Markt populärwissenschaftlicher Filme weitgehend vergessen, was man von den Unternehmungen der filmischen Avantgarde – verantwortlich für die zwischenzeitliche Wiederentdeckung der wissenschaftlichen Filme und zuverlässigster Hort ihrer Erinnerung – nicht sagen kann. Erst mit der Forschung zum frühen Film, die vor rund dreißig Jahren ihren Auftakt hatte, öffnete sich zaghaft ein Fenster in jene Kinowelt und im Anschluss daran, dank der Restaurationsarbeiten der Pariser Cinémathèque und des Centre National de la Cinématographie (CNC) zu Beginn der 1990er-Jahre, auch ein Fenster auf jene kuriosen wissenschaftlichen Filme – insbesondere auf die Serie *Scientia* des Hauses Éclair –, sodass auch erste filmwissenschaftliche Bearbeitungen unter dem Dach der filmhistorischen Vereinigungen AFRHC[28] und SÉMIA[29] und insbesondere aus der Feder Thierry Lefebvres folgen konnten.

So geht man heute im Allgemeinen davon aus, dass sich die Boomjahre des populärwissenschaftlichen Films in Frankreich erst um 1909 einstellten. Doch schon 1903, acht Jahre nach Erfindung des Kinematographen, zeigte das grandiose Théatre-Concert Ba-ta-clan[30] wahrscheinlich als erster Pariser Kinosaal eine Vorführung mit wissenschaftlichen Filmen. Dieses Ereignis ist nicht nur geeignet, den Auftakt populärer wissenschaftlicher Filmvorführungen in der französischen Hauptstadt zu dokumentieren, sondern auch um die primären Attraktionsmittel, die diese mitunter grotesken und abgründigen Filme seither begleiten sollten, zu veranschaulichen: In der Perspektive des Londoner Produktionshauses Urban, der eigentlichen Urheberin populärwissenschaftlicher Filmproduktion in Europa, sollte sich in der französischen Hauptstadt mit der wissenschaftlichen Serie THE UNSEEN WORLD[31] wie schon im Londoner Theater Alhambra vom August des

---

28   Association française de recherche sur l'histoire du cinéma.
29   Société d'études sur Marey et l'image animée.
30   Das einer chinesischen Pagode nachempfundene Théatre-Concert Ba-ta-clan am Boulevard Voltaire (11ᵉ) wurde 1864 vom Architekten Charles Duval erbaut und vermochte 2500 Menschen aufzunehmen. MEUSY, Films de ‹non-fiction›, S. 172/173 und Abb. S. 168.
31   Auch wenn Meusy den Titel der Serie wissenschaftlicher Filmansichten aus dem Hause Urban nicht explizit erwähnt, muss es sich dabei zumindest um eine Auswahl der in London im gleichen Jahr erstmals im Theater «Alhambra» am 17. August 1903 vorgestellten populärwissenschaftlichen Serie *The Unseen World* handeln. Die Filme dieser wahrscheinlich ersten populärwissenschaftlichen Filmserie überhaupt wurden von Francis Martin Duncan (1873–1961) gedreht, einem in Zoologie, Chrono- und Mikrophotographie geschulten, englischen Wissenschaftspädagogen, der zuvor ein techni-

gleichen Jahres wieder ein Erfolg einstellen. Und tatsächlich fand die Präsentation in Paris eine großzügige Aufnahme: «Le ‹Réalgraph› de Londres présente en ce moment les vues les plus curieuses et les plus merveilleusement obtenues de la vie intime, des moeurs ignorées des animaux», berichtete der *Nouvelliste des concerts, cirques et music-halls* am 2. Oktober 1903.[32] Im detaillierten Programm, das der Pariser Veranstaltungsanzeiger in ganzer Länge abdruckte, ist ersichtlich, dass die Abfolge der Filmsequenzen mit lehrreichen Einstellungen zum Leben der Bienen begann (Tableaus A-O), ungefähr in der Mitte aber mit einer makroskopischen Einstellung auf hervorquellende Milben in einem Käse (*1. Les vers que j'ai decouverts dans le fromage à déjeuner*) eine abrupte Wendung hin zum Unheimlichen und Grotesken nahm (Tableaus 1–10); denn der Rest des zweiten Teils präsentierte weitere Filmaufnahmen von bizarrem tierischem Leben, etwa von rivalisierenden Amphibien (*4. Les crapauds lutteurs*), einer zungenschleudernden Echse (*10. Le caméléon à ses repas*), mörderischen, mikroskopisch kleinen und ins Monströse vergrößerten Nesseltieren aus harmlos erscheinenden Süßwassertümpeln (*5. Le naturaliste à l'ouvrage avec son microscope. Sujet: les Hydres d'eau douce*) und mysteriösen, mikroskopischen plasmatischen Kreisläufen, die, kinematographisch vergrößert, fließenden Gewässern gleichkamen (*6. Circulation des protoplasmas dans l'algue américaine [agrandi 65 millions de fois]; 8. La grenouille, son pied palmé, la circulation de son*

---

sches Manual für Mikrophotographie veröffentlicht hatte. Auf Anregung des Produzenten Charles Urban ist ihm wohl die erste technische Koppelung von Mikroskopie und Kinematograph, sicherlich aber das Patent für den «Urban-Duncan Micro-Bioscope» zu verdanken. Die zur populärwissenschaftlichen Filmserie der Urban Company gehörenden Sujets Oktopus, Wasserfloh und Rädertierchen wurden offenbar allesamt an jenem Abend in Paris nicht gezeigt, *Circulation of the Blood in a Frogs' foot* (*La grenouille, son pied palmé, la circulation de son sang*) und die bekannten *Cheese Mites* (*Les vers que j'ai decouverts dans le fromage à déjeuner*) hingegen schon. Letztere werden eingeleitet von einer Sequenz, in der ein Mann durch ein Vergrößerungsglas ein Stück Stilton sieht (Vergrößerung!) und, angewidert vom Anblick, sein Essen von sich schleudert. *The Unseen World* war ein Erfolg und wurde sogleich von Hepworth (THE UNCLEAN WORLD, 1903), Pathé-Frères (LE DÉJEUNER DU SAVANT [THE SCIENTIST'S LUNCH], 1905) und anderen parodiert. Charles Urban (1867–1942), amerikanischer Filmproduktionspionier in London, ging insbesondere mit dem System «Kinemacolor» als Produzent der weltersten Farbfilme in die Geschichte ein. Er begann seine Produzentenkarriere 1903 insbesondere mit Reise-, Aktualitäts- und populären Wissenschaftsfilmen. In Frankreich gründete er 1906 die französische Produktionsgesellschaft Éclipse, die auch populärwissenschaftliche Filme herstellte. Vgl. LEFEBVRE, scientific films: Europe, S. 567 und www.charlesurban.com (eingerichtet v. Luke McKernan). Zu Charles Urban und dem populärwissenschaftlichen Film in England allgemein: McKERNAN, Putting the World Before You; McKERNAN, Diss., *Charles Urban.* GAYCKEN, The Sources of *The Secrets of Nature.* Vgl. auch Urbans Schrift zu den edukativen Möglichkeiten des wissenschaftlichen Films: URBAN, *Cinematograph in Science.*
32 MEUSY, Films de ‹non-fiction›, S. 172 (Anonym, *Le Nouvelliste des concerts, cirques et music-halls*, Nr. 197, 02.10.1903).

2 Plakat für die erste populärwissenschaftliche Filmserie der Charles Urban Company, THE UNSEEN WORLD, London, 1903

sang [grossi 45 millions de fois]).[33] Diese neuen, schauerlichen Einsichten in Sitten und Körperflüssigkeiten von exotischen Tieren folgten an jenem Abend, im Stil des Varietétheaters, auf den Genuss eines Zweiakters, einer Operette [!], mit dem Titel *Cendrillette.* Eingebettet in Musik konnte jener Abend offenbar nicht kontrastreich und vielfältig genug sein.

Die Attraktion dieser ersten populärwissenschaftlichen Filme lag freilich nicht nur in ihren grotesken und abgründigen Inszenierungsformen, sondern auch in der neuartigen mikrokinematographischen Technik begründet, die hier erstmals in Paris gezeigt wurde (notabene im überschwänglichen Rahmen eines Varietétheaters, sechs Jahre vor Dr. Comandons mikrokinematographischer Vorführung in der Académie des sciences). Eine Werbung derselben Serie der Urban Trading Company legt davon beredtes Zeugnis ab (Abb. 2)[34]: Im Zentrum des Druckes sind nicht nur mikroskopische Standbilder von kleinsten, mitunter abstoßenden Lebewesen zu sehen, die sensationelle Einsichten in mysteriöse kreatürliche Lebensformen versprechen («revealing nature's closest secrets»), sondern auch, grafisch prominent in großen Lettern, die Bezeichnung des unter diesem Namen patentierten, filmtechnischen Apparates «Urban-Duncan Micro-Bioscope», der spektakulären neuartigen technischen Voraussetzung für die Aufnahme mikroskopischer Filmansichten von kleinen bis kleinsten Lebewesen.

33   Das Filmprogramm der knapp halbstündigen Vorführung im Théâtre-Concert Ba-ta-clan, dem diese Titel der Tableaus entnommen sind, ist ebenfalls bei Meusy nachzuschlagen: Ebd., S. 172 f. Mit «Réalgraph» wurde wohl die von Urban verwendete Bezeichnung «Urban-Duncan Micro-Bioscope» an den französischen Sprachgebrauch angepasst.

34   Welche Werbemaßnahmen und -plakate die Urban Company, Ba-ta-clan oder allenfalls andere Aufführungsstätten im Hinblick auf die Pariser Aufführung von 1903 verwendeten, ist mir noch nicht bekannt. Ich behelfe mich mit der Reproduktion, die Lefebvres Kapitel «Scientific films: Europe» in der *Encyclopedia of Early Cinema* begleitet (LEFEBVRE, scientific films: Europe, S. 569). Es ist möglich, dass Ba-ta-clan selbst Plakate herstellen ließ, da es die Urban-Filme gekauft hatte (vgl. die Information in MEUSY, Films de ‹non-fiction›, S. 173).

Rechts davon ist des Weiteren eine recht alchimistisch anmutende Labor-situation abgebildet, als suggestive Garantie für naturwissenschaftliche Glaubwürdigkeit. Die beabsichtigte Wirkung dieser neuen wissenschaftlichen Filmbilder war aber nicht nur für einen Erkenntnisgewinn zu sorgen, den ihre technischen und biologischen Sensationen bereithielten, sondern auch für neue (sicherlich individuell sehr verschiedene) Vorstellungsräume mysteriöser biologischer Film-Monster und -sekrete (man beachte den darauf hinweisenden [von einer Kröte besetzten] menschlichen Schädel, dieses altbekannte Vanitassymbol und Menetekel faustischer Grenzüberschreitung). Mithilfe des Micro-Bioscopes ließen Natur und Technik zusammen, gleichsam in schwesterlichem Gleichklang, eine bisher unbekannte, gefilmte Natur auftreten, eine faszinierende und beunruhigende zugleich. Über enorme Vergrößerungen des Mikroskops und der filmischen Projektion («agrandi 65 millions de fois») legten die Filmbilder von blutigen Sekreten und anderen belebten Flüssigkeiten den Blick frei auf ein reales, mikroskopisch kleines, allgegenwärtiges und schwirrendes Pulsieren biologischen Lebens. Diese von hintergründigen Naturgesetzen geleitete Lebenswelt musste in subversiver Weise über die einfach strukturierte Ordnung bürgerlichen Sauberkeitsempfindens obsiegen – als ob dieses schwirrende Pulsieren seit Darwin nur noch dieser Filmbilder bedurfte, um endgültig als Teil einer vom Menschen bislang verkannten, größeren Welt erkannt zu werden, in der der Mensch seine Daseinsberechtigung mit Mikroben und anderen fremden Lebewesen teilt.

Wie Tom Gunning treffend in Erinnerung ruft, spielte die neue Technik des frühen Films dem wissenschaftlichen Blick der *curiositas* in die Hände, einem Blick also, der sich, von einer unerbittlichen Neugier getrieben, ‹ungefiltert› auf die äußerliche Welt der Erscheinungen richtet. Dieser Blick hat es in sich, hält er sich doch an keine Normen, an keine Moral und musste, wie Gunning ausführt, schon im 5. Jahrhundert den Platoniker Augustinus unangenehm berühren.[35] Die Kamera des wissenschaftlichen Films dokumentiert diesen Blick der kruden wissenschaftlichen Neugier wie kein zweites Medium, denn sie macht, im Gegensatz zur wissenschaftlichen Zeichnung etwa, keinen Unterschied zwischen schön und hässlich, ja neigt vielleicht sogar ohne eine ‹augustinische Kontrolle› der Hässlichkeit zu. Die Wissenschaftlichkeit dieses ungefilterten, neugierigen Blicks der frühen Filme war insbesondere seinen populärwissenschaftlichen Erzeugnissen eigen und gab ihnen in der Regel auch den Namen (*film scientifique*, *instructif* oder ähnlich). Die von Augustinus so befürchtete dunkle Seite wissenschaftlicher *curiositas*, die gnadenlose Offenlegung und Zelebration

---

35 Vgl. GUNNING, Aesthetic of Astonishment, S. 124.

des Sichtbaren jenseits moralischer Vorgaben war gerade in diesen wissenschaftlichen Filmen Programm und das Etikett der Wissenschaftlichkeit, gegebenenfalls von einem wie auch immer gestalteten wissenschaftlichen Kommentar unterstützt, vielleicht nicht viel mehr als ein Deckmäntelchen für weniger hehre kommerzielle Absichten. Mit einer Vorliebe sowohl für besonders exotische, bizarre und groteske Lebensformen als auch für Gewaltdarstellungen im (bisweilen mikroskopisch) Kleinen, die in der projizierten Vergrößerung erst den gewünschten ‹monströsen› Effekt erzielten, wurde einer übersteigerten und sensationslüsternen Sehlust gefrönt. Von Anfang an hatte das frühe Kino – das «Kino der Attraktionen», wie Gunning es als erster nannte – diese verbreitete Tendenz zur Übersteigerung exotischer natürlicher Formen und Verhaltensweisen, die ich, in Anlehnung an Gunning aber in einer anderen Formulierung, als eine Tendenz zur *Terribilisierung* beschreiben möchte. Wissenschaftliche Sujets, die ihren privilegierten Platz vor der Kamera einnahmen, waren nicht nur auf ihre Neuheit, auf ihre Exotik hin ausgewählt worden, sondern auch auf ihre ‹terrible› Wirkung hin, die sich meist erst durch die (mikroskopische) Vergrößerung ergab. ‹Terribilisieren› heißt hier auch ‹ausgreifen›, den Zuschauer ‹konfrontieren› – Prädikate, die Gunning grundsätzlich allen Attraktionsfilmen zuschreibt und die sich vielleicht am klarsten mit Hinweis auf die kinematographischen Achterbahn- beziehungsweise U-Bahn-Fahrten jener Zeit veranschaulichen lassen.[36] Im Zusammenhang mit den wissenschaftlichen Tierfilmen aber nehmen diese Eigenschaften eine Wendung hin zu ihrer besonderen Wirkung des ‹unangenehm Berührtseins›, um das augustinische Wort wieder aufzunehmen, oder des staunenden Erschauderns, zu einer Wirkung also, die, wie Gunning im Zusammenhang mit dem milbendurchsetzten Stilton-Käse in THE UNSEEN WORLD erwähnt, auch die Gruselkabinette des 19. Jahrhunderts beabsichtigten.[37] Mit THE UNSEEN WORLD und nachfolgenden Produktionen schreckt dieser Blick nicht davor zurück, die ekelerregende Transformation dieses

36   Gunning vergleicht Lumières ARRIVÉE D'UN TRAIN mit einer Attraktion in Coney Island, dem «Leap Frog Railway» (GUNNING, Aesthetic of Astonishment, S. 122). Ähnlich wie auf diesem ‹bockhüpfenden› elektrischen Zug, der im letzten Moment einer Kollision mit einem entgegenkommenden anderen Zug nach oben sprungartig auswich, wähnte sich der Zuschauer vor dem ankommenden Film-Zug den Gefahren der Geschwindigkeit und der Angstlust ausgesetzt (Ebd., S. 123 f.). Zu den Begriffen «ausgreifen» und «konfrontieren» in diesem Zusammenhang vgl. Anm. 40). Vgl. Horaks Hinweise auf die um 1900 beliebten *phantom rides* (HORAK, Frühes Kino und Avantgarde, S. 106–111).

37   Gunning verweist auf das Maskelyn's magic theatre in Londons Egyptian Hall, das, bevor es zum Theater verändert wurde, Heimstätte für allerlei Kuriosa aus der Natur war. Ein satirischer Stich aus dem 19. Jahrhundert zeigt die Egyptian Hall mit der Aufschrift «The Hall of Ugliness» und dem Werbeslogan «Ne Plus Ultra of Hideousness» (GUNNING, Aesthetic of Astonishment, S. 124; die Abb. des Stichs ist zu finden in: Richard D. Altick: *The Shows of London*, Cambridge Mass.: Harvard University Press 1978, S. 254).

Käses oder, ein paar Jahre später, die überraschende und schonungslose Transformation eines Aals abzubilden, der, durch eine Schockgefrierung getötet und zerbrechlich gemacht, in tausend Stücke zersplittert.[38] Andere, ebenfalls mit dem Etikett der Wissenschaftlichkeit versehene Filme, die auf dem kruderen Pflaster der Jahrmärkte präsentiert wurden, zeichnen ein dementsprechendes, ja noch drastischeres Bild, wenn etwa (unautorisierte) Präsentationen chirurgischer Filme Dr. Doyens in einem Zelt der Fête de Montmarte gezeigt wurden. Des Weiteren fanden Filmvorführungen im «Théâtre Zoologique Bidel» statt, in einer Tiershow auf der Foire du Trône mit lebendigen Raubtieren (Eisbären etc.!) – eine nicht minder drastische Rahmung, wenn sie, zwischen die Tiernummern gesetzt, nicht nur über die Tiere und Menschen der Länder informierten, denen die lebendigen Showtiere entstammten, sondern auch unter dem Stichwort *ethnologie* noch den süßen Schrecken steigern konnten. Unter diesem Stichwort nämlich ließ Bidel den filmischen Reigen mit der Enthauptung eines zum Tode Verurteilten in Peking enden.[39]

Doch wie ließ sich die beinah aggressive, ausgreifende Art des populären wissenschaftlichen Films, diese besondere Form der «Anti-Ästhetik» der frühen Filme damals verstehen, wie ästhetisch bewerten? Auf den Stufen hinab in diese dunkle und gleichzeitig strahlende andere Welt konnten bürgerliche ästhetische Rezeptionsnormen keine Orientierung mehr bieten.[40] Die Subversivität, die in dieser wissenschaftlichen Ästhetik liegt, sollten sich inbesondere Salvador Dalí und Luís Buñuel in *L'Âge d'Or* (1930) zu Nutze machen (s. S. 148 f.).

38 GAYCKEN, «A Drama Unites Them», S. 358.
39 MEUSY, Films de ‹non-fiction›, S. 169–199.
40 Zum Begriff «Anti-Ästhetik» im Zusammenhang des frühen Films vgl. GUNNING, Aesthetic of Astonishment, S. 123 f.: Laut Gunning brachte der frühe Film eine «Anti-Ästhetik» mit sich, die nichts mehr mit den Rezeptionsgewohnheiten des ausgehenden 19. Jahrhunderts zu tun hatte: «This aesthetic so contrasts with prevailing turn-of-the-century norms of artistic reception – the ideals of detached contemplation – that it nearly constitutes an anti-aesthetic.» Sich auf eine Untersuchung des amerikanischen Kunsthistorikers Michael Fried stützend, veranschaulicht Gunning anschließend diese Einschätzung mit dem Hinweis auf die Leinwandbilder des Jean-Baptiste Greuze aus dem 18. Jahrhundert, auf eine selbstgenügsame, hermetisch abgeschlossene Welt, die in keiner Weise auf die Präsenz des Betrachters anspielt, sondern ihn, den in Kontemplation verharrenden Betrachter, vielmehr absorbiert. Gunning schreibt dann weiter: «Early cinema totally ignores this construction of the beholder. These early films explicitly acknowledge their spectator, seeming to reach outwards and confront.» – Gunnings abgrenzender Vergleich mit der Malerei Greuze' ist etwas missverständlich; als ob Gunning der Malerei generell keine «ausgreifende» und «konfrontierende» Konstruktion des Betrachters zutrauen würde (dies ließe sich mit Hinweis auf den *Toten Christus* v. Andrea Mantegna [um 1480, Brera, Mailand] und andere Beispiele leicht widerlegen). Vielleicht müsste man nur einfach ergänzen, dass es sich hier um eine völlig *neue* Konstruktion des Betrachters handelt, die erst jetzt mit den Mitteln einer nie dagewesenen technischen Illusion möglich wurde.

1.2.2 Die Blütezeit zoologisch-botanischer Kurzfilme in Frankreich (1909–1914) und ihre stilistischen Elemente

Einige Jahre nach der denkwürdigen Ba-ta-clan-Vorführung von englischen populärwissenschaftlichen Filmen, die nach wie vor dem Staccato der kurzen kinematographischen Attraktionen frönte, entwickelte sich explosionsartig eine eigene französische Produktion populärwissenschaftlicher Filme: Um 1910 schlossen namentlich Gaumont, Pathé und Éclair an das in London von Urban lancierte, kommerzielle Film-Projekt wissenschaftlicher Sichtbarmachung an und investierten für wenige Jahre im großen Stil in ihre je eigene Produktion von populärwissenschaftlichen Filmen, die eine breite Verwertung sowohl in paraschulischen Institutionen als auch, und insbesondere, in Varieté- und Kino-Theatern versprach (*Encyclopédie* [Gaumont], *Scènes de vulgarisation scientifique* [Pathé], *Scientia* [Éclair] etc.). Diese im letzteren Fall wenig genrespezifischen Attraktionsfilme waren zwar wie die edukativen Filme mit informativen Zwischentiteln versehen oder gar formal von jenen nicht zu unterscheiden. Ihre Rahmung, für die ein Varieté-Theater oder eines der neuen voluptuösen Kinotheater verantwortlich war, zielte jedoch, über die sonst durch pädagogische Richtlinien und Aufsichtspersonen kontrollierten Vergnügen paraschulischer kinematographischer «leçons de choses»[41] hinaus, auf die kommerzielle Unterhaltung eines reiferen, wenn nicht erwachsenen Publikums. Hier in den Kulissen sinnlichen Überflusses waren die wissenschaftlichen Filme Bestandteil eines für diese Zeit des Kinos üblichen, variantenreichen Programmcocktails von verschiedensten Kurzfilmen informativer, burlesker oder fiktionaler Machart. Sie waren nun aber im Gegensatz zu der pädagogischen Vorführung eingebettet in ein musikalisches Rahmenprogramm, das als Variante «Varieté mit Film» – der Ba-ta-clan-Vorführung einige Jahre zuvor analog – nicht nur die Filme untermalte, sondern auch zwischen den einzelnen Filmvorführungen mit großem Orchester und Sängerin für Atmosphäre und Unterhaltung sorgte.[42]

Die schon bald nach ihrem ersten Auftreten mit dem Terminus «films de vulgarisation scientifique» versehenen Filme verursachten trotz hohem Attraktionspotenzial relativ geringe Kosten – der Unterhalt der firmeneigenen Labors und Zoos kostete weniger als beispielsweise der Aufwand für Drehbuch, Schauspieler und Mise-en-scène fiktionaler Kurzfilme –, die Renditen für die Produktionsfirmen waren entsprechend vielversprechend. Um 1910 wurde in neueste Techniken, Sujets und Werbung investiert, galt es doch, auf dem enthusiastischen Markt der Konkurrenz immer einen Schritt voraus zu sein: Pathé beispielsweise sicherte sich mit der Anstellung des

41 LEFEBVRE, Scientia, S. 85.
42 Vgl. etwa in: MEUSY, Films de ‹non-fiction›, S. 187.

jungen Arztes Jean Comandon 1910 in Frankreich das Attraktionsmonopol der spektakulären und filmtechnisch aufwändigen Kinematographie des «unendlich Kleinen» vor der Konkurrenz.[43] Andere Gesellschaften scheuten sich nicht, aktuelle Sujets und manchmal auch ihre Titel *tel quel* von der Konkurrenz zu übernehmen. Im Falle der Sujets «Gelbrandkäfer» (LE DYTIQUE [Pathé 1911, Éclair 1912 und Cosmograph 1913]) und «Axolotl» (L'AXOLOTL [Pathé 1910] sowie L'AMBLISTOME [Éclair 1913]) kopierte Éclair bei Pathé.[44] Nicht weniger offensiv war die Werbung. 1910 in der Juni-Ausgabe der Verbandszeitschrift *Ciné-Journal* verspricht Pathé den Kinobetreibern bei Einbeziehung der «populärwissenschaftlichen Ansichten» in ihr Attraktionsprogramm gar eine «Verdoppelung der Aufmerksamkeit» des Zuschauers.[45]

Aus Thierry Lefebvres spezifischeren Untersuchungen können wir ableiten, dass in Frankreich nur ein relativ kleiner Teil der frühen populärwissenschaftlichen Filme sich auf Mareys animalische und menschliche Bewegungsstudien in der Zeitlupen- oder Zeitraffertechnik besann. Der überwiegende Teil der populärwissenschaftlichen Produktionen blieb nicht der biologischen Bewegung, sondern vielmehr der umfassenden, dabei aber zeitlich nicht manipulierten Dokumentation und Aufdeckung von exotischen Tieren und – in geringem Umfang – von Pflanzen vorbehalten, die sich über das mikrokinematographische oder normale Aufnahme- und Wiedergabedispositiv aus entlegenen oder dem Menschen unzugänglichen Habitaten gewissermaßen selbst vorstellten. Diese bewegten Lichtbilder exotischer zoologischer «Sitten und Gebräuche», insbesondere von zerstörerischen Verhaltensweisen bei allerlei Kriech- und Wassertieren, die schon in den frühen Tierkampffilmen und auch bei Urbans biologischer Serie angeklungen waren, ließen in den wissenschaftlichen Filmverleihen bizarrmonströse kinematographische Bestiaires mit absonderlichen Formen und Verhaltensweisen entstehen. Sie glichen insbesondere in ihrer vorfilmischen Form, als für die Dreharbeiten bereitliegende Auslagen in den Produktionsstätten selbst, kuriosen Sammlungen wissenschaftlicher Wunderkammern (die wohl kaum heutigen Tierschutzbedingungen genügen würden).

Schon dem Korpus einer Sammlung von frühfilmischen Tierporträts eignet aus unserer heutigen Sicht eine besondere ästhetische Qualität und, als Rohmaterial, der Ansatz eines ‹Stils› an, doch wir wollen uns besser

43 DO O'GOMES, Un laboratoire de prises de vues scientifiques, S. 140 f.; bezüglich der Anstellungszeit bei Pathé s.: DO O'GOMES, Jean Comandon, S. 80–85.

44 LEFEBVRE, Scientia, S. 86.

45 *Exploitants! – Pour doubler – l'intérêt de vos Programmes – intercalez-y – les vues de – Vulgarisation – Scientifique – Pathé Frères – bureau de location – 104, Rue de Paris, 104 – Vincennes – Téléphone: 90, à Vincennes* [«–» steht für eine neue Zeile, Ch. H.]. So präsentiert sich die Werbung der Gebrüder Pathé für ihre wissenschaftlichen Filme (MEUSY, Films de ‹non-fiction›, S. 177 [*Ciné-Journal*, Nr. 96, 25.06.1910]; Herv. i. O.).

noch ein wenig vertiefter den stilistischen Elementen dieser Filme selbst widmen, die um 1910 relevant waren und rund fünfzehn Jahre später im avantgardistischen Kino die Saat bildeten für eine erneute ästhetische Blüte. Zuallererst sind da die Techniken der Zeitlupe und des Zeitraffers von animalischer beziehungsweise menschlicher und pflanzlicher Bewegung in der Tradition Mareys und seiner Nachfolger zu nennen, die in Bezug auf ihre populärwissenschaftliche Verbreitung zwar marginal, in Bezug auf ihre Wirkung auf avantgardistische Aktivitäten aber mächtig waren. Diese filmspezifischen Techniken, die nicht nur einen neuen Einblick gaben in die normalerweise verdeckten zeitlichen Zwischenräume, sondern den Menschen oder die Pflanze produktiv verfremdeten und verwandelten, fanden später in Form von sehr direkten Interpretationen Eingang in René Clairs und Francis Picabias berühmten dadaistischen Zeitlupe-Knie-in-die-Höhe-Trauerzug (ENTR'ACTE, 1924) und in Germaine Dulacs avantgardistische Montage pflanzlicher Zeitraffer-Wachstumsbewegungen (THÈMES ET VARIATIONS und ÉTUDE CINÉGRAPHIQUE SUR UNE ARABESQUE, beide 1929). Insbesondere die Zeitlupenaufnahmen der Leibeserziehungsfilme der 1910er-Jahre aus dem Hause Pathé und Percy Smiths Zeitrafferaufnahmen von aufblühenden Blumen um 1910 aus dem Hause Urban sollten diesen Avantgardefilmen Pate stehen. Wie auch immer die Wirkung der jeweiligen Zeitlupen- und Zeitrafferaufnahmen auf den ‹zeitgenössischen Zuschauer› gewesen sein mögen (sie ist aus den Programmschriften und Zeitungskommentaren um 1910 schwer aufzuspüren und darüber hinaus schwer zu konstruieren), es ist festzustellen, dass die Stilform als solche kaum über den Ausdruck der wissenschaftlichen Anordnung von Zeitlupen- oder Zeitrafferaufnahme hinausgeht. Ganz anders verhält es sich mit den Stilformen, die sich später in den surrealistischen Kurzfilmen L'ÉTOILE DE MER (Man Ray und Robert Desnos, 1928), UN CHIEN ANDALOU und L'ÂGE D'OR (Luis Buñuel und Salvador Dalí, 1929 beziehungsweise 1930) und den «surrealistischen» biologischen Filmen Jean Painlevés (LA PIEUVRE, 1928, etc.) entfalten sollten: Sie stammen aus den zahlenmäßig dominanten, biologischen Filmen, die als weniger stringente Dokumentarfilme mit so facettenreichen Stilformen wie Terribilisierung, doppelte Entgrenzung und einer Vorliebe für Aquaria aufwarten konnten. Diese komplexeren Stilformen lohnt es noch etwas genauer unter die Lupe zu nehmen, bevor der avantgardistischen Rezeption und Umsetzung im engeren Sinne nachgespürt wird.

Ein paratextueller Blick auf den Pathé-Katalog der Jahre 1896–1914, den Henri Bousquet vor einigen Jahren zusammenstellte, gibt erste Aufschlüsse. Der Katalog zeichnet nämlich unter den verschiedenen Einträgen der Rubrik «scène de vulgarisation scientifique» immer wieder ein ähnliches Bild der Grausamkeit und des Dramas, das offenbar die Kinobetreiber zum Kauf der Filmrollen animieren sollte. Ich greife lediglich einen Eintrag heraus; die anderen sind jedoch – mit wenigen Ausnahmen – in einer ähnlichen dramatisierenden Tonlage gehalten:

EIN BESUCH BEI DEN SPINNEN [Pathé, Mai 1914]:
Angesichts der Abneigung, die die Spinnen im Allgemeinen auslösen, da ihr abscheulicher und behaarter Körper für viele die Vorstellung eines apokalyptischen Monsters hervorruft, präsentieren wir heute unseren Zuschauern einige der dramatischen und häufig grausamen Szenen, die sich täglich in der noch sehr wenig bekannten Welt der Spinnen abspielen. Die beträchtlich vergrößerte Erscheinung dieser schrecklichen Tierchen auf der Leinwand wird die Tapfersten erschaudern lassen. Wir sehen, wie sie auf der Lauer nach leichtsinnigen Insekten in ihren zarten Netzen im Wind balancieren, am Grunde ihres Baus sich an ihren unglücklichen Opfern gütlich tun oder vom Wind am Ende ihres langen Fadens davongetragen werden.[46]

Wir begegnen in diesen Pathé-Katalogeinträgen – die auch als Werbetext und offensichtlich auch als Vorlage für den die Vorführung begleitenden Kommentator fungierten – wiederum der schon in Urbans biologischer Serie genutzten Attraktionsstruktur, die die technische Aufdeckung und Vergrößerung der biologischen Welt[47] mit der Auswahl eines besonders mysteriösen beziehungsweise exotischen biologischen Sujets[48] verbindet. Das zentrale Stilmittel dieser Verbindung, die Terribilisierung des exotischen biologischen Sujets, die ja schon durch die absichtsvolle Auswahl und Vergrößerung des Sujets geformt wird, erhält nun in den späteren

---

46 Inserate- und Katalogtext zu UNE VISITE CHEZ LES ARAIGNÉES (*scène de vulgarisation scientifique*, Pathé, Mai 1914); in: BOUSQUET, *Catalogue Pathé 1912–1914*, S. 773. Übers. aus dem Franz. v. Ch. H. – Gaycken zitiert einen entsprechenden Eintrag aus dem Pathé-Katalog: «Ein Bandit der Landstrassen, die Larve des Ameisenlöwen: Die Studie aus der Welt der Insekten deckt für uns ihre Grausamkeit auf. Wir werden in diesem Film den Ameisenlöwen sehen, für den das Leben nichts anderes ist als eine Abfolge von Dramen und Massakern. Man staunt angesichts der Aktivität, des unvergleichlichen Erfindungsreichtums und der aggressiven Kühnheit dieses Insekts, das, am Grunde seines trichterförmigen Lochs im Sand liegend (die Konstruktion ist selbst ein Wunder der Baukunst) auf sein Opfer wartet und sich erbarmungslos auf jede Beute stürzt, die hereinfällt. Der Ameisenlöwe erweist sich somit als kunstvoller Meister der Strassenräuberei» (Inserate- und Katalogtext zu UN BANDIT DES GRANDS CHEMINS, LA LARVE DE FOURMILION [*scène de vulgarisation scientifique*, Pathé, Mai 1912]; in: BOUSQUET, *Catalogue Pathé 1912–1914*, S. 557). Übers. aus dem Franz v. Ch. H. In englischer Übers. in: GAYCKEN, «A Drama Unites Them», S. 358 f.

47 «Die Studie aus der Welt der Insekten deckt für uns ihre Grausamkeit auf.» «[…] Szenen, die sich täglich in der noch sehr wenig bekannten Welt der Spinnen abspielen.» «Die beträchtlich vergrößerte Erscheinung auf der Leinwand dieser schrecklichen Tierchen, […]». S. Zitate oben.

48 «Ameisenlöwe», «Spinnen». S. Zitate oben.

französischen Produktionen zunehmend dramatischen Charakter. Während in THE UNSEEN WORLD das dramatische Element eher harmlos gefasst war (die Mise-en-scène dramatischer Terribilisierung folgte entweder dem Stil einer inszenierten Burleske wie in CHEESE MITES oder demjenigen einer einfachen Dokumentation von bizarrem Fang- und Fressverhalten wie im Chamäleon-Film), liegt in den französischen Aufnahmen die Betonung auf dem Drama des Geschehens. Die Apparaturen wurden nun vermehrt auf Kampf- und Fressszenen hin gelenkt, beziehungsweise Letztere auch provoziert, indem Beutetiere oder Kontrahenten dem künstlichen Habitat einer Kreatur im Aquarium oder Terrarium zugefügt und ihrem Schicksal (vor der Kamera) überlassen wurden.

Die Funktion beziehungsweise die Wirkung, die das Geschehen in diesen kinematographischen Natur-Arenen amoralischer Grausamkeit hatte, reflektierte wohl als erster George Maurice, technischer Direktor der Éclair-Studios. Seiner Analyse lässt er im folgenden Abschnitt gar eine Spekulation über die kinematographische Ästhetik folgen, die die Vergrößerung dieser natürlichen Formen und Geschehnisse mit sich bringt:

> Was sind ein Gelbrandkäfer und ein Wassermolch für uns? Auf den ersten Blick nichts. Ein Insekt wie jedes andere, eine kaum interessante Amphibie. Sollte aber ein lauernder Kinematograph in der Lage sein, sie zu überraschen und die Leinwand sie wiederzugeben, nehmen, ihrer angesichtig, Interesse und Emotion von uns Besitz und verstärken sich auf wunderbare Weise. Hier gibt es zwei Charaktere: den Gelbrandkäfer, fleischfressendes Insekt, gekleidet wie ein mittelalterlicher Krieger und furchteinflößend bewaffnet; den Wassermolch, anmutig und harmlos. Ein Drama verbindet sie in einem Todeskampf. Der eine greift an, der andere verteidigt sich.
>
> An diesem Punkt steigert sich nicht nur die Imagination, sondern auch die Sicht auf solch wirkliches Leiden zu unser aller größtem Interesse. Und jene Zuschauer, die vor einer Weile noch gelacht haben angesichts des epileptisch komischen Spektakels, werden plötzlich ernst und geraten bald in Not, schwer atmend vor dem schrecklichen Mal, das vor ihnen stattfindet.
>
> Indessen sollte nicht nur das dramatische Element hier von Interesse sein. Es sorgt nur für den unmittelbaren dynamischen Effekt, dessen alleiniges Resultat eher schädlich als nützlich wäre. Vielmehr finden in dieser Popularisierung der Künstler ebenso wie der Denker, der Schauspieler ebenso wie der Wissenschaftler ihren Anteil. Diese Vergrößerung der Konzeption von Kinematographie muss der Gegenstand von weitergehenden Studien sein, deren Quellen unendlich sind.[49]

---

49   MAURICE, La Science au cinéma, 2. Teil, S. 13; zit. n. GAYCKEN, «A Drama Unites Them», S. 367 f. Übers. aus dem Engl. v. Ch. H.

Die ansonsten so unscheinbaren Kreaturen Gelbrandkäfer und Wassermolch durchlaufen in den Augen der Zuschauer eine kinematographische und terribilisierende Verwandlung in anthropomorphe und fiktionale Krieger, nun detailgenau abgebildet, strahlend groß und in kämpfender Umklammerung wie Schauspieler – eine Verwandlung, die den kinematographischen Tieren besonders gut gelang, wenn sie kaum bekannt und sehr bizarr waren beziehungsweise besonders assoziativ wahrgenommen werden konnten. Das (manipulierte) Schicksal, das die Filmtiere aufeinandertreffen lässt, erhält auf der Leinwand seinen dramatischen Höhepunkt, aber nicht in den Geschehnissen, die Raum geben zu spielerischen, fiktionalen Assoziationen, sondern offensichtlich erst in dem Augenblick der ‹Ermordung› des anderen Lebewesens. Sie erzwang bei den von Maurice beschriebenen Zuschauern eine dokumentarisierende Form emotionaler Partizipation und veränderte auch den Gemütszustand offenbar ruckartig. Erst der Schock der Einsicht, dass diese Aufnahmen auch Dokument eines tatsächlichen Geschehens, eines wirklichen Todes sind, brachte die Zuschauer zum Verstummen.

Schon durch die Anpreisungen von Filmen in den Verbandszeitschriften mit Titeln wie «der Eisvogel» oder «der kleine Ameisenbär» ist ersichtlich, dass nicht alle biologischen Filme dem hier postulierten Stilmuster «Terribilisierung des exotischen biologischen Sujets» folgten, und falls doch, als Teil der Mehrzahl, dann nicht ohne populärwissenschaftlichen Bildungsanspruch. Denn wie alle biologischen Filme (die zoologischen, botanischen und mikrobiologischen) waren die für diese Zeit so typischen Aquariums- und Terrariumsfilme mit ihrer Neigung zum monströsen Drama stets auch auf die außerschulische Vorführung vor Schulklassen ausgerichtet, ihre Form also stets mit wissenschaftlichen Zwischentiteln ausgestattet.[50] Die populärwissenschaftlichen Formen hässlicher Abgründe und ihre Präsentationen, die so sehr an die wissenschaftliche Unterhaltungstradition des 19. Jahrhunderts erinnerten, standen mit einem Fuß schon in einer nüchternen Epoche pädagogischer Ziele, in denen der wissenschaftliche Film zunehmend funktionalisiert wurde. Die strukturell uneindeutige

---

50   Wie prominent und populär von Anfang an der Gedanke war, den wissenschaftlichen Film als modernes Lehrmedium zu nutzen, und wie sinnlos es wäre, bei diesen Filmen die Funktion der Unterhaltung von der Funktion der Bildung gänzlich zu trennen, zeigen schon Urbans Booklet zu den Möglichkeiten des Kinematographen von 1907 (URBAN, *Cinematograph in Science*) und die Äußerung Charles Pathés und Frantz Dussauds: «Le cinématographe sera le théâtre, le journal et l'école de demain» (PATHÉ, De Pathé Frères à Pathé Cinéma, S. 37). Aber auch das breite institutionelle Engagement (zum Beispiel von André de Reusse, Gründer der Ligue populaire du cinéma scolaire und Chefredakteur von *Film-Revue*) und die Diskurse um den wissenschaftlichen Film im Rahmen von kommentierten Projektionen, Artikeln etc., die vor dem ersten Weltkrieg diese ersten populärwissenschaftlichen Filme begleiteten, weisen auf die Überzeugung hin, dass der Film als Lehrmittel ein ungeahntes Potenzial bereithält (vgl. LEFEBVRE, Scientia, S. 86).

Aussage, die dem populärwissenschaftlichen Film eigen war, wurde durch pädagogische Formen zunehmend verdrängt.

Mag sein, dass schon früher die Ambivalenz zwischen ästhetischer und pädagogischer Aussage als Problem erkannt wurde, als die Firma Éclair nämlich, wie Gaycken nachwies, nicht nur den Titel, sondern in Teilen auch den Kommentar für die Zwischentitel von LE SCORPION LANGUEDOCIEN (Oktober 1912) wörtlich aus den berühmten *Souvenirs Entomologiques* Jean-Henri Fabres übernahm: Der kunstvolle, ebenfalls populärwissenschaftliche Text des berühmten Insektenforschers über Leben und Sterben des südfranzösischen Arachnoiden, der neben einem früheren Pathé-Film über den Skorpion als zweite Drehbuchquelle gelten kann,[51] bot sich als Kommentar des Films geradezu an.[52] Sicher aber kann Fabre und mit ihm die aufkommende Ethologie – neben der Attraktionswirtschaft wissenschaftlicher Gruselkabinette und früher Filme generell – als weiterer Urgrund dieser Filme gelten. In ihnen erhielten Fabres populärwissenschaftliche Publikationen ihre visuelle Entsprechung, ihre «Umsetzung», wie Maurice schrieb,[53] denn wie Fabre richtet sich auch der frühe populärwissenschaftliche Film vor allem an ein junges Publikum, wie Ersterer pflegt auch Letzterer in intermedialer Übersetzung einen anthropomorphisierenden Stil. Diese Stilform steht nicht im Widerspruch zur Stilstruktur der Terribilisierung, von der die Rede war, sondern scheint gerade im Rahmen der Exposition der ‹Figur› vielmehr die Grundlage zu sein, auf welcher, attraktionsspezifisch, der kinematographische Reiz die ausgreifende Spitze sucht, den Schrecken, die Überraschung. Wie das Auge des betagten Entomologen steht die Kamera nah am animalischen Geschehen und beobachtet genau, ja steht gleichsam wie jenes natürliche Objektiv mitten im Habitat von aggressiven Insekten und ihrer gläsernen Abgrenzung, die äußere Welt dahinter weitgehend ignorierend; wie die empathische und häufig anthropomorphisierende Interpretation Fabres («les puissantes ventrues sont donc de vieilles matrones»)[54] ‹vergrößert› auch der Kinoapparat die Kreaturen in einem anthropomorphisierenden, ja magischen Sinne. Freilich erreicht er diesen Vergrößerungseffekt zunächst einmal buchstäblich

51   Allerdings ist im Film – anders als in Fabres Text – auch noch eine Kampfszene zwischen Ratte und Skorpion eingebaut.
52   GAYCKEN, «A Drama Unites Them», S. 362.
53   «Das Kino setzt das Werk von J.-H. Fabre um und popularisiert es. Das private Leben der Pflanzen und Tiere, das er *in flagranti* beobachtete, wird hier in immenser Weise vergrößert und auf eine riesige Leinwand versetzt, auf die sich die gesamte Aufmerksamkeit richtet: ein gewaltiger Anstoß für unser Denken. Es mag sich dabei um ganz andere Formen des Dramas oder der Komödie handeln, doch sie ähneln den unseren gewaltig.» (MAURICE, La Science au cinéma, 1. Teil, S. 13; zit. n. GAYCKEN, Das Privatleben des *Scorpion languedocien*, S. 50).
54   FABRE, *Souvenirs Entomologiques*, 9. Bd., 1923, S. 335.

und mithilfe einer anderen Technik, optisch-mechanisch und mithilfe der noch jungen Sehgewohnheiten des Publikums. Des Weiteren gelingt ihm dies ungleich effizienter und in einer noch kommerzielleren Absicht. Doch ob die Tiere in Fabres Bücher oder in wissenschaftliche Filme Eingang gefunden haben: sie treten nicht nur als Objekte der wissenschaftlichen Untersuchung, sondern auch als Subjekte mit ihren eigenen kulturellen Gepflogenheiten auf, mit ihrem «intimen Leben» und «ihren Sitten».[55] – Wenn man die Überlegungen zur Anthropomorphisierung und dramatischen Terribilisierung dieser Filme noch ein wenig weiterspinnt, wird an dieser filmhistorischen Stelle klar, dass die Grenzen zur fiktionalen Narration hier offen sind, dass dokumentarische Natur-Dramen Steigbügel für fiktionale Kino-Dramen sein können, die dann im Falle von Roberto Rossellinis inszeniertem Dokumentarfilm Fantasia sottomarina (1939) mit der Hochzeit eines Fisches oder im Falle der abendfüllenden Dokufiktionen der 1950er-Jahre von Hans Hass, Jacques-Yves Cousteau und Folco Quilici mit dem glücklichen Ausgang eines submarinen Tauchabenteuers enden können.

Gaycken konnte nachweisen, wie manipulativ die Kombination von Mise en scène, Einstellung und Schnitt in diesen frühen populärwissenschaftlichen Filmen sein konnte, wenn es darum ging, die optische Nähe der Kreatur mit der Illusion einer sich manifestierenden, freien Natur zu verbinden. Der eigentliche Aufenthaltsort der so beliebten bizarren Kriech- und Wassertiere, das Terrarium oder das Aquarium wird vor dem Zuschauer konsequent verschleiert, denn dessen Begrenzungen werden nie gezeigt, seine Existenz in den Zwischentiteln verschwiegen. In L'Écrevisse (Éclair, Juni 1912) zum Beispiel wird zuerst in Außenaufnahmen, von der einen zur anderen Einstellung auf die Handlung fokussierend, ein Mann gezeigt, der ein Stück Kabeljau als Futter für den Krebs in ein Fangnetz legt, dann, nach dem entscheidenden Schnitt, hingegen wird das Netz mit der Nahrung an einem gänzlich anderen Ort gezeigt, in der Enge eines Aquariums nämlich, in dem das hungrige Schalentier nun für die Kamera unweigerlich über den Fischhappen stolpern muss. Ein Schnitt verbindet also die einleitenden Außenaufnahmen vom Geschehen an einem Tümpel mit Aufnahmen vom Inneren eines Aquariums, als ob es sich in dieser Nahsicht um denselben, vorgängig gesehenen Ort in der freien Natur handelte, – eine Montageabfolge im Übrigen, die ähnlich auch Painlevé zeitlebens pflegte. Man muss noch einmal betonen, dass die Aquariums- oder Terrariumsrahmung nie ins Bild gerät, dass das Tabu dieser Einstellungsform stilbildend ist und die Montage ihr zwingend folgt. Der ‹Betrug› fliegt nur gelegentlich auf, wie zum Beispiel, wenn der Laufkäfer in Le Scorpi-

---

55 MEUSY, Films de ‹non-fiction›, S. 172.

ON LANGUEDOCIEN (Éclair 1912), offenbar in das Terrarium geworfen und die Szenerie belebend, ausgerechnet der vorderen, gläsernen Terrariumswand entlang vor dem Skorpion das Weite sucht.[56] Diese gelegentlichen und wohl ungewollten Hinweise auf die tatsächliche Mis en scène, auf das tatsächliche Habitat, unterbrechen in leicht subversiver und dokumentarisierender Manier die Illusion der kohärenten und glaubwürdigen Ethologie, nie aber sind die Umweltbedingungen der künstlichen Umgebung des Aquariums oder Terrariums insgesamt, nie ist eine Maßeinheit zur Abgleichung der Größenverhältnisse und nur selten die menschliche Hand, die das Geschehen daselbst beeinflusst, zu sehen. Gerade hier zeigt sich, wie sehr illusionistische Traumwelt, wie sehr Kino diese frühen Filme sind und wie wenig sie mit der Mehrzahl heutiger populärwissenschaftlicher Fernsehproduktionen gemein haben.

Die Ausgrenzung der Ränder des kristallinen Lebensgefäßes gewährt dem Zuschauer die Illusion einer sich manifestierenden, freien Natur und verunklärt die Manipulationen, die von außen auf das Glasgefäß einwirken. Sie bietet aber auch Raum für eine poetische, vielleicht wichtigere, sicher aber wiederum fiktionalisierende Gestaltung kinematographischen Natur-Lebens: Vor allem das Aquarium, wie das Kino selbst Ausschnitt einer anderen, onirischen Welt, nimmt als kinematographisches Element gewissermaßen selbst das Zepter in die Hand, wird, ohne seinen menschengemachten Objektstatus in der Laborsituation preiszugeben, selbst zum magischen Subjekt im pragmatischen Spiel von Träumerei und Schock. Wohl ist diese *zweifache Unbegrenztheit*, diejenige des gefilmten Behältnisses und diejenige der Kinoleinwand selbst, ein Element der Maurice'schen «Vergrößerung der Konzeption von Kinematographie». Denn nur so kann der Zuschauer den gefilmten Kreaturen, Schauspielern gleich, einen scheinbar unbegrenzten fiktionalen filmischen Raum zuschreiben, einen Raum, aus dem heraus sie, die verwandelten Lebewesen (und ihre Formen und Bewegungen), gleichsam als kinematographisches *All over* den dunklen Kinosaal überschwemmen.

Die in den 1910er-Jahren so verbreiteten ‹grenzenlosen› Nahsicht-Aufnahmen auf den Einsiedlerkrebs, die Anemone, den Seeigel oder den Seestern, die sich in den Aquarien tummelten,[57] können daher auch als Ursprung des Unterwasserfilms zählen. Den Boden zu dieser kinematographischen Entwicklung hatten schon Jules Vernes Roman *Vingt Mille Lieues sous les Mers* (1869) und die Aufnahmedispositionen Mareys und Lumières gelegt (*Le Mou-*

---

56 GAYCKEN, «A Drama Unites Them», S. 368.
57 LE BERNARD L'ERMITE (Pathé 1912, Gaumont 1912), LES ANÉMONES DE MER (Pathé 1911, Gaumont 1912), LES ÉCHINODERMES (Éclair 1913, Gaumont 1913), LA TORPILLE (Éclair 1913, Pathé 1913, Cines 1913) etc.

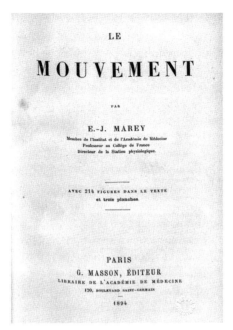

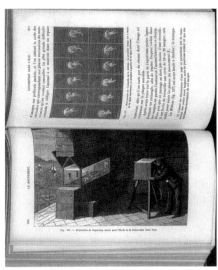

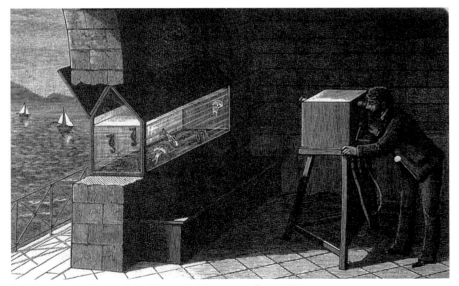

3–5 Seiten aus Etienne-Jules Marey, *Le Mouvement*, Paris 1894
3: Frontispiz von *Le Mouvement*
4 und 5: «Fig. 156: Disposition de l'aquarium marin pour l'étude de la locomotion dans
l'eau»

vement [Abb. 3–5][58], L'AQUARIUM [F 1895][59]).[60] Die Aquariumsfilme der 1910er-
Jahre erweiterten nun aber mit ihrer großen Zahl diesen Aquariumsblick auf
eine neue uferlose maritime Welt und setzten in Frankreich eine gloriose technische und generische Entwicklung in Gang: Zeitgleich mit den Aquariums-
filmen stiegen Taucher mit schwerem Gerät (Bleianzug und Taucherhelm) in
den Ozean, um erste Freiwassertauchfilme zu realisieren (COMMENT L'HOMME
EXPLORE LES PROFONDEURS DE L'OCÉAN, Pathé 1912)[61], bis der moderne Chic der
aquatischen Kurzfilme TARIS, ROI DE L'EAU (Jean Vigo, 1931), L'HIPPOCAMPE
(Jean Painlevé, 1935), CACCIATORI SOTTOMARINI (Francesco Alliata, I 1946)
und die technische Entwicklung der Unterwasserkameras und Taucheraus-
rüstungen über die entscheidenden Systeme mit manueller (Le Prieur, 1934)
und automatischer Pressluftzufuhr (Cousteau-Gagnan 1943/45) Jacques-Yves
Cousteaus PAYSAGES DU SILENCE (1947)[62] ermöglichte. Letzterer gab den Auftakt zur Blüte des Unterwasserfilms der 1950er-Jahre (Cousteau, Hans Hass,
Folco Quilici) und des investigativen aquatischen Maschinenmenschen.[63]

---

58   MAREY, *Le Mouvement*, S. 210 (die Gravierung erschien zum ersten Mal in Mareys
     Artikel über die Bewegungen aquatischer Lebewesen [E.-J. M.: «La Locomotion dans
     l'Eau Étudié par la Photochronographie». In: *La Nature*, Nr. 911, 15.11.1890, S. 375; zit. n.:
     www.emilereynaud.fr/index.php/post/La-Nature-n911, 25.02.2009]).
59   *L'Aquarium* (F 1895, Regie: Louis Lumière): Nr. 3 d. «ersten Liste» (1895–1897) des *Cata-
     logue Lumière* (1895–1905), in: SADOUL, *Lumière et Méliès*, S. 126. Beispiele von Meeres-
     ansichten sind auch bei Georges Méliès zu finden: LE VOYAGE DANS LA LUNE (F 1902),
     DEUX CENT MILLE LIEUES SOUS LES MERS OU LE CAUCHEMAR D'UN PÊCHEUR (F 1907).
60   Dass mit *L'Aquarium* Louis Lumière ein Aufnahmeverfahren gelungen war, das Modell-
     charakter haben und die späteren dokumentarischen Einsichten in maritime Welten vor-
     wegnehmen sollte, erkannte schon der Filmhistoriker George Sadoul: «L'hebdomadaire
     scientifique *La Nature*, dont Louis Lumière était le collaborateur et certainement le
     lecteur, avait publié en 1890, pour illustrer un article de Marey, une gravure sur bois, un
     opérateur filmant au Chronophotographe quelques hippocampes évoluant dans un bas-
     sin vitré. Il n'est pas impossible que cette excellente illustration de Poyet ait suggéré à
     Louis Lumière de filmer cet AQUARIUM où évoluaient trois anguilles, un poisson et trois
     grenouilles. Le cadrage est ici ingénieux: il coïncide presque avec les montants de fer de
     l'aquarium, et donne ainsi l'impression que produiront plus tard les vues sous-marines.
     Bien plus beau encore est le BOCAL DE POISSONS ROUGES. Le ballon de verre a été cadré
     en ‹gros plan› et occupe presque tout l'écran.» in: SADOUL, *Lumière et Méliès*, S. 41.
61   «WIE DER MENSCH DIE TIEFEN DES OZEANS ENTDECKT (140m), populärwissenschaftliche
     Szene: Wir wohnen zuerst der Ausrüstung des Tauchers bei, bevor wir mit ihm hin-
     untersteigen in die submarinen Regionen, wo wir eine ganze Welt von bizarren Tieren
     und fremden und wunderbaren Vegetationen entdecken» (BOUSQUET, *Catalogue Pathé
     1912–1914*, S. 549). Übers. aus dem Franz. v. Ch. H.
62   PAYSAGES DU SILENCE (F 1946, Regie: Jacques-Yves Cousteau, 16 mm/35 mm, sw, Ton-
     film, 18 Min.): Der Dokumentarfilm zeigt einen Tagesausflug, den Cousteau mit seiner
     Gruppe in die Unterwasserwelt der Côte d'Azur unternimmt. Mithilfe der Eigenent-
     wicklung von Cousteau und Gagnan ertaucht die Gruppe eine noch reiche Meeresfauna
     mit unzähligen Zackenbarschen, die nicht alle der Harpune entgehen.
63   Eine Geschichte des Unterwasserfilms gibt es nicht. Erste Hinweise geben ein Aufsatz
     von Paul de Roubaix (ROUBAIX, *Le milieu subaquatique*) und das Programmheft zur
     exzellenten Filmauswahl, die das Zürcher Kino Xenix im Juni 2005 zeigte (MOSER/
     SCHNEIDER, Unterwasserwelten).

Den kurzen Weg der Entwicklung des dokumentarischen Unterwasserfilms wieder zurückschreitend, muss man allerdings sagen, dass der Markt des (freilich recht unbestimmten) Genres wissenschaftlicher Kurzfilme mit der Zäsur des ersten Weltkriegs zusammenbrach. Genauso schnell wie diese Filme als kommerzielles Phänomen auf die Bühne traten, verschwanden sie auch wieder, um fortan ein Schattendasein in archivierten Filmbüchsen zu führen, von denen nur noch wenige den Weg in einen Vorführraum oder auf ein Schnittpult (cinéphiler Kreise) fanden. Denn nicht nur der Krieg richtete an diesem kleinen aber euphorischen Markt Schaden an, sondern auch – und vor allem – der aufstrebende Markt des narrativen und abendfüllenden Kinofilms. Mit den langen Spielfilmen aus Übersee und später auch vom Kontinent selbst konnte es das Staccato der aneinandergereihten Kurzfilme, die als illusionistische Kabinettstücke einer neuen Technik und als Varieté-Spektakel in Frankreich in den 1920er-Jahren in die Jahre gekommen waren, nicht mehr aufnehmen. Die wenigen neuen populärwissenschaftlichen Filme mit einem noch nicht schulmeisterlichen Geist, die es in den 1920er-Jahren in Pariser Programmkinos schafften und fast ausschließlich der Hand Painlevés zu verdanken sind, mussten sich wie alle anderen Kurzfilme als Vorfilme in die sich allmählich durchsetzende Standardisierung des Filmabendprogramms einfügen (dokumentarischer oder komödiantischer Vorfilm – fiktionaler Hauptfilm), wurden also je nach Standpunkt zu einem normalen Vorfilm degradiert oder zum Avantgarde-Vorfilm geadelt. Andere aktuelle, streng wissenschaftliche Produktionen eines Dr. Comandon oder Lucien Bull drangen, als kinematographisches Kulturgut erkannt, in den mittlerweile geschaffenen Kreis cinéphiler Vortragsräume ein. Die große Mehrzahl der populärwissenschaftlichen Filme jedoch, nunmehr zunehmend propagandistisch auf Erziehungsziele getrimmt und von der öffentlichen Hand finanziert, wurden in die regionalen und subventionierten Strukturen der Offices du cinéma éducateur eingespiesen, katalogisiert und an Schulen oder paraschulische Institutionen verliehen.[64] Entsprechend zeigte sich die von Pathé produzierte Hygiene-Serie (ca. 1920) in einer klaren, zielgerichteten Form, die mit höchstmöglicher Überzeugungskraft komische (fotografische) und instruierende (animierte) Filmsequenzen miteinander kombinierte. Entsprechend wurden die Filme in der Zwischenkriegszeit aber auch den neuen Vertriebskanälen edukativer Strukturen angepasst und gemäß dem Ursprungsmaterial und der Zielausrichtung in verschiedene Versionen (z. B. von streng wissenschaftlichen Aufnahmen ausgehend, in eine unterhaltende und eine schulische) umgeschnitten und später gegebenenfalls vertont.

---

64 LEFEBVRE, Scientia, S. 91.

2 Wissenschaftsfilm und Pariser Avantgarde (1920 bis ca. 1929)

2.1 Das prozessuale wissenschaftliche Bild und die Avantgarde nach 1910

Zwar sollte erst die Technik des Films für ein umfassenderes Bild prozessualer Vorgänge sorgen. Doch schon mit der Chronophotographie als Vorläufertechnik der Kinematographie begann die breite populärwissenschaftliche Auseinandersetzung mit fotografischen Bildern von prozessualen Vorgängen. Ihr verdankt der Film seinen technisch-wissenschaftlichen Urgrund, der in beiden Fällen, im Falle der Chronophotographie und des Films, die technisch-wissenschaftlich orientierte Avantgarde herausfordern musste.

Getreu der wissenschaftlichen Devise der ‹Nichtintervention› durch menschliche Eingriffe oder Interpretationen – nach Daston und Galison das Herzstück der mechanischen Objektivität[1] – gründete Etienne-Jules Mareys wissenschaftliche Glaubwürdigkeit auf der selbsttätigen und optisch-mechanisch genauen Aufzeichnung seiner chronophotographischen Apparaturen; er verbat sich darüberhinaus jeglichen Eingriff aus ästhetischen oder moralischen Überlegungen, folgte also lediglich den Vorgaben wissenschaftlicher Objektivität und überließ die zeitdehnenden und zeitraffenden Aufzeichnungen (die den kinematographischen Techniken des *ralenti* und *accéléré* entsprechen sollten) zur Gänze der optisch-mechanischen Maschine. Entstanden sind dabei aber, zumindest aus heutiger, ästhetisierender Perspektive, ungemein poetische und manchmal auch ziemlich ungebührliche chronophotographische Bilder *sur plaque fixe*, die nicht nur reizvoll rhythmisierte helle Bewegungsspuren vor würdevollem schwarzem Hintergrund präsentieren, sondern auch überraschende oder ungewollt komische Konstellationen: Da sind etwa die gepunkteten Bewegungslinien in ihrem Zusammenspiel mit den verschwommenen Konturen des entsprechenden menschlichen Körpers, die trotz (und auch wegen) ihrer diagrammatischen Präzision eine bisher unbekannte, ungemein vieldeutige Identität ausstrahlen.[2] Da sind aber auch die menschlichen Körper (etwa eines

---

1 GEIMER, *Ordnungen der Sichtbarkeit*, inbes. S. 57–87 (nach Lorraine Daston u. Peter Galison: «Das Bild der Objektivität»).
2 Vgl. Joachim Paechs Ausführungen und die beigestellte Chronophotographie Mareys (*sur plaque fixe*) eines menschlichen Sprungs von einer Erhebung auf den Boden in: PAECH, Bewegungsbild, S. 133–161, inbes. S. 142–145.

nackten, muskulösen Mannes auf einem Fahrrad [!]), die in einer wissenschaftlichen Rigorosität und Schamlosigkeit zur Abbildung gebracht sind, sodass sie noch heute den Rahmen sittlicher Darstellungsgewohnheiten sprengen würden;[3] und schließlich sind in seinem Werk auch die Abfolgen und Überschneidungen von Lichtreflex-Spuren auszumachen, die die Körper zurückgeworfen haben und die in ihrer Helligkeitsdifferenz und Form einen abstrakten und, gerade bei nackten Modellen, invasiven, ja vielleicht gar die Integrität des menschlichen Körpers verletzenden Charakter aufweisen; – immer Eigenschaften also, die auf einem wissenschaftlichen optisch-mechanischen *prozessualen* Verfahren gründen und mit denen die futuristische Fotografie Anton Giulio Bragaglias (z. B. im *Porträt von Arturo Bragaglia*, 1911)[4] und die ‹wissenschaftliche› Kunst Marcel Duchamps (z. B. in *Akt, eine Treppe herabsteigend, Nr. 2*, 1912)[5] später experimentierten. Marey selbst allerdings, der zwar von einer technisch-handwerklichen Begabung gesegnet auch Künstlerqualitäten (z. B. als Bildhauer in den «aeronautischen» Plastiken des segmentierten Vogelflugs von Möwe und Taube) aufblitzen ließ,[6] scheint sich der prozessualen ästhetischen Qualitäten seiner Arbeiten nicht sicher gewesen zu sein. Seine theoretischen Äußerungen zu den künstlerischen Möglichkeiten der Chronophotographie sind – als wissenschaftsorientierter Kinoverweigerer, wie Bull ihn schilderte[7] – jedenfalls dezidiert konventionell. Denn seine künstlerische Auffassung war noch ikonisch bestimmt, wenn er in seinem zehnten Kapitel, «Locomotion de l'homme au point de vue artistique», in *Le Mouvement* (1894) schildert, wie die Stoppbilder der chronophotographischen Abfolge genutzt wer-

---

3   Etienne-Jules Marey, *Cycliste (4)* (o. J.), Chronophotographie, nach einem Glasplatten-Negativ, Cinémathèque française, collection des appareils, online auf www.cinematheque.fr/marey/abecedaire/abecedaire-c/cycliste.html (09.03.2009).

4   S. etwa in: DOANE, *The Emergence of Cinematic Time*, S. 86 f.

5   «Diese Endfassung von *Nu descendant un escalier, no. 2*, im Januar 1912 gemalt, war die Zusammenfassung verschiedener Interessen in meinem Kopf, darunter der damals noch in den Kinderschuhen steckende Film und die Aufteilung statischer Positionen in den Chronophotographien eines Marey in Frankreich und eines Eakins und Muybridge in Amerika. […] Auch die Futuristen waren damals am Problem der Bewegung interessiert, und als sie im Januar 1912 erstmals in Paris ausstellten, war es für mich sehr aufregend, Ballas Gemälde *Hund an der Leine* zu sehen, welches gleichfalls die rasch aufeinander folgenden statischen Positionen der Beine und der Leine des Hundes zeigte» (Marcel Duchamp: «Hinsichtlich meiner selbst» (Auszug), aus: DUCHAMP, *Die Schriften*, I., S. 244).

6   Laurent Mannoni: «Marey Aéronaute. De la méthode graphique à la soufflerie aérodynamique», in: MUSÉE D'ORSAY, *Mouvements de l'air*, S. 5–86. Ein Bronzeabguss der Flugbewegungssegmente der Silbermöve (1887) ist im Musée Marey in Beaune, eine analoge Anordnung mit einer Serie von Gipsstatuetten einer Taube im Flug (1887) in der Collection des appareils der Pariser Cinémathèque zu sehen. Vgl. die Abbildungen in: MAREY, *Le Vol des oiseaux*; in: DAGOGNET, *Marey*, S. 147; und jüngst in: MUSÉE D'ORSAY, *Mouvements de l'air*, S. 31 f.

7   S. Anm. 27 auf S. 41.

den könnten, um die «sichtbarsten» oder «repräsentativsten» Haltungen menschlicher Bewegungsabläufe oder die tatsächlichen Faltenwürfe einer Tänzerin zu bestimmen; oder wenn er im elften Kapitel «Locomotion des Quadrupèdes» Dürer der fehlerhaften Bewegungsdarstellung des Pferdes in der Radierung *Der Reiter* (1513) überführt.[8] Dies geschieht in *Le Mouvement* ganz im naturalistischen Geiste der Pariser Académie des Beaux Arts um die Jahrhundertwende, inbesondere im Geiste des akademischen Malers Jean Louis Ernest Meissoniers, des vielleicht bekanntesten mit Marey und Muybridge Verbündeten der Malerzunft, und wird somit rückblickend kaum den ästhetischen Qualitäten gerecht, die die moderne Kunst in Mareys Werk finden sollte.[9] Denn es ist nicht die ikonische, sondern die *prozessuale* (protokinematographische) Ästhetik der Chronophotographie, die die avantgardistische Malerei und Photographie schon in den 1910er-Jahren in sich aufnahm.

Die mechanische Objektivität der modernen chronophotographischen Aufzeichnungsapparaturen, ihre Verfahren der Zeitdehnung und -raffung und ihre neue Ästhetik einer prozessualen Abbildung von Wirklichkeit bestimmten um 1910 das Interesse der Pariser Avantgarde für die Chronophotographie. Die ihr nachfolgende Kinematographie wiederum konnte – auch wenn sie als wissenschaftliche Aufzeichnungstechnik von Anfang an in den Geruch von Unterhaltung und Jahrmarkt geriet – an der wissenschaftlichen Rigorosität der Chronophotographie anschließen. Ja sie sollte in den

---

8   Marey als konservativen Kunstgänger mit bürgerlichem Kunstgeschmack zu fassen ist genau so schwer wie ihn als Künstler des 20. Jahrhunderts zu entwerfen. Die Konvergenz von Wissenschaft und Kunst sah er im Bestreben nach Genauigkeit (*exactitude*, MAREY, *Le Mouvement*, S. 201) gegeben, doch war er sich der Kleinlichkeit seiner Hinweise zur Darstellung von Bewegungsschnittbildern und des impliziten künstlerischen Ansatzes durchaus bewusst: «En critiquant sur des points de détail des œuvres qui, d'ailleurs, ont une valeur réelle, nous craindrions l'avertissement: *Ne, sutor, ultra crepidam.*» (Ebd., S. 167). – Eine signierte Erstausgabe von Mareys Hauptwerk *Le Mouvement* von 1894 ist in der Eidgenössischen Technischen Hochschule (ETH) in Zürich archiviert (nähere Angaben in der Bibl.: MAREY, *Le Mouvement*). S. dort Kap. X («Locomotion de l'Homme au Point de Vue artistique»), S. 165–182 (darin Fig. 126: *Attitudes successives d'une danse grecque et mouvements imprimés aux draperies [Similigravure]*, S. 178) und Kap. XI («Locomotion des Quadrupèdes»), S. 183–207 (darin Fig. 148: *Le Cheval de la Mort, par Albert Dürer. Cheval au trot légèrement désuni*, S. 203). Der Kupferstich Dürers ist heute in der Wiener Albertina unter dem Titel «Albrecht Dürer, *Der Reiter (Ritter, Tod und Teufel)* (1513)» archiviert. In der neusten Ausgabe von *Le Mouvement* (Nîmes: Éditions Jacqueline Chambon 2002) fehlt Fig. 126.

9   Jean Louis Ernest Meissonier, akademischer Historienmaler und Porträtist Leland Stanfords, empfing zusammen mit Marey 1881 Muybridge bei seiner Ankunft in Paris. Als naturalistischer Historienmaler von unzähligen Pferden in Bewegung und Vertrauter der Chronophotographen korrigierte Meissonier nachträglich in einem 1889 ausgestellten Aquarell die Haltung des Pferdes des Fanfarenreiters, die in *Friedland 1807* (1875, heute Metropolitan Museum of Art, New York) noch von der physiologisch korrekten Haltung abwich (DAGOGNET, *Marey*, S. 138–146, auch mit weiteren Überlegungen diesbezüglich zu Géricault).

Augen einiger Wissenschaftler des neuen Jahrhunderts und einiger Avantgardisten der 1920er-Jahre gegenüber der Chronophotographie gar ihre
mechanisch-optische Autorität ausbauen und inbesondere in der Technik
des *ralenti* und *accéléré* eine umso bedeutendere Rolle spielen. Die Ästhetik
des wissenschaftlichen kinematographischen Verfahrens freilich sollte mit
der Illusion ihrer fotografischen Realität eine durchaus neue und aufregen-
de Qualität bereitstellen.

Mareys und Muybridges populärwissenschaftliche Publikationen zur
Chronophotographie bildeten somit mit ihrer Aufzeichnungstechnik und
ihrem ästhetischen ‹Überschuss› im historischen Wechselspiel von wissenschaftlichem Film und Pariser Avantgarde den ersten Anlass für eine
kontinuierliche avantgardistische Auseinandersetzung mit optisch-mechanischen Abbildungen von prozessualen Vorgängen in der Wirklichkeit.

2.2 Historisierung des avantgardisierten Wissenschaftsfilms in den 1930er-Jahren

Schon Thévenard und Tassel fiel es bei der Abfassung ihrer Überblicks-
darstellung des wissenschaftlichen Films in Frankreich (*Le Cinéma Scientifique Français*, 1948) auf, dass in der *Histoire du cinéma* von Bardèche und
Brasillach, die noch in der Zwischenkriegszeit erschienen war (1935), der
wissenschaftliche Film im Unterkapitel «Avant-garde» des klassischen französischen Stummfilms abgehandelt wird.[10] Ihre Verwunderung schlug sich

---

10   BARDÈCHE/BRASILLACH, *Histoire du Cinéma*, S. 249 f. Dieser Abschnitt, auf den sich
     Thévenard und Tassel beziehen, ist kaum eine Seite lang und, ohne selbst ein Kapitel zu
     sein, in die Kapitelabfolge «V. L'âge classique du Cinéma muet (1923–1929) – le Cinéma
     français – Avant-garde» eingearbeitet. Der wissenschaftliche Film, als generelle Größe,
     und Painlevés Filme, als unbestimmtes Korpus, werden dabei ebenso wie französische
     Stadtfilme (z. B. André Sauvages Paris-Filme unter dem Titel ÉTUDE SUR PARIS [1928,
     fünfteilig]) und Jean Tédescos Dokumentation über die Metallurgie (LA MAGIE DU FER-
     BLANC, 1935) angeführt, um von «einigen jungen Leuten» zu berichten, die bestrebt
     waren, der «inneren Einheit», die die Surralisten in LE CHIEN ANDALOU und L'ÂGE D'OR
     nach Meinung der Autoren so sträflich vernachlässigt hätten, wieder zu ihrem Recht
     zu verhelfen. In Bezug auf die wissenschaftlichen Filme schreiben sie: «Sans parler de
     ces admirables films de plantes, tournés en laboratoire, grâce au ralenti et à l'accéléré,
     qui résument des jours de travail en quelques secondes, et révèlent de façon effrayante
     l'*intelligence* de la nature. Colette nous a parlé de ces féeries, du ‹bâillement avide des co-
     tylédons d'où jaillit, dardant sa tête de serpent, la première tige›, de ‹l'explosion, la dis-
     tension formidable du bouton de lys, entre-baîllé d'abord en longues mandibules plates
     sur un grouillement sombre d'étamines, travail de floraison glouton et puissant.› Le
     plus original de ces metteurs en scène devait être un homme de science, Jean Painlevé,
     qui se spécialisa dans le documentaire sur la faune marine.»[Herv. i. O., Ch. H.]. Ohne
     die verschiedenen avantgardistischen Filme terminologisch in verschiedene Genres zu
     unterteilen, sind der dokumentarische und wissenschaftliche Film hier selbstverständ-
     licher Teil avantgardistischer Praxis.

in der Einführung zu ihrem Buch genauso nieder wie ein anschließender Erklärungsversuch: Der wissenschaftliche Film sei die Avantgarde der entstehenden Kinematographie gewesen, schreiben sie dort, «zuallererst, weil wissenschaftliche Filme unter den ersten waren, die gedreht wurden; dann auch, weil der wissenschaftliche Film von seiner Natur her den Gebrauch von speziellen Techniken postuliert, die auf das zielen, was man mittlerweile übereinkommend Spezialeffekte in der normalen Kinematographie nennt, Spezialeffekte, die der Avantgarde eigen sind.»[11] In welche Richtung die filmischen Avantgarden der 1920er-Jahre auch immer suchten, sie mussten sich tatsächlich in die Pionierzeit des Kinos versetzt fühlen mit ihrem Bemühen, hinter dem schon dominanten kommerziellen Erzählkino die filmspezifischen Möglichkeiten des Ausdrucks und der Grammatik auf der Ebene des bewegten Filmbildes auszuloten. Das hieß noch einmal neu anzufangen. Die ersten Hersteller von wissenschaftlichen Filmen waren ihnen als Speerspitze in dieser Recherche vorausgegangen und hatten ihnen darüber hinaus einen kaleidoskopischen Schatz von wissenschaftlichen Filmdokumenten vor Augen geführt, die sich dann auch in bestimmten Formen in ihren eigenen Filmen wiederfinden sollten. Während erst seit kurzem mit *Jeune, dure et pure!*, dem monumentalen Sammelband des Projekts der Cinémathèque française zum Avantgarde- und Experimental-Kino in Frankreich, das wissenschaftliche Kino wiederentdeckt und an die Ästhetisierung und Avantgardisierung wissenschaftlicher Filme erinnert wird[12] (und neuerdings auch, in internationalem Kontext, an die intertextuellen Bezüge zwischen frühem Film und Avantgarde),[13] war in Frankreich dieser Bezug in der Filmgeschichtsschreibung der 1930er-Jahre noch eine Selbstverständlichkeit. Nicht nur die Filmgeschichte von Bardèche und Brasillach, sondern auch der drei Jahre zuvor erschienene Kinoband *Le Cinéma, des origines à nos jours* (1932) führte dem wissenschaftlichen Film das Wort (u. a. mit Beiträgen von Dr. Comandon und Germaine Dulac und mit einem Vorwort von Henry Fescourt).[14] Fescourt, der Regisseur des Mehrteilers Les Misérables (nach Victor Hugo, 1925) stellte in seinem Vorwort dieser insgesamt weniger his-

11   THÉVENARD/TASSEL, *Le Cinéma Scientifique*, S. XIII. Übers. aus den Franz. v. Ch.H.
12   BRENEZ/LEBRAT, *Jeune, dure et pure!* (insbesondere: Émile Vuillermoz: «La Cinématographie des microbes [le Docteur Comandon]»; Brigitte Berg: «Jean Painlevé et l'avant-garde»; Colette: «‹Elle cherche! Elle cherche!›»; Georges Franju: «Trépanation pour crise d'épilepsie du docteur de Martel»; Alexis Martinet: «Le cinéma scientifique de recherche»).
13   Zum Thema und unter dem Titel «Das frühe Kino und die Avantgarde» fand im Wiener Stadtkino am 8. 3. 2002 eine Tagung statt. Vgl. auch: HORAK, Frühes Kino und Avantgarde, S. 95–119. Den Anfang dieses Diskurses machte Tom Gunning vor vielen Jahren mit dem Begriff «Coney Island of the Avantgarde» (GUNNING, The Space in Early Film, S. 355–366).
14   FESCOURT, *Le Cinéma*.

torisch als thematisch angelegten Darstellung zum Kino um 1930 die immer noch wiederkehrende rhetorische Frage: «Et voici la fameuse question: le cinéma peut-il donner naissance à une œuvre d'art?» Fescourt sprach sich gerne gegen das Cinéma pur aus, und die puristische Antwort, die Fescourt auf diese Frage findet, mag überraschen: Filmkunst sei grundsätzlich in einem «Modus der Registrierung, der Aufnahme» angelegt, in einem Modus, der nach Fescourt bezaubernde Musikalität hervorbringen kann. Die wissenschaftlichen Zeitrafferfilme stünden beispielhaft für diese optisch-mechanische Musikalität, wenn sich in ihrer ungewohnten Zeitraffer-Geschwindigkeit vor dem Zuschauer wundersame Kristalle bildeten oder, angesichts einer filmischen Montage von blühenden und verblühenden Blumen mit einem pulsierenden Feuerwerk, sich verblüffende Korrespondenzen zeigten, «die der ästhetische Sinn des Künstlers erfassen und in Szene setzen muss».[15] Im selben Band fokussiert Germaine Dulac in «Le Cinéma d'avantgarde» in einer wahrscheinlich einmaligen Weise nicht nur auf die Bedeutung des Wissenschaftsfilms für die Pariser Avantgarde, sondern erläutert als Regisseurin, die selbst mit wissenschaftlichen und dokumentarischen Aufnahmen in den oben genannten Kurzfilmen experimentiert hatte, ihre Erfahrungen auch aus erster Hand, nahezu zeitgenössisch und doch schon historisierend; Grund genug, um den entsprechenden Abschnitt in voller Länge zu zitieren:

> Das Cinéma pur verwarf weder Empfindsamkeit noch Drama, nur wollte es diese Effekte durch rein visuelle Elemente erreichen. Es suchte die Emotion jenseits der menschlichen Grenzen, im Innern der ganzen Natur, im Unsichtbaren, Unwägbaren, in der abstrakten Bewegung. Diese Schule lehrte in unterschiedlichen ironischen[16] und empfindsamen[17] Formen den Ausdruck von Bewegung und Rhythmus; sie wurden von jeder romanhaften Situation befreit, um die Idee, die Kritik oder die dramatische Wirkung suggestiv hervortreten zu lassen. Zu beweisen war Folgendes:
>
> 1. Der Ausdruck einer Bewegung ist von ihrem Rhythmus abhängig.
> 2. Der Rhythmus an sich und der Ablauf einer Bewegung bilden die beiden Wahrnehmungs- und Empfindungselemente, die Grundlage der Filmdramaturgie sind.

---

15 FESCOURT, *Le Cinéma*, S. 6 f. Übers. aus dem Franz. v. Ch. H.
16 LE BALLET MÉCANIQUE von Fernand Léger, die Filme Hans Richters, ENTR'ACTE von René Clair. Anm. i. O.
17 Die absoluten Filme Viking Eggelings; OPUS I, II, III, IV von Walter Ruttmann; REFLETS DE LUMIÈRE ET DE VITESSE und CINQ MINUTES DE CINÉMA PUR von Henri Chomette; LA MARCHE DES MACHINES von Deslaw; ESSAIS EN COULEUR und LA TOUR von René Clair; DIE BRÜCKE (DE BRUG) von Joris Ivens; ARABESQUE, DISQUE 957, THÈMES ET VARIATIONS von Germaine Dulac. Anm. i. O.

3. Das filmische Werk muss jede fremde Ästhetik zurückweisen und sich auf die Möglichkeiten des Visuellen besinnen.

4. Die Filmhandlung muss ‹Leben› sein.

5. Die Filmhandlung darf sich nicht auf die menschliche Person beschränken, sondern muss über sie hinaus in das Gebiet von Natur und Traum reichen.

Bestandteile des Cinéma pur konnte man in bestimmten wissenschaftlichen Dokumentarfilmen finden, z. B. in solchen, die von der Bildung der Kristalle handelten, vom Keimen, Wachsen und Aufblühen der Blumen und Pflanzen, von der Flugbahn einer Kugel und vom Platzen einer Blase (reiner, erregender Rhythmus, wundervolle Synthesen!), von der Entwicklung der Mikroben und der Insekten in all ihren Lebensäußerungen.

Denn lag es nicht in der Macht des Films, das unendlich Große und das unendlich Kleine mit dem Objektiv einzufangen? Diese Schule des Ungreifbaren richtete ihre Aufmerksamkeit auf andere Dramen als die von Schauspielern gespielten. Sie wurde am meisten bekämpft, weil sie die Erzählung zugunsten suggestiver Impressionen und Expressionen verwarf und den Zuschauer nicht in ein Netz von Handlungen verstricken wollte, denen er zu folgen hatte, sondern von sinnlichen Empfindungen, die er erfahren und erfühlen konnte. Den Einfluss dieser Schule finden wir heute sehr deutlich in der Wirkung einiger künstlerischer Filme wieder, die an alle Sinnesempfindungen appellieren: in Die Generallinie von Eisenstein (Umwandlung der Sahne in Butter durch die Bewegung der mechanischen Butterschleuder) und in Erde von Dowschenko (der Regen, der den Boden befruchtet und auf Blumen und Früchte rieselt). Neben der Schule des Cinéma pur waren einige Komponisten des Visuellen bestrebt, die Natur selbst mit neuen Rhythmen zu bearbeiten, indem sie abstrakte Träumereien in konkrete und lebendige Realität umbildeten. Sie bereicherten den Film um rhythmische Wahrheiten.[18] [19]

In diesem rückblickenden, historisierenden Text zum Kino der Avantgarde vermeidet Dulac eine zu weitgehende Theoretisierung des wissenschaftlichen Films. Sichtbar wird hier eher der Kontext der avantgardistischen Ziele und Begriffe, in die Dulac den wissenschaftlichen Film einbettet: Wenn es dem Cinéma pur, wie Dulac schreibt, um «die Emotion jenseits menschlicher Grenzen, im Innern der ganzen Natur, im Unsichtbaren, Unwägbaren, in der abstrakten Bewegung» ging, so musste der wissenschaftliche Film,

---

18   Tour au Large von Jean Grémillon, Brumes d'Automne von Dimitri Kirsanoff, Regen von Joris Ivens, Nogent, Eldorado du Dimanche von Marcel Carné, À propos de Nice, sozialkritischer Film von Jean Vigo, Kreislauf des Wassers, ein Bergfilm von Viktor Blum, Melodie der Welt von Ruttmann, Essence de Verveine von Caballeros. Anm. i. O.

19   DULAC, Das Kino der Avantgarde, S. 75 f.; Kollektivübers. [Erstveröffentlichung unter dem Titel: «Le Cinéma d'avant-garde» in: FESCOURT, Le Cinéma, S. 361].

der wie kein anderes Genre mit seinen zeitlichen (und räumlichen) Verfahren ja ins Innerste einer sonst unsichtbaren bewegten Natur vordringt und dabei überraschende Ausdrucksformen von Bewegung, einen «reinen, erregenden Rhythmus», hervorbringt, für den «reinsten», das heißt hier: für einen besonders wissenschaftlichen und kinematographischen Ausdruck dieser Emotion stehen. Auf welche universelle Kategorien Dulac hier letztlich zielt, wie stark ihre Auffassung dieser «Schule des Ungreifbaren» in einer Vorstellung der hintergründigen Natur verankert ist, lässt sich vielleicht am besten an ihrem relativ abstrakten Begriff des «Lebens» erahnen, mit dem sie in ihrer Rückschau operiert. In «Von der Empfindung zur Linie», einem etwas früheren Text Dulacs, der noch zur Sprache kommen wird, schildert sie, wie konkret der wissenschaftsfilmische Bewegungsausdruck der «visuellen Emotion» sein kann, doch letztlich geht es Dulac immer um den abstrakten, «reinen» und universellen Ausdruck von Bewegung, um eine Art kinematographische Emotion metaphysischer Natur, um eine Emotion, die sie mit Colette, Vuillermoz und Epstein teilte.

2.3 Veranstaltungen, Ereignisse

In der kritischen Phase starker generischer und stilistischer Entwicklung nach 1920, in die der überhitzte ökonomische Austausch des Filmmarkts den Film trieb, musste die neue industrielle Kunstform in den Augen der Pariser Kinokunstbewegung dringend auf ein theoretisches Fundament gestellt und geschützt werden. Es galt, sich um die kleine Pflanze der Filmkunst, sich um ihr unausgeschöpftes Potenzial zu kümmern, das insbesondere in dokumentarischen Formen des Films gesichtet worden war; und es galt insbesondere, gewappnet zu sein vor weiteren Wellen abendfüllender und irregeleiteter theaterhafter Spielfilme, die das Feld der noch in den Kinderschuhen stehenden ‹wahrhaftigen› Auseinandersetzung mit Film zu überschwemmen und zu zersetzen drohten.

Zuallererst mussten die Elemente dieser Filmkunst – wissenschaftlich relevanten Fundstücken gleich – geborgen, verstanden und bewertet werden, musste also eine Art Erkundung des Terrains, das heißt in diesem Kontext: der spezifisch filmischen Mittel in Gang gesetzt werden. Mitte der 1920er-Jahre wurde dieses Projekt besonders in den Kinoausstellungen und den neu gegründeten Ciné-clubs umgesetzt. In ihren Veranstaltungen wurde nach diesen Mitteln ‹geforscht›, indem insbesondere anhand wissenschaftlicher Filme gezeigt wurde, welche Aufdeckung und welcher Ausdruck mit filmspezifischen Mitteln zu erreichen war. Wie Germaine Dulac im Programmheft zur Eröffnung des Kinos l'Œil de Paris (1929) betont, waren es diese wissenschaftlichen Filme und ihre Urheber, die in «technischer» und «spiritueller» Hinsicht verantwortlich waren für die ersten «kinematographischen Entdeckungen».[20]

Dulac nannte die aus dieser Auseinandersetzung resultierenden Avantgardefilme gerne *cinéma de recherche* und meinte damit nicht nur die kinematographische Erforschung der spezifisch filmischen Mittel, auf die die frühen wissenschaftlichen Filmemacher zwangsläufig gestossen waren, sondern auch den im Programmheft erwähnten «spirituellen» Aspekt wissenschaftlicher Filme, das heißt die Resultate ihrer ureigensten Aufgabe, optisch-mechanisch aufzudecken und zu analysieren.[21] «Recherche» bedeutete in ihrem Sinn also neben der Erforschung filmspezifischer Abbildungs- und Ausdrucksmittel auch die ‹wissenschaftliche› Erforschung dessen, was mithilfe der Kamera eingefangen wird, insbesondere die Erforschung hintergründiger bewegter Wirklichkeit, die dem menschlichen Sehsinn normalerweise verborgen bleibt. Was in der Praxis unter einer derartigen kinematographischen Recherche zu verstehen war, demonstrierte Dulac in ihren eigenen avantgardistischen Montage-Filmen Thèmes et Variations und Étude cinégraphique sur une arabesque (beide 1929, s. Kap. 2.7.5), in deren Bildabfolge sie auch vegetabile Zeitrafferaufnahmen einband.

Die in den ersten sieben Jahren der 1920er-Jahre in den ersten Kinoausstellungen und in den Vortragszyklen der entstehenden Ciné-clubs praktizierte Promotion des wissenschaftlichen Films trug wesentlich dazu bei, dass der wissenschaftliche Film bald als Denkmodell der filmischen Avantgarde und als Ahnvater eines unkommerziellen und filmspezifischen Gegenkinos galt:

«Qu'est-ce que le cinéma?» betitelte der Filmkritiker Léon Moussinac einen derartigen, der «Recherche» verpflichteten Vortrag, den er 1927 vor den Mitgliedern des Ciné-club AAC hielt.[22] Dabei wiederholte der Schirmherr der Kinokunstbewegung die rhetorische Frage, die er schon früh als

---

20   «L'on peut constater que les beaux films applaudis aujourd'hui par tous les publics ressortent techniquement et spirituellement des découvertes cinématographiques que des chercheurs sincères, imprudents, mais vaillants, ont faites à côté de leurs productions strictement opportunes.» (Germaine Dulac: Programm des Kinos l'Œil de Paris bei der Eröffnung desselben im Mai 1929, in: *Bibliothèque de l'image-Filmothèque [BiFi]*, *Fonds Marie-Anne Solson-Malleville [Germaine Dulac], GD 1057/1058*, zit. n. GAUTHIER, *La Passion du Cinéma*, S. 186).

21   In Bezug auf den Begriff *cinéma de recherche*, den Dulac und andere dem Begriff *cinéma d'avant-garde* vorzogen, sei zum Beispiel auf Gauthier verwiesen: GAUTHIER, *La Passion du Cinéma*, S. 254. Zum «spirituellen» Aspekt der ureigensten Aufgabe wissenschaftlicher Filme, die Wirklichkeit zu analysieren s. Anm. o.

22   Den Vortrag «Qu'est-ce que le cinéma?» hielt Moussinac am 9. April 1927 in der Cinémathèque de la Ville de Paris im Kontext des pädagogisch ausgerichteten Ciné-Clubs AAC (GAUTHIER, *La Passion du Cinéma*, S. 72–76).

Kurator in den ersten Kinoausstellungen des Salon d'automne (1921, 1922, 1923) und des Musée Galliera («L'Art dans le cinéma français», 1924) implizit gestellt hatte. Diese rhetorische Frage war in Moussinacs Aktivitäten von Anfang an als Leitfrage bestimmend gewesen, und mit seinen Kinoausstellungen, die er in bester französischer enzyklopädischer Tradition als eine Art Auslegeordnung der spezifisch filmischen Ausdrucksmittel zur Beantwortung dieser Frage verstand, hatte er die in der Pariser Cinéphilie und Avantgarde so virulente Recherche erst eigentlich lanciert. Vielleicht lässt sich ein konkretes Engagement Moussinacs für den edukativen oder wissenschaftlichen Film nicht nachweisen (dafür wird wohl die Quellenlage zu prekär bleiben), doch ist im Zusammenhang mit Moussinacs Aktivitäten als Filmkurator ein besonderer struktureller Bezug zu dieser Art von Film zu finden. In diesen Ausstellungen (die grundsätzlich über Vorträge und Filmvorführungen hinaus auch Ausstattungsgegenstände, Plakate etc. einschließen konnten) ging es noch weniger darum, etablierte Formen oder Stile der Filmkunst auszustellen, als vielmehr darum, im Sinne dieses Bedürfnisses nach Recherche, die spezifischen Wesensmerkmale des Films zu erfassen und zur Diskussion zu stellen. Die Frage nach der Filmkunst ergab sich, ganz im Sinne der verbreiteten modernen Reflexion über die spezifischen Mittel der Kunstgattungen, dann von selbst. Interessant sind nun besonders die Umstände, unter denen der edukative und der wissenschaftliche Film Eingang in die Programme dieser frühen Kinoausstellungen fanden: So stand 1922 die Idee zu «L'Art dans le cinéma français», der Kinoausstellung im Musée Galliera, noch im Zeichen der Anwendung des edukativen Films und eines Kongresses im Pariser Conservatoire national des arts et métiers über die Kunsterziehung an französischen Akademien. Ganz im Sinne Mareys, der den bildenden Künstlern vorgeschlagen hatte, die dargestellten Bewegungen von Tier und Mensch anhand von Chronophotographien zu überprüfen,[23] galt es in diesem edukativen Kreis, den Film für dessen Fähigkeit, flüchtige Bewegungen festzuhalten und für sein pädagogisches Potenzial, diese abgebildeten Bewegungen für die zeichnerische Umsetzung zur Verfügung zu stellen, in Form einer Ausstellung zu würdigen. Das Ausstellungsprogramm entwickelte sich schließlich zwangsläufig zu einer grundsätzlichen Auseinandersetzung mit Kino, als ob das Organisationskomitee der Ausstellung einem noch kaum bestimmten, aber immanenten filmspezifischen Anspruch des edukativen, in diesem Falle bewegungsanalytischen Films gefolgt wäre, nämlich auf die sich schon abzeichnende französische Filmkunst hinzuweisen. In der Folge verpflichtete sich, wie erwähnt, niemand Geringerer als Léon Moussinac

---

23 Vgl. S. 62, insbes. Anm. 9.

zur Übernahme dieser sich aufdrängenden zusätzlichen Aufgabe, das Kino auch in seinen schon existierenden, als künstlerisch wertvoll erachteten Formen zu präsentieren. Schließlich versammelten sich 1924 im Zeichen der Filmkunst verschiedenste Vorträge und Vorführungen, die genauso das Erzählkino in seiner ganzen Breite wie auch – erstaunlicherweise, möchte man aus heutiger Perspektive sagen – den pädagogischen Film im Blick hatten.[24]

Moussinacs Vorarbeiten zum großen cinéphilen und avantgardistischen Projekt der «Recherche», von dem Dulac spricht, wurden trotz seiner pädagogischen Tendenz von der filmischen Avantgarde ernst genommen. Epstein drückte 1924/26 seine Zustimmung für Ricciotto Canudos «Idee einer kinematographischen Anthologie» aus und wies auf die Bedeutung hin, die eine Ausstellung oder eine Systematik von Filmfragmenten (Landschaften, Historienbilder, Bewegungs- und Physiognomiestudien etc.) für die Entwicklung des Films haben kann. Dank dieses Ansatzes sei es möglich, so Epstein, die «Aufmerksamkeit» weg von «der Anekdote» hin «auf den kinematographischen Stil zu richten.»[25] Dies bedeutete aber, sich nicht nur mit den Elementen und ihrem Ausdruck, sondern auch mit den syntaktischen Möglichkeiten ihrer Verbindungen oder Manipulationen zu beschäftigen. Epstein wusste dies und machte die Frage nach der Dramaturgie der kinematographischen Sprache an anderer Stelle am Beispiel des wissenschaftlichen Zeitrafferfilms klar.[26] Auf der prinzipiellen Bedeutung, die der wissenschaftliche Film für die Konzeption einer filmischen Sprache hatte, sollten aber noch andere weit mehr insistieren.[27]

24 Die anlässlich der Ausstellung «L'Art dans le cinéma français» im Musée Galliera gehaltenen Vorträge fanden zwischen Mai und Oktober 1924 statt. Folgende Vorträge seien an dieser Stelle erwähnt: «Première série» («Histoire et esthétique du cinéma»): «Photogénie et lumière» (Marcel L'Herbier, 6. Juni 1924), «Procédés expressifs du cinéma» (Germaine Dulac, 17. Juni 1924). «Deuxième série» («Le Cinéma éducateur»): «La Microcinématographie (Les Révélations de la microcinématographie et de la radiocinématographie, L'Étude de l'anatomie vivante par le cinématographe)» (Dr. Jean Comandon, 10. Oktober 1924), «Le Film documentaire (Le documentaire et l'éducation artistique populaire)» (Jean Laran, 21. Oktober 1924). (Zit. n. GAUTHIER, La Passion du Cinéma, S. 356f.).

25 EPSTEIN, L'Élement photogénique, S. 6 (zit. n. ABEL, *French Film Theory and Criticism*, S. 209). Auch in EPSTEIN, *Écrits sur le cinéma*, Bd. I, S. 145 [*Le Cinématographe vu de l'Etna* 1926]. Ebenso in GAUTHIER, *La Passion du Cinéma*, S. 73. Übers. aus dem Franz. und Engl. v. Ch. H.

26 EPSTEIN, Der Ätna, S. 51.

27 Pierre Thévenard/Guy Tassel und Virgilio Tosi bemessen in ihren Arbeiten zum wissenschaftlichen Film die Bedeutung desselben für die Geschichte des Films gleichermaßen an seinen modellhaften Ausdrucks- bzw. Sprachformen: THÉVENARD/TASSEL, *Le Cinéma Scientifique*, S. 13; «These 4» und die «Conclusions» in: TOSI, *Cinema Before Cinema*, S. XI u. 183.

Während der edukative und wissenschaftliche Film in den Kinoausstellungen eher die Rolle des ‹anderen› Films, der ‹Idee› dieser Recherche einnahm, wurde er in Vortragszyklen der Ciné-clubs als Gegenstand konkreterer Auseinandersetzung eingesetzt. Riccioto Canudo hatte 1920 den ersten Ciné-club (Club des Amis du Septième Art [C. A. S. A.]) gegründet und Jean Tedesco im Théatre du Vieux-Colombier 1924 das erste avantgardistische Studiokino, beziehungsweise die erste *salle specialisée*. Diese Treffpunkte bildeten den Anfang eines gegen Ende der 1920er-Jahre weit verzweigten Netzes avantgardistischer und cinéphiler Kinokultur in Paris – die Zahl der Sitzplätze aller Pariser *salles specialisées* erreichte Ende 1929 ein Total von mehr als 1700 –,[28] einer in den 1920er-Jahren zunehmend erfolgreichen Kinokultur also, in der sowohl der dokumentarische als auch der wissenschaftliche Film nach ihrer je eigenen Façon umarmt und zelebriert wurden: Da ist natürlich zuerst Tedescos Théatre du Vieux-Colombier zu nennen, das nicht nur als erstes Kino den Gedanken eines künstlerisch wertvollen, breit gefächerten Repertoires umsetzte, sondern dabei auch zeitweilig den wissenschaftlichen und anderen dokumentarischen Filmen in der Programmation den Vorzug gab.[29] Tedesco widmete am 26. Februar 1926 im Vieux-Colombier gar den ganzen Abend dem wissenschaftlichen Verfahren der Zeitlupe und hielt daselbst einen Vortrag mit dem Titel «Études de ralenti».[30] Er ging sogar so weit, neben Avantgardefilmen nicht nur dokumentarische,[31] sondern auch wissenschaftliche Filme in einem hauseigenen wissenschaftlichen Labor zu produzieren, darunter LA VIE INVISIBLE DU SANG (1927)[32] oder LA VIE D'UNE PLANTE À FLEURS (1929),[33] worüber man aber leider insgesamt wenig weiß. Andere Ciné-Club-Veranstaltungen wären an dieser Stelle anzuführen, die mit wissenschaftlichen Filmen, je nach Jahr und Ausrichtung des Ciné-clubs, entweder eine edukative oder eine rein visuelle, avantgardistische Ausrichtung anpeilten.[34] Schließlich

28 GAUTHIER, *La Passion du Cinéma*, S. 186.
29 MEUSY, Films de ‹non-fiction›, S. 195.
30 LEFEBVRE, De la science à l'avant-garde, S. 108.
31 Jean Tedesco zeichnet als Produzent von avantgardistischen und dokumentaristischen Filmen u. a. für VOYAGE AU CONGO (Marc Allégret, 1927), BRUMES D'AUTOMNE (als Koproduzent, Dimitri Kirsanoff, 1928), ÉTUDES SUR PARIS (André Sauvage, 1928), TOUR AU LARGE (Jean Grémillon, 1928) und LA PETITE MARCHANDE D'ALLUMETTES (Jean Renoir und Jean Tedesco, 1929) verantwortlich, bei Letzterem auch als Co-Regisseur, und für eine Zeitrafferaufnahme von blühenden Rosen.
32 LA VIE INVISIBLE DU SANG (aus dem «Laboratoire scientifique du Vieux-Colombier») und MATARAM (ein Dokumentarfilm über Java) bildeten zusammen mit FATAL MENSONGE (dramatischer Spielfilm, vor 1914) im Théatre du Vieux-Colombier vom 30. Dezember 1927 bis 5. Januar 1928 das Programm (GAUTHIER, *La Passion du Cinéma*, S. 191 f.).
33 LA VIE D'UNE PLANTE À FLEURS lief vom 24. Februar 1929 an eine Woche im Ciné-latin (GAUTHIER, *La Passion du Cinéma*, S. 210).
34 Ich erwähne nur noch folgende Vortragstitel aus der Anfangszeit des Ciné-club AAC:

sei in dieser bewusst unvollständig gehaltenen Aufzählung wissenschaftsfilmisch orientierter Clubaktivitäten noch auf die wichtige Rolle verwiesen, die Germaine Dulac selbst als Vortragende und Vertreterin ihrer eigenen «Recherche» spielte: Den wissenschaftlichen Filmen widmete Germaine Dulac wohl schon in ihrem Vortrag «Procédés expressifs du cinéma» im Musée Galliera ihre Aufmerksamkeit,[35] nachweislich aber und mit Nachdruck in ihren späteren Vorträgen.[36] Nach 1928 trug sie dabei stets die berühmte «Bohne» bei sich, ihren wahrscheinlich von ihr selbst produzierten Zeitrafferfilm über das Wachstum einer Erbse (GERMINATION D'UN HARICOT, ca. 1928), war doch kein anderer Film besser geeignet, die «visuelle Emotion», die Dulac so sehr am Herzen lag, zu demonstrieren.[37]

Rückblickend mag das hier zur Diskussion stehende cinéphile Interesse für die pädagogischen Möglichkeiten des wissenschaftlichen Films noch mehr erstaunen als dasjenige der Pariser Avantgarden für seine visuellen und sprachlichen Ausdrucksmöglichkeiten. Der dann im Kontext wie auch immer gearteter avantgardistischer Bemühungen zweifelsohne störende Widerspruch zwischen pädagogischem Korsett und avantgardis-

«Le Cinéma à l'école, Pathé» (Colette [Direktor der Volksschule an der Rue Étienne-Marcel des ersten Arrondissement und Pionier des edukativen Films, nicht zu verwechseln mit der Schriftstellerin Colette!], 27. Dezember 1921). «Le Cinéma scolaire, Pathé» (Colette, 3. April 1922). «Les Infiniment Petits (L'ÉCLOSION ET LA CROISSANCE D'UN DYPTIQUE, L'ÉCLOSION ET LA CROISSANCE D'UNE LIBELLULE, Pathé» (Dr. Comandon, 28. Oktober 1922). «Le Cinéma documentaire (UNE VISITE AU MUSÉE DU LOUVRE, LA CRISTALLISATION, Pathé» (Colette, 25. November 1922) – zit. n. GAUTHIER, *La Passion du Cinéma*, S. 347 f.

35   GAUTHIER, *La Passion du Cinéma*, S. 356.

36   Es sei an dieser Stelle lediglich Dulacs Vortrag über «Kino-Bewegung» erwähnt, den sie am Salon d'automne (der seit 1926 dem Film wieder seine Tore geöffnet hatte) hielt. In ihm zieht sie als Beispiel für «Kino-Bewegung» einen wissenschaftlichen Kristallisationsfilm herbei (Thema am 6. Dezember 1926: «cinéma-mouvement sans acteurs»; Beispiele: CRISTALLISATION [Urheber unbekannt], TRAIN SANS YEUX und RIEN QUE LES HEURES von Cavalcanti, LA FOLIE DES VAILLANTS von Germaine Dulac; Angaben in GAUTHIER, *La Passion du Cinéma*, S. 147). – Die Urheberschaft des wissenschaftlichen Films mit dem Titel CRISTALLISATION wird von Gauthier in die Nähe von Jean Painlevé gebracht. Zu Unrecht, denn Painlevé wird seinen einzigen Kristallisationsfilm TRANSITION DE PHASE DANS LES CRISTAUX LIQUIDES erst viel später drehen (Erstaufführung: 1978). Als Urheber kommt eher Dr. Comandon in Frage, der von 1926 bis 1929 in Kahns Centre de documentation de Boulogne FIGURES MYÉLINIQUES ET CRISTAUX LIQUIDES drehte (Vgl. THÉVENARD/TASSEL, *Le Cinéma Scientifique*, S. 48). Oder es handelt sich um den selben Kristallisationsfilm aus holländischer Produktion, den Gance zwei Jahre später verwenden sollte (s. a. S. 75, Anm. 44).

37   Vgl. die Erinnerungen von J.-K. Raymond-Millet an Germaine Dulac «mit ihrer Bohne» in: GRAMANN et al., *Dulac*, S. 3. Der Ausdruck «visuelle Emotion» entstammt Dulacs Aufsatz «Von der Empfindung zur Linie» (Ebd., S. 60, auch in Anhang 3). Die anlässlich der Retrospektive und des Symposiums in Frankfurt 2002 publizierte Filmografie von Dulacs Œuvre gibt zum viel zitierten Bohnenfilm folgende Angaben: «1928, GERMINATION D'UN HARICOT, Kurzfilm, nicht auffindbar» (Ebd., S. 147). Denkbar wäre es, dass Dulac diesen Film bei Tedescos Laboratoire scientifique du Vieux-Colombier in Auftrag gegeben hatte.

tischer Freiheit sollte sich dann bei Dulac, Epstein oder Clair in einer von pupillarischer Fürsorge gereinigten Rolle des wissenschaftlichen Films tendenziell auflösen und im freien Ausdruck und in der wissenschaftlichen Schärfe von Zeitlupe, Zeitraffer und Mikrokinematographie auskristallisieren. Doch grundsätzlich bleibt die hermeneutische Schwierigkeit bestehen, diese sehr unterschiedlichen Motivationen und Mentalitäten, die sich in der cinéphilen und avantgardistischen Betrachtungsweise auf den wissenschaftlichen Film miteinander kreuzten, von einander abzugrenzen. Gerade Colettes journalistische Bezugnahme auf den wissenschaftlichen Film ist, wie wir noch genauer sehen werden, kaum in der einen oder anderen Kategorie unterzubringen. Die vordergründigen Unschärfen, die sich in dieser vielfältigen Bezugnahme auf den edukativen und den wissenschaftlichen Film in und um die Ciné-Club-Veranstaltungen zeigen, verlieren aber mit Blick auf ihren gemeinsamen Hintergrund ihre Bedeutung: Genauso wie in den Kinoausstellungen ging es vor allem um eine Bestandesaufnahme der filmspezifischen Elemente und ihrer Sprache und noch nicht so sehr um die Positionierung eines bestimmten Stils. Des Weiteren steckte hinter Dulacs Begriff der «Recherche» und Moussinacs rhetorischer Frage «Qu'est-ce que le cinéma?» immer auch eine ästhetische und gleichzeitig moralische Position, die über einzelne Stilfragen hinwegsehen musste. Das wichtigere Band, das diese heterogenen Bezugnahmen zu einem gemeinsamen Anliegen einte, bildet wohl letztlich der umfassende Realismus dieser «Recherche», dieser Frage «Qu'est-ce que le cinéma?», ein Realismus, den Bazin später in *seiner* Version der Frage noch herausarbeiten sollte. In dieser Realismus-Perspektive eines gemeinsamen bedingungslosen Bezugs auf die wahrhaftige Realität mit all ihren filmisch-dokumentarischen Zeugnissen mussten diese kulturellen Unterschiede lediglich als vernachlässigbare Nuancen von Geschmacksurteilen erscheinen.[38]

Nicht nur in die Studiokinos, die an das Netz der Ciné-clubs angeschlossen waren, auch in unabhängige, kommerzieller ausgerichtete Studiokinos fand der wissenschaftliche Film Eingang: Bis zur Erfindung des Tons (und ein wenig darüber hinaus) schossen für wenige Jahre die Avantgardekinos wie Pilze aus dem Boden, ihre Betreiber boten im Entrée-Bereich kubistische oder surrealistische Ausstellungen ihrer Malerfreunde an und führten nicht selten einen Barbetrieb. Auch wenn (wie im Falle Painlevés oder Tedescos) die exklusive Produktion von wissenschaftlichen Filmen für die Verwertung im Reseau der Studiokinos die Ausnahme blieb, kam dem wissenschaftlichen Film oder einem seiner Verfahren in diesen Studiokinos eine besondere Rolle zu. Es scheint beinahe so, dass um 1928

---

38   Vgl. VIRMAUX, Documentarisme et avant-garde, S. 106.

kein Studiokino-Betreiber es sich leisten wollte, sein Kino ohne eine derartige Attraktion im Vorfilmprogramm zu eröffnen. Wie prominent und vielfältig die Spuren wissenschaftsfilmischer Präsentation in diesen Studiokinos sind, lässt sich an einem kurzen, nicht auf Vollständigkeit bedachten *tour d'horizon* durch ihre Eröffnungsprogramme erkennen:

– Le Studio des Ursulines, Eröffnung am 22. Januar 1926: *Vingt minutes au cinéma d'avant-guerre*, ENTR'ACTE (1924, René Clair und Francis Picabia), LA RUE SANS JOIE (DIE FREUDLOSE GASSE; 1925, G. W. Pabst). Unter anderen anwesend sind: André Breton, Man Ray, Fernand Léger, Henri Chomette, sein Bruder René Clair und Bildungsminister Anatole de Monzie. – Clairs ENTR'ACTE wurde, mit besonderem Augenmerk auf seine exzessiven Zeitlupensequenzen, bei dieser Eröffnung zum ersten Mal im Kontext einer Kinovorführung gezeigt. Im Unterschied zum Vieux-Colombier war dieses legendäre, bei den Surrealisten so beliebte Studiokino auf ein spezifischeres, avantgardistischeres Programm ausgerichtet. In Bezug auf die Präsentation von wissenschaftlichen Filmen stand es jedoch dem Vieux-Colombier nicht nach und hatte sich sogleich, von der Eröffnung an, auf die regelmäßige Vorstellung von Vorkriegsfilmen, darunter auch von Wochenschau- und wissenschaftlichen Filmen, spezialisiert.[39] Im Rahmen dieser Vorkriegsfilme sollten auch aquatische dokumentarische Kurzfilme wie JARDINS SOUS-MARINS oder LA VIE AU FOND DES MARES eine spezifisch aquatische Linie bestimmen, die mit L'ÉTOILE DE MER (1928, Man Ray und Robert Desnos), LA COQUILLE ET LE CLERGYMAN (1928, Germaine Dulac, nach Antonin Artaud) und schließlich mit LES OURSINS, HYAS ET STÉNO-RINQUES und LA DAPHNIE (alle 1929, Jean Painlevé) ihre avantgardistische Fortsetzung erfuhr.[40]

– Studio 28, Eröffnung am 10. Februar 1928: AUTOUR DE NAPOLÉON (1925, Abel Gance), MARINE, DANSES und GALOPS (Premiere, alle 1928, Abel Gance) und die sowjetrussische Komödie LIT ET SOFA (TRETYA MESHCHANS-KAYA, SU 1927, Abram Room). Die Kurzfilme zeigte Gance bei der Eröffnung des Studio 28 auch gemäß eines Vertrags mit Jean-Placide Mauclaire, dem Leiter des Studiokinos. Der Vertrag sicherte Mauclaire von der Eröffnung an alle experimentellen Kurzfilme zu, die Gance aus seinen Spielfilmen für die Dreifachleinwand zusammenstellte.[41] Das Material stammte für beide Kurzfilme von den Dreharbeiten an NAPOLÉON (1925), doch das Resultat war jeweils ein denkbar anderes. Während AUTOUR DE NAPOLÉON (der Funktion eines heutigen *Making of* analog) wohl in konventioneller

39   Vgl. MEUSY, Films de ‹non-fiction›, S. 196. Vgl. VIRMAUX, *Artaud/Dulac*, S. 24.
40   MEUSY, Films de ‹non-fiction›, S. 196; und HAMERY, Diss., *Jean Painlevé*, S. 76 f.
41   MEUSY, La polyvision, S. 187; und GAUTHIER, *La Passion du Cinéma*, S. 144.

Weise, das heißt in einer Einfachprojektion gezeigt wurde, erfolgte die Vorführung im Falle der drei Kurzfilme MARINE, DANCE und GALOP in Form einer experimentellen Dreifachprojektion: Mal drei identische Einstellungen seriell nebeneinander, mal die mittlere verkehrt herum projizierend, setzte Gance das Found-Footage-Material in einer dreiteiligen Montageabfolge zu einem Kaleidoskop von kinematographischer Bewegung zusammen.[42] Was wie eine einzige Montage-Spielerei anmutet, hatte auch einen analytischen Hintergrund (im Sinne der wissenschaftlichen Filme). An die Tradition Etienne-Jules Mareys anknüpfend verstanden sich diese Sequenzen auch als Bewegungsstudien des Galopps und des Tanzes. Gance ließ es sich nicht nehmen, auf diesem Weg der Avantgardisierung von bestehendem Filmmaterial für Mauclairs zweites Programm einen Film unter dem Titel CRISTALLISATION zu präsentieren, deren Teile er dem holländischen Kurzfilm AU ROYAUME DES CRISTAUX – vermutlich einem wissenschaftlichen Kristallisationsfilm! – entnahm und die er zu einem kinematographischen Triptychon neu zusammensetzte.[43]

– Studio Diamant, Eröffnung 14. Dezember 1928: LA PIEUVRE (Premiere, 1928, Jean Painlevé), PAR HABITUDE (1923, Henri Diamant-Berger) und CRISE (ABWEGE, D, 1928, G. W. Papst). Unter anderen anwesend sind: Paul Painlevé, französischer Kriegsminister und Vater von Jean Painlevé,[44] Charles Pathé, Germaine Dulac, Jean Tedesco und Jean Renoir.[45] – Nach Mauclairs Muster bemühte sich auch Diamant-Berger um die exklusive Programmation von neuen avantgardistisch-dokumentaristischen Kurzfilmen und um eine wiederum vertraglich geregelte Zusammenarbeit mit einem entsprechenden und aufstrebenden Cineasten – in diesem Fall mit Jean Painlevé. Für den Eröffnungsabend sollte der exzentrische Film über den Achtfüßler, Painlevés erster Kinofilm, dem neuen Studiokino ein Glanzlicht setzen und in der Werbung zu diesem Programm auch entspre-

---

42 Die musikalische Begleitung wurde, in mechanistischem Geiste, durch eine elektrische Pleyela, ein mechanisches Klavier, und zwei Phonographen bewerkstelligt. Dass MARINE, DANSE und GALOP Zeitlupensequenzen aufwiesen, ist sehr wahrscheinlich, muss in diesem Zusammenhang aber als Frage offen bleiben. Vgl. insbesondere die Äußerungen von Élie Faure zu dieser Aufführung in: MEUSY, La polyvision, S. 187. Vgl. auch Gauthiers Hinweis auf die Vorführung von «MARINES ET DANSES» (dort in dieser Schreibweise), der anlässlich des daselbst eröffnenden «Film-clubs» am «10. März 1928» gezeigt wurde (GAUTHIER, *La Passion du Cinéma*, S. 193).

43 Vgl. GANCE, *Un soleil dans chaque image*, S. 284 und MEUSY, La polyvision, S. 187.

44 Paul Painlevé, Vater von Jean Painlevé und renommierter Mathematiker, stellte in Frankreich vom 17. April bis zum 28. November 1925 den Premierminister und vom 19. Juli 1926 – 3. November 1929 den Kriegsminister. Im Übrigen führte Painlevés Vater 1922 am Salon d'automne (wahrscheinlich in der Funktion als Wissenschaftler) in die dritte Sitzung über das Verhältnis von Wissenschaft und Kino und den pädagogischen Film ein (GAUTHIER, *La Passion du Cinéma*, S. 73).

45 DIAMANT-BERGER, *Il était une fois le cinéma*, S. 154 f.

chend gewürdigt werden.[46] Mit Painlevé fand Diamant-Berger nicht nur die perfekte Verkörperung avantgardistisch-wissenschaftlicher Sehkultur und einen seltenen *aktuellen* Regisseur aquatischer biologischer Filme, sondern auch ein sich um Painlevé gruppierendes, aus Künstlern und Politikern zusammengesetztes, illustres Eröffnungspublikum. Umgekehrt ermöglichte die Zusammenarbeit mit Diamant-Berger Painlevé, der bis anhin nur einen streng wissenschaftlichen Film und einen dadaistischen filmischen Schwank fürs Theater sein eigen nennen konnte, den Einstieg in eine Kinoproduktion, die diesen Namen auch verdient. Nach der Eröffnung des Studio Diamant mit LA PIEUVRE folgten daselbst Premieren von weiteren aquatischen biologischen Filmen Painlevés über den Einsiedlerkrebs (LE BERNARD-L'ERMITE), den Wasserfloh (LA DAPHNIE), Seespinnen und Spinnenkrabben (HYAS ET STÉNORINQUES) und die Seeigel (LES OURSINS) [alle 1929]. Sie verschafften Painlevé sogleich einen Namen in der Pariser Kulturwelt um 1930. Das schon legendäre Studiokino bot Painlevé somit eine Plattform, die vielleicht nicht so brandaktuell, aber sicher etablierter und, in Bezug auf den dort herrschenden, surrealistisch geprägten Avantgardismus, vor allem radikaler war.[47] Andere Studio- und Quartierkinos zogen nach, und es folgten Einladungen in die Vortragszyklen cinéphiler Kreise, darunter im Januar und Februar 1930 in die Tribune libre du cinéma, den Ciné-Club Charles Légers[48] und im Sommer desselben Jahres in die Galerie d'art Manuel frères, wo Painlevé anderen vortragenden Größen der Pariser Filmwelt wie Louis Lumière, Émile Vuillermoz und Jean Cocteau auf Augenhöhe begegnen konnte.[49]

– Cinéma des Miracles, Eröffnung 23. Dezember 1930: CAPRELLES ET PANTOPODES (Premiere, 1930, Jean Painlevé), DISQUE 957 (1929, Germaine Dulac) und HALLELUJAH (1929, King Vidor). Auch hier sorgt die Premiere des neusten aquatischen Kurzfilms Painlevés, eines Films über Gespensterkrebse und Asselspinnen, für eine an einer Avantgardekino-Eröffnung gewünschte Attraktion, mit dem Unterschied, dass das von Léon Bailby

---

46   MEUSY, Films de ‹non-fiction›, S. 197.

47   Vgl. HAMERY, Diss., *Jean Painlevé*, S. 75 f.

48   Hamery erwähnt nur die Februarveranstaltung (HAMERY, Diss., *Jean Painlevé*, S. 78 [nach den Angaben in: Maurice Bessy: «Ciné-clubs et écrans d'avant-garde», in: *Cinémagazine*, Nr. 3, März 1930, S. 77]). Auf eine vorgängige Veranstaltung im Januar gleichen Jahres verweist folgende Passage: «La prochaine soirée de la Tribune Libre du Cinéma, qui aura lieu le 22 janvier, promet d'être particulièrement brillante. En effet, on y donnera, de M. Jean Painlevé, qui sera présenté par M. Carlos Larronde et parlera lui-même de ses films, un inédit [CRABES ET CREVETTES, Ch. H.] et LE BERNARD L'ERMITE» (LESDOCS [Anonym: «À la tribune libre du cinéma», in: *Semaine à Paris*, 17. Januar 1930, o. S.]). Charles Légers Einladung an Painlevé zeigt auch, dass die Tribune libre nicht nur auf Fiktion setzte, wie Gauthier behauptet (GAUTHIER, *La Passion du Cinéma*, S. 192).

49   HAMERY, Diss., *Jean Painlevé*, S. 78.

eröffnete und geleitete Studiokino mit einer Tonanlage aufwarten konnte, und Painlevés neuer Film, zum ersten Mal in seinem Œuvre, mit einer Tonspur. Interessanterweise war es mit Bailby der Direktor des konservativen Pariser Abendblattes *L'Intransigeant*, der das avantgardistische Konzept des *documentaire* und das ältere Konzept des *cinéma d'actualité* miteinander kombinieren und in die neu angebrochene Tonzeit hinübertragen wollte. In den Augen der wöchentlich erscheinenden Kinozeitschrift *Pour Vous*, war ein derartiges Kino «die unentbehrliche Ergänzung einer großen informativen Tageszeitung».[50] Die Einführung des Tons sollte nicht nur, wie hier, die Idee, Avantgardismus in investigativen Bild-Journalismus überzuführen, vorwegnehmen, sondern auch Painlevé zu einer etwas überstürzten Vertonung verleiten. Die Musik, vom Pariser Symphonieorchester unter der Leitung von Maurice Jaubert einstudiert, wirkt mit ihren Scarlatti-Suiten über den Zwischentiteln heute eher unbeholfen und alles andere als avantgardistisch. Die Vertreter der Pariser Avantgarde blieben aber auch in diesem Fall der Eröffnung nicht fern, versprach der Abend doch nicht nur avantgardistisches Flair und Filmpremieren, sondern auch ein Programm ganz im Zeichen modernen Lebensgefühls, modernen Tanzes und ihrer kinematographischen Interpretationen. *Pour Vous* kündigte zur Eröffnung des Cinéma des Miracles mit Painlevés PANTOPODES und mit King Vidors Sozialdrama HALLELUYA nicht nur unglaublich versierte Unterwassertänzer und den ersten vertonten Tanzfilm überhaupt an, sondern mit den Auftritten von Gab Sorrère, Schülerin von Loïe Fuller und Nina Mae Mac Kenney, dem tanzenden und singenden Star in HALLELUYA, auch Live-Darbietungen, die ganz im Zeichen des Tanzes standen.[51] Gegenüber *L'Intransigeant*, demselben Abendblatt, das dieses Studiokino lanciert hatte, äußerten sich nach der Vorstellung Chagall, Fernand Léger und Kollegen überschwänglich:

> Die PANTOPODEN von Jean Painlevé sind für ihn [Fernand Léger, Ch. H.] das schönste Ballet, das er gesehen hat. [...] Mit Chagall begegnen wir einer anderen Meinung. Der Film von Jean Painlevé ist für ihn eine veritable Bilderquelle für Künstler. Die Arbeit ist vorzüglich und beinhaltet, wie er sagt, kein «Chichi». Er bewundert den Dokumentarfilm, und inbesondere dieser hier ist wahrhaftigste Kunst. [...] Zwei Bildhauer geben ihre Meinung ab. Für Laurens ist der Dokumentarfilm von Jean Painlevé von einem unerreichten plastischen Reichtum. Für Lipchitz beinhaltet der Dokumentarfilm von Jean

---

50 Anonym: «Un nouveau cinéma ouvre ses portes, le 23 décembre, à Paris – Ce qu'on pourra voir aux ‹Miracles›», in: *Pour Vous*, 18.12.1930, o. S. (LESDOCS [Painlevé-Archiv]). Übers. aus dem Franz. v. Ch. H.
51 Ebd., o. S.

Painlevé eine erstaunliche Öffnung auf die Wirklichkeit. Und in den Panto-
poden hat er schönere Resultate gefunden als diejenigen, die man der reinen
Erfindung verdanken würde.[52]

Angesichts dieses außergewöhnlich lebendigen Marktes für den *documentaire d'avant-garde*[53] und der Verve, mit der sich Painlevé in die Produktion
seiner ersten populärwissenschaftlichen aquatischen Kurzfilme stürzte,
schien um 1928, auf dem Höhepunkt avantgardistisch-dokumentaristi-
scher Produktion,[54] der populärwissenschaftliche Kurzfilm in den Vor-
filmprogrammen einer glänzenden Zukunft entgegenzusteuern.[55] Dieser
Eindruck täuschte, wie wir heute wissen. Painlevé würde als Cinéast nach
dem zweiten Weltkrieg zeitweise auch einen steinigen Weg gehen müssen.
Um 1928 aber fasste er seinen Entschluss, populärwissenschaftliche Filme
zu drehen, in einem Klima glamourösen avantgardistischen Eifers, in dem
die aus dem Boden schiessenden *studios spécialisés* mit derartigen Filmen
nicht nur die verschworenen avantgardistischen Kinogemeinden bedien-
ten, sondern durchaus auch Geld verdienten. Entsprechend strahlend waren die Reaktionen auf seine ersten, den Geist der Avantgarde atmenden,
biologischen Filme in der damaligen Presse, entsprechend klangvoll waren Formulierungen wie «der Sohn des Kriegministers …», «Eröffnung des
Studiokinos …» oder «Avantgarde».

52 Les deux aveugles [Name der Autorenschaft, Ch. H.]: «Miracles», in: *L'Intransigeant*,
    23.12.1930; zit. nach HAMERY, Diss., *Jean Painlevé*, S. 105. Übers. aus dem Franz. v.
    Ch. H.
53 Diesen Begriff entnehme ich dem Titel des Kapitels «Documentaires d'avant-garde et
    films de montage», in: BRUNIUS, *En marge*, S. 75. Darin hebt Brunius auch die Bedeu-
    tung des wissenschaftlichen Films für die Avantgarde hervor (S. 75 f.).
54 Hamery verweist auf den Vorschlag von Jean-Pierre Jeancolas, die avantgardistisch-
    dokumentaristische Tendenz zum Ende des Jahrzehnts *Nouvelle Vague Documentaire
    de 1928* (*N.V.D. 28*) zu taufen und sie so als ein 1928 kulminierendes Phänomen he-
    rauszustreichen. Das Korpus, das Jeancolas dabei angibt, umfasst: die Serie der Études
    sur Paris (1928, André Sauvage), Autour de l'argent (1928, Jean Dréville), La Zone
    (1928, Georges Lacombe), 24 heures en vingt minutes (1928, Jean Lods), Champs
    Élysées (1929, Jean Lods), Nogent, Eldorado du dimanche (1929, Marcel Carné), La
    Marche des machines (1929, Eugène Deslaw), La Nuit électrique (1929, Eugène De-
    slaw), Montparnasse (1931, Eugène Deslaw), À propos de Nice (1930, Jean Vigo), u. a.
    (JEANCOLAS, N.V.D. 28, S. 20; zit. nach HAMERY, Diss., *Jean Painlevé*, S. 67).
55 Aussagen Painlevés darüber, wie er als aufstrebender Cineast um 1928 selbst die
    avantgardistische Szene und seine Rolle in ihr beurteilte, wären hilfreich, sie sind je-
    doch praktisch inexistent. Die wenigen Aussagen, die es gibt, haben eher illustrativen
    Charakter: Es ist von einem Interesse für die technischen Finessen wissenschaftsfilmi-
    scher Verfahren und der Faszination für die Mareysche Bildkultur der Bewegung die
    Rede (vgl. HAMERY, Diss., *Jean Painlevé*, S. 35–42 u. S. 62). In einem späten Interview
    in *L'Éducation* (Nr. 345, 23.02.1978) sagt Painlevé zur ursprünglichen Motivation, wis-
    senschaftliche Filme zu drehen: «Ce n'était ni la science, ni le cinéma seuls. C'était la
    beauté, l'étrangeté, la dynamique, le côté surréaliste. […] Mon souci était quand même
    scientifique, je voulais découvrir des choses que personne n'avait vues» (Zit. n. HAME-
    RY, Diss., *Jean Painlevé*, S. 65).

Die vertraglich bestimmte Abnahmegarantie war für Painlevé eine wichtige Voraussetzung für die Produktion seiner Filme. Denn, man vergesse nicht, mit der Krise der wissenschaftsfilmischen Abteilung bei Pathé und der Entlassung ihres Leiters Dr. Comandon war die auf verschiedenste Abnehmer ausgerichtete populärwissenschaftliche Filmproduktion in Frankreich im Verlaufe der 1920er-Jahre insgesamt zusammengebrochen und hatte sich in die Ecke des Schulfilms zurückgezogen. Painlevé musste, genauso wie Tedesco, die nachgefragten populärwissenschaftlichen Filme schon selbst produzieren. Der Markt für diese Filme war also, trotz ihres sie kurzzeitig umgebenden Glanzes, insgesamt doch eher klein. Für mindestens fünf Jahre aber prägten sie gegen Ende des Jahrzehnts in signifikanter Weise die Programmation der Studiokinos. Schon in dieser schlichten Beschreibung der cinéphilen oder avantgardistischen Kinoeröffnungen, die sich mit wissenschaftlichen Filmen ereigneten, ist das Fluidum spürbar, in dem das avantgardistische filmische Experiment und die Neuauflage der attraktionistischen Sehlust auch schon mal *tout Paris* zusammenbringen konnten.

Wie fließend und subtil die Übergänge dieser populärwissenschaftlichen Ereignisse zwischen Attraktion und Avantgarde, zwischen den 1910er- und 1920er-Jahren, ja zwischen Fiktion und Dokumentation sein konnten, ist vielleicht am besten an Murnaus NOSFERATU (D, 1922) ersichtlich, der in der Woche vom 24. Februar 1929 im Ciné-latin (Leitung: José-Miguel Duran), einem der zahlreichen Avangardekinos des Quartier Latin, gespielt wurde: Der schon erwähnte Zeitrafferfilm LA VIE D'UNE PLANTE À FLEURS aus Tedescos Produktion leitete mit seinem packenden Ausdruck von vegetabilem Aufblühen und Vergehen in diesen Abend ein, der mit dem später startenden Hauptfilm NOSFÉRATU, LE VAMPIRE noch ein größeres, schockierenderes Kapitel zur Schau gestellter biologischer Vergänglichkeit bereithalten würde. Dieser schon damals legendäre und von den Surrealisten so verehrte Vampirfilm Murnaus (Pariser Erstauff.: 1922)[56] wartete mit Einschlüssen wissenschaftlicher Filmsequenzen aus dem Leben der lockenden und verdauenden Venusfliegenfalle und des lähmenden und saugenden Süßwasserpolypen auf (Abb. 6), mit kompilierten Sequenzen aus vorgängigen, heute unbekannten wissenschaftsfilmischen Produktionen also, die, in diesem von der Pariser Avantgarde so gefeierten Film einmontiert, eine

---

56 Die Erstaufführung der ersten französischen Fassung von NOSFÉRATU LE VAMPIRE (Verleih: Cosmograph) fand im Pariser Ciné-Opéra vom 16. bis zum 22. November 1922 statt; eine Aufführung der zweiten französischen Fassung mit dem gleichen Titel im besagten Ciné-latin in der Woche vom 24. Februar 1929 an (BOUVIER/LEUTRAT, *Nosfératu*, S. 252 f., 256 u. 272).

6 Süsswasserpolyp, Kompilation aus einer populärwissenschaftlichen Kulturfilmproduktion, einmontiert in NOSFERATU. EINE SYMPHONIE DES GRAUENS (D 1922, Regie: F. W. Murnau)

Brücke schlugen zwischen den 1910er- und 1920er-Jahren.[57] Die subtile Einbettung populärwissenschaftlicher Sequenzen hatte nicht nur die Aufgabe, den Zuschauer auf die drohende Phagozytose, das Zubeissen des Vampirs, vorzubereiten. Mit diesen kleinen Perlen natürlicher Grausamkeit konnte Murnau auch eine kleine Huldigung an die Produktion der sogenannten Kulturfilme und ihre ‹amoralischen› Einsichten platzieren.[58] Jahre später sollte Painlevé umgekehrt eine Spielfilmsequenz aus NOSFERATU in LE VAMPIRE (1945), seinen Film über die blutleckende südamerikanische Fledermaus, einarbeiten. Bis zuletzt, wenn auch in einem bescheideneren, eher privaten Rahmen, behielt Painlevé seinen in den 1920er-Jahren entwickelten unerbittlichen Avantgardismus bei. Dass er trotzdem schon 1930, auf dem Höhepunkt des avantgardistischen Strohfeuers, das Institut du cinéma scientifique (ICS) gründete, ist vielleicht seinem pragmatischen Wesen zu verdanken und einer weisen Vorahnung der Schwierigkeiten, die auf den populärwissenschaftlichen Film und auf seine Laufbahn als Cineast zukommen würden.[59] Um 1930 waren mit der Einführung des Tons auch für den wissenschaftlichen Film die großen Jahre der avantgardistischen visuellen «Recherche» gezählt – Jahre, die Jacques-Bernard Brunius vielleicht am treffendsten zusammenfasste:

Der Dokumentarfilm schickte sich damals an, die Schönheit der Welt und sein Grauen zu entdecken, die Wunder des banalsten Objekts, wenn es denn ins Unermessliche vergrößert wird, das Fantastische im Spektakel der Strasse oder der Natur. Eigentlich hatten bestimmte Vorläufer schon all diese Möglichkeiten vorausgeahnt: Etienne-Jules Marey, ab 1882, und seine Schüler: Lucien Bull, Dr. Comandon, die seine Arbeit fortgesetzt hatten. Aber sie machten wissenschaftliches Kino, womit sich niemand beschäftigte, und ihre Arbeiten wurden dem Publikum eigentlich nur durch die Vorführungen im Vieux-Colombier gegen 1924 offenbart. Zweifellos ist es der Entdeckung des Platzens

57   Vgl. LEFEBVRE, Nosferatu, S. 61–77.
58   Vgl. meine Ausführungen zur *curiositas* auf S. 45 f.
59   Zur Gründung des ICS vgl. BELLOWS / MCDOUGALL / BERG, *Jean Painlevé*, S. 35; und HAMERY, Diss., *Jean Painlevé*, S. 116 f.

der Seifenblase, der Gewehrkugel, die ein Brett durchdringt, des Libellenflugs und des vegetabilen Keimens und Wachsens in Zeitraffer zu verdanken, dass die Avantgarde sich dem Dokumentarfilm zuwandte. Der junge Biologe Jean Painlevé, 1924 noch angezogen vom Surrealismus, orientierte sich schließlich in Richtung des wissenschaftlichen Films, der ihm erlauben sollte, sich vollumfänglich auszudrücken.[60]

2.4 Dokumentarismus und Avantgarde

Wenn ich feststellte, dass der wissenschaftliche Film in einer avantgardistischen Perspektive gerne als *documentaire* oder gar als *film d'avantgarde* bezeichnet wurde und ihm später in derselben Perspektive auch sein historischer Platz unter der Kategorie «Avantgardefilm» oder «Cinéma pur» zugewiesen wurde, hatte ich zunächst die Avantgardisierung des wissenschaftlichen Films lediglich auf begrifflicher Ebene gesichtet. Die historischen Fakten über Veranstaltungsorte und Themen dieses Diskurses, die ich hier zuletzt zusammengestellt habe, mögen die Intentionen, die damals im Spiel waren, noch ein wenig verdeutlicht haben. Allein, über das theoretische Verhältnis zwischen Wissenschafts- und Avantgardefilm, das den Diskurs des avantgardisierten Wissenschaftsfilm prägte, ist damit noch wenig ausgesagt. Nur die von Germaine Dulac in «Le Cinéma d'avant-garde» festgehaltene vierte Leitlinie avantgardistischen Filmschaffens, «die Filmhandlung muss ‹Leben› sein» (natürliches und traumhaftes Leben, wie die fünfte Leitlinie klarmacht), wies uns die Richtung zu den tieferen Ursachen dieser gemeinsamen Absichten.[61] Mehr Anhaltspunkte dazu haben Alain und Odette Virmaux gesammelt:

> Der Dokumentarismus bildet kein anderes Feld, kein anderes Territorium als die Avantgarde; er ist, in bestimmter Weise, ihre Fortsetzung. Man erinnert sich, wie der 1951 von der Zeitschrift *L'Âge du cinéma* gegründete Verband [die Fédération internationale du Documentaire expérimental et du Film d'Avantgarde, Ch. H.] die Filme der Avantgarde und den «experimentellen Dokumentarfilm» zu neuen Bezugsgruppen zusammenstellte. Nach einem Film des «Cinéma-pur» einen Dokumentarfilm zu realisieren bedeutete also nicht, einem Ideal abzuschwören oder sich, wenn es an Mäzenen vom Kaliber der Noailles mangelt, auf weniger hochfliegende Ambitionen einzulassen; dies bedeutete, den gleichen Kampf auf einem benachbarten Terrain zu führen. Seit 1921 verlassen abstrakte Maler ihre Ateliers, um auf die Strasse zu

---

60 BRUNIUS, *En marge*, S. 75 f. Übers. aus dem Franz. v. Ch. H.
61 DULAC, Das Kino der Avantgarde, S. 76.

treten und eine Alltagsrealität zu erfassen, die sie mit ihrer Konzeption der Kadrierung und der Montage umwandeln.[62]

Das thematische Feld der Wahlverwandtschaft von Dokumentar- und Avantgardefilm konstatieren die Autoren in der gemeinsamen Verherrlichung der Maschine und des Modernismus, in einer gemeinsamen sozialen Militanz und schließlich in einer gemeinsamen Poesie, die zwischen einem antizipierten «poetischen Realismus» und einem «surrealistischen Onirismus» oszilliert.[63] Um diese Wahlverwandtschaft zu *verstehen*, kommt man aber nicht umhin, über die Feststellung gemeinsamer Themen hinaus den Gedanken zu einem *explanans* der gemeinsamen theoretischen Intentionen weiterzuspinnen.[64] Zwar spricht es das Filmhistorikerpaar an, wenn es auf die quasi-dokumentarische Tendenz abstrakter Künstler, «ab 1921»[65] auf die Strasse zu gehen und die dort vorgefundene Alltagsrealität mit dem Prinzip der Kadrierung und der Montage in ihre Kunst einzubinden, anspielt, es hält aber dort inne und geht diesem Erklärungsansatz nicht weiter nach.

Während Alain und Odette Virmaux vor allem thematische Gemeinsamkeiten ausmachen, stellt Bill Nichols in seiner Dokumentarfilmtheorie bei beiden experimentellen Genres der 1920er-Jahre formale Gemeinsamkeiten fest, die uns der gewünschten intrinsischen Bedeutung dieser Wahlverwandtschaft schon näher bringen. Seit seinem Buch *Representing Reality* (1994) ist Nichols darum bemüht, eine historische Abfolge von dokumentarischen Repräsentationsmodi zu konstruieren. In *Introduction to Documentary* (2001) erweitert er diese Abfolge mit Verweis auf den avantgardistischen Dokumentarismus um den «poetischen» Modus:

> Wie wir […] gesehen haben, teilt der poetische Dokumentarfilm ein gemeinsames Terrain mit der modernistischen Avantgarde. Der poetische Modus

62 VIRMAUX, Documentarisme et avant-garde, S. 105. Übers. aus dem Franz. v. Ch. H.
63 Ebd., S. 105 f.
64 Mit dem Begriff *explanans* und meinem mit ihm verbundenen methodischen Ansatz stütze ich mich auf Vorarbeiten in der kunstgeschichtlichen Forschung von Heinrich Wölfflin und Michael Baxandall. Wölfflin drückte sich in «Das Erklären von Kunstwerken» so aus: «Gewiss, es ist auch eine Genugtuung, von hohem Berge aus eine Gegend überblicken zu können, zu sehen, wie die Höhen und Täler geformt sind, welchen Lauf die Gewässer nehmen, wie sie in ein Becken zum See sich stauen usw., aber die Erklärung, warum das so geworden ist, kann doch nur der Geologe geben. So ist in der Kunstgeschichte mit einer noch so vollständigen Beschreibung des Tatbestandes und der Zusammenhänge des Neben- und Nacheinander noch keine Erklärung in tieferem Sinne erbracht, keine Antwort auf die Frage, warum das nun alles so gekommen ist» (WÖLFFLIN, Das Erklären von Kunstwerken, S. 169 f.; zit. n. Oskar Bätschmanns Einleitung in: BAXANDALL, *Ursachen der Bilder*, S. 11).
65 Diese Datierung ist insofern zweifelhaft, als Picasso mit *Nature morte à la chaise cannée* (1912) die erste Collage von Wirklichkeitsfragmenten in einem Kunstwerk (und die erste Collage überhaupt) anfertigte (Collage aus Ölfarbe, Wachstuch und Papier auf Leinwand, eingefasst mit einem Seil, 27 x 35 cm, Musée Picasso Paris).

opfert die Konventionen des Continuity editing und den Sinn für eine daraus folgende, sehr spezifische Verankerung in Zeit und Ort, um Assoziationen und Muster zu entdecken, die von zeitlichen Rhythmen und räumlichen Kombinationen veranlasst werden. Soziale Akteure haben selten die lebendige Form von Charakteren mit psychologischer Komplexität und einer klaren Sicht auf die Welt. Eher funktionieren Menschen typischerweise wie andere Objekte als Rohmaterial, das Filmemacher im Rahmen von Assoziationen und bestimmten Mustern auswählen und arrangieren.[66]

Auch das Ehepaar Virmaux verweist in seinem historisienden Ansatz indirekt auf einen solchen poetischen Modus der dokumentarischen Repräsentation, indem sie, wie schon erwähnt, von einer kaum näher beschriebenen Poetik des Ausdrucks, des vorweggenommenen «poetischen Realismus» einerseits und des surrealistischen «Onirismus» andererseits sprechen.[67] Nach ihnen gipfelte dieser Diskurs Ende 1951 in der bemerkenswerten Gründung der Fédération internationale du Documentaire expérimental et du Film d'Avantgarde, in einem Ereignis, das im damaligen provisorischen Sitz der Cinémathèque française stattfand und dem als Mitglieder des Gründungskomitees so unterschiedliche Persönlichkeiten wie Ivens, Painlevé, Man Ray, Paul Strand, Prévert, Cousteau, Resnais, Fernand Léger, Buñuel, Grémillon und andere beiwohnten.[68] Im Gegensatz zu den französischen Filmhistorikern aber hinterfragt Nichols gemäß seines gänzlich anderen, theoretischen Ansatzes dieses «poetische» Erscheinungsbild vor allem in formaler Hinsicht. Die «poetischen» Muster und Assoziationen, die diesen Modus prägen, beruhen nach Nichols tendenziell auf der Methode der «Fragmentierung» und ihrer «Mehrdeutigkeit».[69] Sie eröffnen, so Nichols weiter, im Vergleich zum «direkten Transfer von Information» «die Möglichkeit von alternativen Formen des Wissens».[70] Tatsächlich lässt sich in dieser Weise nicht nur der Stil eines avantgardisierten dokumentarischen Films wie À PROPOS DE NICE (1929, Jean Vigo) besser verstehen, sondern auch die Avantgardisierung einer mikrokinematographischen Einstellung, wenn man feststellt, dass sich hier die vielbesungene Großaufnahme in einer besonders mehrdeutigen Form der «Fragmentierung» präsentiert; und tatsächlich hat uns Painlevé auch einen Aufsatz über diese avantgardistische Lesart mikrokinematographischer Fragmentierung hinterlassen.[71]

66   NICHOLS, *Introduction to documentary*, S. 102. Übers. aus dem Engl. v. Ch. H.
67   VIRMAUX, Documentarisme et avant-garde, S. 106.
68   Ebd., S. 104.
69   NICHOLS, *Introduction to documentary*, S. 104.
70   Ebd., S. 103.
71   Im Aufsatz «À propos d'un ‹nouveau réalisme› chez Fernand Léger» vergleicht Painle-

Mit Nichols Postulat, der «poetische Modus» des avantgardistischen Dokumentarfilms führe «die Möglichkeit von alternativen Formen des Wissens» vor, sind wir den tieferen Intentionen, die sich hinter dieser Wahlverwandtschaft verbergen, schon nahe gekommen. Man müsste nur noch den rigorosen Willen dieser filmischen Avantgarde unterstreichen, die Realität wirklich auch zu fassen, die sich hinter diesen «alternativen Formen des Wissens» verbirgt, eine Realität, die ‹wahrhaftiger› ist als die alltägliche, ungefilterte. Bevor ich auf diese ‹hintergründige Realität› in den nächsten Kapiteln eingehe, muss es an dieser Stelle genügen, auf den Beginn der 1920er-Jahre zu verweisen, die nach der desillusionierenden Erfahrung des ersten Weltkriegs auch gekennzeichnet waren von einer grundlegenden Diskrepanz zwischen dem künstlerischen Ausdruck konventioneller Filmunterhaltung und der Wahrnehmung der tatsächlichen und sichtbaren Realität. Die Aufdeckungsqualitäten, die der Dokumentarfilm und insbesondere der wissenschaftliche Film bot, mussten gerade in avantgardistischen Kreisen als die geeignete Medizin erscheinen, diese Diskrepanz zu überwinden. Im Bereich des sich um 1920 formierenden Filmkunst-Diskurses bedeutete dies die Abwendung von narrativen Darstellungen von Welt, hin zu einer radikal neuen, filmspezifischen Form ihrer Abbildung und, gegebenenfalls, ihrer Umformung. Da ist nicht nur eine experimentelle Suche nach «alternativen Formen des Wissens» zu verzeichnen, sondern ebenso ein eminentes Interesse an der Wirklichkeit selbst, an der Aufdeckung dieser Wirklichkeit und ein quasi revolutionäres Bedürfnis nach *tabula rasa* mit alten Formen der Realitätsklitterung. In diesen frühen avantgardistischen Regungen übernahm der dokumentarische (insbesondere der wissenschaftliche) Film mit all seinen fiktionalen Färbungen seine Rolle als *Dokument* dieser ‹wirklichen›, manchmal hintergründigen Realität *expressis verbis*. Allein schon durch seine aufdeckenden und formal vielfältigen Eigenschaften der kinematographischen Abbildung erlangte der Dokumentarfilm Gewicht. Mit ihnen sah der junge René Clair wie viele andere die Weichen für den zukünftigen Film gestellt, als er 1923 schrieb: «Die Dokumentarfilme bereiten vielleicht die Ankunft dieses reinen Films vor, der alleine durch die Bilder existieren wird und den keine andere Kunst bevormunden wird.»[72] In dieser frühen Phase der Theorien der Photogénie und des Cinéma pur und der wildesten Hoffnungen auf eine zukünftige Filmkunst, die sich in der Idee einer experimentellen, ikonoklastischen Schule des Neusehenlernens ausdrückten,

---

vé 1940 mikrokinematographische Phänomene der Fragmentierung mit dem fragmentierten Objekt Fernand Légers (vgl. PAINLEVÉ, Fernand Léger).

72 CLAIR, *Cinéma d'hier, cinéma d'aujourd'hui*; zit. n. MEUSY, Films de ‹non-fiction›, S. 197. Übers. aus dem Franz. v. Ch. H.

gehörte, wie Clair sich später erinnert, dem dokumentarischen Film die erste Lektion:

> Ich wollte prächtige Wilde aus euch machen. Vor der zunächst blanken Leinwand würdet ihr euch an Elementarvisionen ergötzen: ein Blatt, eine Hand, Wasser, ein Ohr. Danach: ein Baum, ein Fluss, Körper, Gesichter. Dann: Wind in den Blättern, ein gehender Mensch, ein Flusslauf, einfache Physiognomien. Im zweiten Jahr gäbe ich euch visuelle Rätsel auf. Ihr lerntet die Rudimente einer vorläufigen Syntax und würdet den Sinn gewisser Bildfolgen erraten, wie Kinder oder Ausländer allmählich dahinter kommen, was Töne, die sie hören, bedeuten. Ein paar Jahre später – oder auch nach Umschulung mehrerer Generationen, ich bin kein Hellseher – würden die Regeln der visuellen Konvention, die ebenso zweckmäßig und nicht anstrengender ist als die des Wortes, respektiert werden.[73]

Jene Hoffnungen, auf die Clair in diesem Buch auch selbstironisch zurückblickt, würden sich freilich nicht vollumfänglich erfüllen, sondern nur in der avantgardistischen und dokumentaristischen Filmkunst der 1920er- und 1930er-Jahre eine kürze Blüte erfahren (an deren Produktion er sich 1924 sogleich beteiligt), doch die Ingredienzen und die Stoßrichtung der ersten Lektion dieses neuen Sehens, das an die ‹primitive› Seherfahrung der frühen Filme anknüpfte, waren klar: Es waren die filmspezifischen Techniken, ihre Möglichkeiten der Analyse und der Synthese sowie ihre neuen realistischen Ausdrucksformen, die die Mittel für das avantgardistische Experiment – oder wie Dulac sich ausdrückte, für die avantgardistische «Recherche» – bilden sollten. «Indem man Barbarei und Unlogik beschwor, hoffte man vielleicht doch insgeheim, Gesetze einer immanenten Logik und eine neue Ordnung zu entdecken», heißt es bei Clair.[74] Der Wirklichkeit selbst aber und den mit ihr verbündeten spezifischen kinematographischen Ausdrucksformen sollte in jedem Fall zu ihrem (anti-) künstlerischen Recht verholfen werden, und zwar, wie Clair betont, in einer «oppositionellen und neuartigen» Weise, was damals soviel hieß wie, in einer unkommerziellen, der unkinematographischen Realitätsklitterung aus der Welt des Theaters spottenden Weise. Daraus ergab sich die Aufgabe – die in mancherlei Hinsicht an das ähnlich gelagerte und gleichzeitige Programm des «Neuen Sehens» in Deutschland erinnert[75] –, sich von «all dem Ballast verflossener Literatur, all den Kunstnarkotika», mit denen man sich seit der «Kindheit vollgepfropft» hat, freizumachen, um die «Welt und

---

73   CLAIR, *Vom Stummfilm zum Tonfilm*, S. 15.
74   Ebd., S. 21.
75   Vgl. SAHLI, *Filmische Sinneserweiterung*, S. 74–79 (Kap. «Das wahre Sehen und das Wahre sehen»).

das Kunstwerk mit individuellen Augen [neu, Ch.H.] zu sehen».[76] Diese Aufgabe konnten der Dokumentarfilm und der Avantgardefilm im Rahmen einer neu entstehenden Kurzfilmproduktion in gleichem Mass erfüllen. Nach der eigentümlichen Transformation der bewegten Wirklichkeit in kinematographisches «Leben» (Dulac) stand der nach Photogénie und Cinéma pur suchenden «Generation 1923» (Clair) zuerst der Sinn, und es war nur noch eine Frage der Zeit bis von dieser gleichen Generation, nach Aufbau eines alternativen Produktions- und Distributionsnetzes (alternative Finanzierungen, *ciné-clubs, salles specialisées*), dann auch entsprechende Filme zur Aufführung gebracht wurden.

«Modernismus», «soziale Militanz», «Poesie», die gemeinsamen Themen, die Alain und Odette Virmaux zur Erklärung des Verhältnisses von Dokumentar- und Avantgardefilm herbeiziehen, und die künstlerische Strategie von Fragmentierung und ihrer Mehrdeutigkeit, die Bill Nichols zur Fassung des «poetischen» Modus aufführt, erfahren nur vor dem Hintergrund dieser unermüdlichen Erforschung bewegter Wirklichkeit und ihrer kinematographischen Transformation in «Leben» (Dulac) ihren eigentlichen Sinn, ihre «Erklärung»; oder, negativ ausgedrückt: nur vor dem Hintergrund einer rigorosen Abgrenzung von narrativen Formen der Repräsentation. Nur so lässt sich die von Bardèche und Brasillach in *Histoire du cinéma* (1935) vorgenommene Einordnung des wissenschaftlichen Films unter das Kapitel «Avant-garde» auch wirklich verstehen, denn es waren die Verfahren des wissenschaftlichen Films, die wie keine anderen den avantgardistischen Blick auf eine bewegte Wirklichkeit zu erweitern vermochten.[77]

2.5 DADA: Vorhang auf für die Zeitlupe!

Derselbe Clair, der 1923 theoretisch mit dem «reinen Film» der Zukunft den Dokumentarfilm assoziierte, drehte gleichzeitig in der Praxis PARIS QUI DORT, eine vergnügliche fiktionale Fantasie über einen Wissenschaftler, der das Pariser Leben wie eine Filmrolle stoppen kann, und im nächsten Jahr ENTR'ACTE, die legendäre dadaistische Attacke, die in einem Pariser Theater zum ersten Mal am 4. Dezember auf den Zuschauer abgefeuert wurde. Er drehte in jener Zeit also keine Dokumentarfilme nach dem Beispiel von NANOUK L'ESQUIMAU[78], wie man aufgrund seiner theoretischen Aussagen vielleicht zunächst erwarten würde, sondern dadaistische Filme, die mit

76 CLAIR, *Vom Stummfilm zum Tonfilm*, S. 15.
77 Vgl. BARDÈCHE/BRASILLACH, *Histoire du Cinéma*, S. 249 f.
78 Der sehr erfolgreiche Dokumentarfilm von Robert J. Flaherty und erste abendfüllende

den filmischen Verfahren und den Erwartungshaltungen der Zuschauer spielten. Damit ließ sich Clair in der Praxis nicht nur von einer Kunst-
strömung leiten, die in der Pariser Avantgarde 1923 *en vogue* war, sondern
auch von seinem theoretischen Anliegen, das zunächst auf die falschen Gewohnheiten des Publikums, einen Film zu ‹lesen›, zielt. Jenseits üblicher
Erzählformen und Darstellungsweisen sollte «das ganze Publikum» in «die
Schule», in eine Art Anti-Schule, oder, wie Clair sich ausdrückt, «in eine
regelrechte ‹Leer›-Anstalt» des Vergessens geschickt werden. «Ich wollte
prächtige Wilde aus euch machen» hieß es an dieser Stelle das damalige
Publikum ansprechend ja auch, und es waren «Wilde» gemeint, die, von
diesen Gewohnheiten befreit, auch wirklich bereit gewesen wären für die
Erfahrungen, die der Film – und nur der Film mit seiner bewegten kinematographischen Wirklichkeit – bereithält.[79] In der Praxis bedeutete dies,
mit DADA und filmspezifischen Verfahren diese falschen Gewohnheiten
performativ zu ‹bearbeiten› oder gar in einer visuellen Schockbehandlung
auszulöschen.

Die «Leerstunde» des an sich zweiteiligen ENTR'ACTE, die sich notabene nicht in einem Kinosaal abspielte, sondern im Théâtre des Champs-Elysées im Rahmen der Ballettaufführung *Relâche* der *Ballets Suédois* – der erste
Teil als *Lever de rideau* in Form eines Auftaktfilms und der zweite Teil *pendant
l'entr'acte* in Form eines Pausenfilms –,[80] war eingebettet in ein höchst sub-
versives und performatives Geschehen. Die Absicht war, das Publikum mit
einem visuell-musikalisch-tänzerischen Spektakel zu attackieren, aber auch,
dem Publikum die Möglichkeit zur Gegenattacke zu geben, indem Picabia
am Eingang des Theaters den Zuschauern Trillerpfeifen verkaufen würde.
Ob sich diese legendäre Veranstaltung wirklich so zutrug, sei einmal dahin-
gestellt. Auf alle Fälle war diese «Leerstunde» nicht mit einer Filmvorführung im üblichen Sinne vergleichbar, sondern vielmehr Teil eines spektakulären performativen dadaistischen Ereignisses, vielmehr Teil einer in diesem
Sinne absichtsvollen Rahmung also, die nach Thomas Elsaesser hier, wie anderswo auch, den Vollzug der dadaistischen Aktion bestimmte.[81] Wenn zu

Dokumentarfilm überhaupt erfuhr seine Uraufführung 1922 in den USA unter dem Titel NANOOK OF THE NORTH.

79   CLAIR, *Vom Stummfilm zum Tonfilm*, S. 15.
80   Francis Picabia: «Scénario d'*Entre'acte*», in: BRENEZ/LEBRAT, *Jeune, dure et pure!*, S. 95
      [Entwurf auf einem Stück Papier des Pariser Restaurant Maxim's, Bibliothèque J. Dou-
      cet, Dossier F.-P.].
81   Ich schließe mich hier Elsaessers Auffassung an, der in seinem Aufsatz «Dada/Cine-
      ma?» erstmals ein Verständnis für die spezifischen Qualitäten des Dada-Films entwi-
      ckelt, indem er sich ihm auf der Ebene seiner ereignishaften Qualitäten, die durch eine
      aktive Sehlust seitens des Publikums und durch einen Filmstil zwischen «Photomon-
      tage und Metamechanik» geprägt sind und durch einen «psychischen, ökonomischen
      und erotischen» Austausch in einem dadaistischen «Total-Apparat». Ein Fragezeichen

Beginn des Abends die beiden Autoren des Balletts Francis Picabia (Libretto) und Erik Satie (Musik) in der ersten Einstellung des Films zu sehen sind, wie sie sich in Zeitlupe hüpfend zur Kanone bewegen, um sie zu laden und zu zünden, so wohl nicht nur, um den retinalen Reiz einer befremdenden Zeitlupenaufnahme an den Mann zu bringen, sondern auch um den Zuschauer direkt anzuvisieren und buchstäblich zu attackieren. Ziel war es, ihn in seiner Rolle zu verunsichern, die explizit eingeladenen Surrealisten («die Ex-Dadaisten»), die sich neuerdings um Breton, das Surrealistische Manifest und die Nouvelle Revue Française geschart hatten, zu verunglimpfen und sich, als Dadaisten, ‹gefälligst› auch gleich selbst in die Schusslinie zu begeben.[82] Bedenkt man Clairs konkrete Aufgabe, die Ideen, die Picabia einmal auf einen Zettel des Restaurants «Maxim's» hingeworfen hatte,[83] filmisch umzusetzen, so musste es, im Sinne der angestrebten performativen Form, in einem zweiten Schritt auch um die verwirrenden, amüsanten und kaum kodifizierten kinematographischen Verfahren und Tricks der Stopp-Bild-Animation, der Mehrfachbelichtung, des Found Footage und um so viele weitere Verfahren und Tricks gehen. Besondere Aufmerksamkeit erfuhr aber das ‹verrückende› Verfahren der Zeitdehnung, dass seit den populärwissenschaftlichen Zeitlupenfilmen der 1910er-Jahre auch einem breiteren Publikum bekannt war. Mit diesem Verfahren, das direkt in die Bewegungen der Figuren und ihren Ausdruck eingreift, übernahm Clair nicht nur ein sehr ‹physisches›, performatives, den Körper und seinen Ausdruck manipulierendes Verfahren, das vor dem Krieg noch als Attraktion gehandelt wurde, er imitierte auch die etwas antiquierte Vorführsituation des Attraktionskinos,[84] die darauf angelegt war, «auszugreifen und zu konfrontieren».[85]

bei dieser Einschätzung erlaube ich mir bei Elsaessers Beschreibung der Zuschauer vorzunehmen (der immer gleichen unbekannten Größe …), die Elsaesser implizit als *habitués* charakterisiert, deren «forms of spectatorship and pleasure […] might be associated not so much with watching Dada films but watching films as Dada». Denn es ist nicht anzunehmen, dass es so etwas wie ein homogenes dadaistisches Publikum gab oder geben sollte. Vgl. ELSAESSER, Dada/Cinéma?, S. 14.

82   «Les Ballets Suédois donneront – Le 27 novembre – au Théâtre des Champs Élysées – 'RELÂCHE' – Ballet – Instantanéiste – en deux actes, un Entr'acte cinématographique – et la queue du chien – par – FRANCIS PICABIA – Musique – d' – ERIK SATIE – Chorégraphie de JEAN BORLIN – Apportez des lunettes noires et – de quoi vous boucher les oreilles. – Retenez vos Places – Messieurs les ex-Dadas sont priés de venir manifester et surtout de crier: À BAS SATIE! À BAS – PICABIA! VIVE LA NOUVELLE REVUE FRANÇAISE!» (Ankündigung der Veranstaltung auf der Rückseite von Picabias Zeitschrift *391* [Nr. 19, Oktober 1924]; zit. n. KARDISH, «Entr'acte», S. 253; Herv. i. O.).

83   S. Anm. 81 auf S. 87.

84   Elsaesser betont die «physische Präsenz» des Publikums als gemeinsames Element von attraktionistischer und dadaistischer Kino-Vorführung: «A certain physicality and body-presence of the first cinema audiences is what might be called the Dada element in film.» (ELSAESSER, Dada/Cinéma?, S. 18).

85   GUNNING, Aesthetic of Astonishment, S. 123 f., vgl. Anm. 36 u. 40 auf S. 46 f.

Führt man Clairs Überlegungen zur puristischen Schulung ‹des Vergessens› und diese gleichzeitige, unflätige und filmtechnisch exorbitante Attacke auf das Publikum zusammen, so muss man zum Schluss kommen, dass hier in der Praxis der erste Teil von Clairs 1923 entworfenem ‹Schulungsprogramm› abläuft (1. Teil: das Leeren der Köpfe, 2. Teil: die Entdeckung der kinematographischen Wirklichkeit in Einstellungen von einem «Blatt», etc.).[86] Dies bedeutet, dass auf dieser ersten umgesetzten Stufe des ‹Programms des Vergessens› – genauso wie in den Attraktionen des frühen Films – das Spiel performativer Reizung mit wie auch immer gearteten Schockelementen grundsätzlich die dokumentarisierende, «reine» Lesart und die sorgfältige Analyse kinematographischer Wirklichkeit («Blatt», «Baum» etc.) vorbereitete. Im Kontext der Aufführung freilich, in diesem ‹Theater› multimedialer Präsenzen, mussten die Zeitlupensequenzen aber in erster Linie performativ funktionieren. Sie sollten ausgreifen, befremden und hatten schließlich, quasi nebenbei, auch noch ihren Dienst an den Anliegen des Cinéma pur geleistet.

Vertiefen wir die Perspektive der hier primären, performativen Funktion der dadaistischen Zeitraffereinstellungen, führt uns dies zur Sympathie der mit DADA direkt oder indirekt verbundenen filmischen Avantgarde für die Aufführungen der Music-Halls. Von Delluc bis Painlevé hinterließ vor allem Loïe Fuller einen bleibenden Eindruck aus dieser Welt der multimedialen Bühne, auf der bei Fuller die Licht-Projektion von bewegten Bildern und die Musik genauso zur Aufführung gehörten wie ihr ausschweifender Tanz selbst mit Gewand und Extensionen. Ihre protofilmischen Aufführungen entsprachen vielleicht nicht dem Geschmack der tänzerischen Obsessionen der Pariser Avantgarde, sie begründeten aber – in den Niederungen der populären Kunst – den Anfang eines in den 1920er-Jahren so virulenten Blicks für die synästhetischen Qualitäten des Kinos, für die Stofflichkeit moderner Lichtspielkunst und ihren Ausdruck von fließender Bewegung (vielleicht führte die Schöpferin des Serpentinentanzes diese Eigenschaften gar auch in Teilen in die Form ihres heute verschollenen Films *Le Lys de la Vie* [ca. 1921] über, vielleicht aber auch nicht).[87] Wir erinnern uns: In den

---

86 CLAIR, *Vom Stummfilm zum Tonfilm*, S. 15. Vgl. S. 85, Anm. 74.
87 Delluc schreibt: «Die Regisseure sind, ob sie es wissen oder nicht, allesamt Schüler der großartigen Erfinderin Loïe Fuller. [im Original zusätzlich: *On la copie souvent. On la dépasse rarement*. Ch. H.]. Auch wenn sie ihre plastische Algebra des Lichts nicht für die bewegten Bilder entwarf, entspricht doch die künstlerische Synthese, die sie in ihren Werken fand, beinah dem visuellen Gleichgewicht des Films. Natürlich wäre es voreilig, hier im Ernst den Ursprung der siebten Kunst [im Original: *cinquième art*! Ch. H.] zu suchen. Aber der Film, wenngleich stotternd und stammelnd, ist eine Kunst. Wir dürfen ihn nicht mit den Tanz-Darbietungen in der Music-hall verwechseln. Allerdings, was das Photogene betrifft, könnten die Freunde des Kinos bei der Music-hall in die Lehre gehen. Wie einfallsreich wird dort mit Scheinwerfern und Beleuchtung,

Music-halls wurden in der Frühzeit des Kinos auch wissenschaftliche und andere Filmattraktionen aufgeführt. Fullers Vorstellungen daselbst hatten zu diesen Filmen also schon ein *physische* Nähe, sodass ihr ‹kinematographischer Tanz› sich schon fast von selbst ergab. ENTR'ACTE, als Attraktion vor und zwischen die Tanzakte der *Ballets Suédois* gesetzt, war die dadaistische Fortsetzung dieser populären Vorführtradition kinematographischer Attraktionen, aber auch die Spiegelung einer Aufführungspraxis, die noch keineswegs völlig verschwunden war. Noch in den 1930er-Jahren konnte man in den Pariser Music-halls Filmprojektionen als einem medialen Element in einer Bühnenshow begegnen. Wie wir dem *Paris Municipal* entnehmen, konnte (der angeblich wütende) Jean Painlevé sich noch 1933 mit einer (illegalen) Aufführung eines seiner aquatischen Filme in der «Superproduktion» der Folies-Bergère konfrontiert sehen;[88] und der *Frankfurter Zeitung* entnehmen wir, dass auch in Deutschland, 1926 noch, diese Art

mit Farben und Linien und Stilformen hantiert.» DELLUC, Photographie, S. 91 (DELLUC, *Écrits cinématographiques*, Bd. II, S. 274). – Erst kürzlich ist Loïe Fullers protokinematographische Kunst auch in den Kontext von Bergson und Deleuze und ihrer Konzeption des Bewegungsbilds gesetzt worden: BRANNIGAN, «La Loïe». Vgl. auch Flagmeier, die Fuller in den Kontext von Werner Hofmanns Bergsonscher Konzeption des Jugendstils stellt (FLAGMEIER, Loïe Fuller, S. 183). – Fullers Film LE LYS DE LA VIE (ca. 1921), der vom Titel her an Percy Smiths zeitgeraffte japanische Lilien und Colettes Erlebnisse, aber natürlich auch an ihre eigenen Tänze – den «Serpentinentanz» und seine Variante im «Lilientanz» – gemahnt, stellt sich ihr einziges erhaltenen Fragment als eine Fantasie mit René Clair in der Rolle eines reitenden Prinzen heraus! (BRANNIGAN, «La Loïe», dort Anm. 14 und SOMMER, Loïe Fuller, S. 53). – Zu Loïe Fuller im Allgemeinen s. insbes.: FLAGMEIER, Loïe Fuller; und: VIRGINIA MUSEUM OF FINE ARTS, *Loïe Fuller*.

88 M. Paul Derval, prunkliebender Direktor der Folies-Bergère, des legendären Pariser Varieté-Theaters, in dem auch Loïe Fuller aufgetreten war, und Gebieter über eine Schar von Tänzerinnen, forderte mit notorischer Regelmäßigkeit Pariser Gerichte heraus und sorgte in der Tagespresse für reichlich Gesprächsstoff, so auch am 12. März 1933. Das Pariser Amtsblatt *Paris Municipal* erinnerte sich an jenem Tag in süffisantem Ton an eine, auf den ersten Blick kuriose Angelegenheit, die sich zwei Jahre zuvor im Folies-Bergère ereignet haben soll. Derval habe – so die Notiz – im Sinne gehabt, seine berühmte «Superproduktion» mit einer «Intrige» im Saal beginnen zu lassen, während derer das Orchester überraschenderweise von Figuren im Publikum dirigiert und gleichzeitig ein die Szenerie parodisierender Animationsfilm projiziert werden sollte. Der Filmregisseur des Animationsfilmes habe aber den Film nicht zum vereinbarten Zeitpunkt geliefert und sei daraufhin von Derval zu einem Schadenersatz von 50'000.– Francs verklagt worden. In derselben Notiz ist dann zu erfahren, dass Derval tatsächlich gar nicht auf diesen Film angewiesen war, denn für Ersatz war offenbar schnell gesorgt worden. Auf unerklärliche Weise gelangte nämlich ein Film von Jean Painlevé in die Hände des zwielichtigen Direktors, um die Funktion der rückwärtig projizierten, gleichzeitigen Filmattraktion zu übernehmen. Die schwingenden Beine wurden also schließlich nicht von animierten Zeichnungen, sondern von animalisch-aquatischen Filmsequenzen Painlevés auf der rückwärtigen Leinwand sekundiert. Über die derartige Herabwürdigung seines Films soll Painlevé («le jeune savant») in Wut entbrannt sein, behauptet dieselbe Notiz (Anonym: «Les Folies-Bergère au Palais», in: *Paris Municipal*, 12.03.1933, o. S.; Painlevé-Archiv/LESDOCS).

von Kinoaufführung bei Siegfried Kracauer für nicht weniger Verärgerung sorgen konnte.[89]

Wenden wir uns nun den Sequenzen der Ballett-Tänzerin und des Trauerzugs, den zwei wichtigsten Zeitlupensequenzen in ENTR'ACTE, zu: Während Picabia der Szene «Danseuse sur une glace transparente, cinématographiée par en dessous» im Drehbuch nur eine Minute einräumt, lässt Clair in der Umsetzung die Tänzerin insgesamt bedeutend länger tanzen. Clair insistiert also auf dem Aus-

7 Standbild aus dem zweiten Teil (dem Hauptteil) von ENTR'ACTE (F 1924, Regie: René Clair, Drehbuch: Francis Picabia, Auftakt- und Pausenfilm in der Aufführung Relâche der Ballets Suédois [Musik: Erik Satie])

druck dieser Zeitlupe. In wiederkehrenden Sequenzen erscheint ein von unten durch ein Glas gefilmter und von dort auch beleuchteter, in Zeitlupe schwingender, weißer, plissierter Tanzrock. Die Trägerin dieses Rocks hüpft ballettartig auf dem Glas auf und nieder, der Rock faltet sich zusammen und füllt sich wieder mit Luft (Abb. 7). Die Idee zu dieser durch den Zeitraffer ‹verrückenden› Manipulation, die Clair dem Drehbuch Picabias beifügte, kam nicht von ungefähr, hatte doch der *ralentisseur Pathé*, wie Tierry Lefebvre erinnert, im Rahmen des von den Dadaisten so geschätzten Vorkriegskinos mit Zeitlupen-Leibeserziehungs-Filmen für den gewünschten retinalen Reiz gesorgt und die kinematographischen Ergebnisse Pierre Noguès' und Lucien Bulls am renommierten Institut Marey popularisiert.[90] Es klingen aber auch andere wissenschaftliche Attraktionsfilme an, nämlich die zeitgerafften Blütenfilme, die seit Percy Smiths ingeniösen Aufnahmen und Urbans Engagement in Paris vor dem Krieg auch daselbst Fuß gefasst hatten. Auf sie spielt Clair ebenso direkt an (Abb. 8 und 9). Sie hatten, kontrastreich beleuchtet und auf schwarzem Grund angeordnet, nicht nur im Geiste attraktionistischer Reizung für eine eindrückliche Erfahrung von hellen Blütenkelchbewegungen zwischen Werden und Vergehen gesorgt, sondern potenziell auch für eine semantische Spreizung zwischen Eros und Thanatos, für eine Disposition und einen Ausdruck, die sich in den

---

89 Vgl. Kracauers Kritik an den «reaktionären» Tendenzen der Berliner Lichtspielhäuser, die nicht davon ablassen wollen, Filme in ein Varieté-Programm zu integrieren (KRACAUER, Kult der Zerstreuung, insbes. S. 315 f.).

90 Thierry Lefebvre nennt drei Beispiele aus dem Hause Pathé: ÉDUCATION PHYSIQUE ÉTUDIÉE AU RALENTISSEUR (Januar 1916), LES JEUX ÉTUDIÉS AU CINÉMA LENT (März 1916), LES SAUTS D'OBSTACLES EN HAUTEUR (April 1918). LEFEBVRE, De la science à l'avant-garde, S. 108.

8–9 Standbilder von Zeitrafferaufnahmen (oben einer japanischen Lilie) in THE BIRTH OF A FLOWER (GB 1910, Regie: Percy Smith für Urban, Kinemacolor), BFI

Zeitlupenbildern der Clair'schen Tanzrockbewegungen wiederfinden. Welche Assoziationen sich auch immer eingestellt haben mögen, ihnen wurde auf alle Fälle in einer rund anderthalbminütigen, komplexen Schlussmontage genügend Zeit gegeben, um sich entwickeln zu können, um sie dann aber auch um so radikaler mit der wundersamen Verwandlung der Tänzerin in ein bärtiges Wesen wieder zu ersticken. Der Film strotzt nur so vor ähnlichen semantischen und technischen Spielereien (unnötig zu erwähnen, dass am anderen Ende der Tempo-Skala auch der Zeitraffer nicht fehlt, hier als technische Beschleunigung des außer Kontrolle geratenen Trauerzugs zu einer nekrophilen Achterbahnfahrt), doch ist es die verlangsamende Zeitlupe, die Clair mit ihrem effektvollen und verfremdenden Eingriff in das gewohnte Tempo besonders beansprucht. Am augenfälligsten insistiert Clair auf die letzte der drei von mir erwähnten Zeitlupen, auf die in Picabias Drehbuch ebenfalls nicht erwähnten, zeitgedehnten Hüpfer des berühmten Trauerzugs, dieser ironischen Szenerie bürgerlicher Totenverehrung mit Kamel, in der die Zeitlupe der nach oben ausartenden, hoch ausschreitenden Bewegungen des Trauermarsches eine besondere, über die Assoziation der Bewegungsanalyse und der Leibesübung hinausgehende Steigerung erfährt (Abb. 10). Diese Steigerung, die sowohl ästhetischer als auch subversiver Natur ist, erzeugt Clair dadurch, dass er der einfachen Anweisung Picabias «un enterrement: corbillard traîné par un chameau» den grotesken, hüpfenden Schritt der ‹Trauernden› und die Technik der Zeitlupe hinzufügt, sodass nicht mehr eine natürliche, sondern vielmehr eine widernatürliche Bewegung ‹analysiert› wird und sich ein bedrohlich subversiver und blasphemischer Ausdruck in die Szenerie bürgerlichen Verehrungskultes einschleicht. Hier haben wir es nun wirklich mit Non-Sense zu tun, einem wirklich asemantischen Zustand photogener Bewegung.

10 Standbild aus dem zweiten Teil (dem Hauptteil) von ENTR'ACTE (F 1924, Regie: René Clair, Drehbuch: Francis Picabia, Auftakt- und Pausenfilm in der Aufführung *Relâche* der Ballets Suédois [Musik: Erik Satie])

Dieselbe experimentelle Form von Film, die je nach Rahmung zwischen gezielter performativer Funktion und schwebender ästhetischer Bedeutung hin und her schwankte, kann in vielen avantgardistischen Filmen im Umfeld des Cinéma pur gefunden werden, denn in vielen dieser Filme steckte das Performative des Schocks genauso wie das rein Kinematographische der Aufdeckung und der Montage – beides Eigenschaftsfelder, mit denen schon der frühe Film spielte und auf dessen rohen, primitivistischen Urzustand bewusst Bezug genommen wurde.[91] Manch ein Film, der in einem dadaistischen Vorführungsrahmen die Weihen von DADA erhalten hatte, konnte nach 1924 theoretisch auch in den aufkommenden Ciné-clubs und Studiokinos, auf dieser leiseren Ebene der Auseinandersetzung mit Filmkunst, rezipiert werden – so geschehen mit ENTR'ACTE ein Jahr später zur Eröffnung des Ursulines.

Eine direkte, in unserem Sinne dadaistische Reaktion erfuhr ENTR'ACTE in Jean Painlevés MATHUSALEM OU L'ÉTERNEL BOURGEOIS (1927), dem einzigen fiktionalen Film Painlevés, auch wenn dieser Film ebenso in Zusammenhängen zu verstehen ist, die Ivan Goll, der Schöpfer des gleichnamigen Theaterstücks, in dieses Filmprojekt einbrachte:[92] Wie ENTR'ACTE war

---

91   Zum Verhältnis von Primitivismus und Avantgarde vgl. BURCH, Primitivism, S. 483–506. Zum berühmten Begriffspaar *Mode de la représentation institutionelle* (MRI) und *Mode de la représentation primitif* (MRP) s. BURCH, *La Lucarne de l'infini*.
92   Die Idee, Film auf der Bühne als dramaturgisches, verfremdendes oder kommentierendes Mittel einzusetzen, war auch bei der Berliner Uraufführung der deutschen Version im Oktober 1924 (vor *Entr'acte!*) nicht neu (vgl. WACKERS, *Dialog der Künste*, S. 122), doch konnte Goll für sich beanspruchen, noch vor Erwin Piscator Film auf der Theaterbühne eingesetzt zu haben (Ebd., S. 57). Golls Vorstellungen vom Einbezug des Films in das Bühnengeschehen, die er 1920 im Aufsatz «Das Kinodrama» ausgeführt hatte, waren geprägt von der Zusammenarbeit mit Viking Eggeling, den er aus Zeiten des Zürcher Dadaismus und des Aufenthaltes in Ascona kannte (Ebd., S. 58f.).

auch Mathusalem Teil eines ‹kinematographisierten› Bühnenstücks mit Orchester, nun aber als rückwärtige Projektion auf «Wolken» im hinteren Teil der Bühne, das Geschehen auf der Bühne ergänzend, zuweilen konterkarierend.[93] Das Stück des zweisprachigen Autors und Freundes Painlevés, zuerst 1922 auf Deutsch erschienen und seine Konzeption des «Überdramas» (*surdrame*) umsetzend,[94] hatte schon in der Berliner Uraufführung im Oktober 1924 eine Inszenierung mit Film erfahren.[95] Nun setzte Goll für die französische Premiere des Stücks im März 1927 im Pariser Théâtre Michel ganz offensichtlich mit Painlevés Beitrag noch einmal neu an, indem er einen anderen, neuen Film einsetzte. In unserem Zusammenhang interessiert weniger die Frage, die Hamery aufwirft, welcher vorgängige Text nämlich für das Verständnis der Trauermarschszene in Mathusalem relevant ist.[96] Vielmehr geht es hier um zweierlei: um die Tatsache, dass Painlevé auf die heute bekannteste der Zeitlupensequenzen in Entr'acte nachweislich reagierte und darum, ein Beispiel zu geben dafür, wie eine dadaistische Zeitlupensequenz dadaistisch gelesen wurde. Painlevé verzichtet in Mathusalem auf die Zeitlupe, die in Clairs Film so exzessiv eingesetzt wurde – wahrscheinlich um den Eindruck eines Plagiats zu vermeiden und

93   Zu den einzelnen Sequenzen und dem Zusammenspiel mit der französischen Fassung des Bühnenstücks (Éditions de la Sirène 1923) s. HAMERY, Diss., *Jean Painlevé*, S. 42–46.

94   Golls Konzeption des «Überdramas» (*surdrame*), die im Zusammenhang mit seiner Adaption des Apollinaire'schen Surrealismus zu verstehen ist, zeichnet sich durch eine facettenreiche dramaturgische Alogik aus, die das absurde Theater Becketts und Ionescus vorwegnimmt (Vgl. WACKERS, *Dialog der Künste*, S. 113 und HAMERY, Diss., *Jean Painlevé*, S. 44).

95   Was für ein Film an der Premiere in Berlin gezeigt wurde, ist leider nicht zu eruieren. Vgl. Golls Brief an seine Frau Claire mit der Datierung «Dienstag früh» (Berlin, 14. Oktober 1924) und die diversen Reaktionen in der Presse in: WACKERS, *Dialog der Künste*, S. 56 f.

96   Hamery betont, dass sich Painlevé in Mathusalem an die 1923 veröffentlichten szenischen Anweisungen hielt («Un enterrement pittoresque: grande pompe, corbillard très allongé, enfants de chœur habillés somptueusement, évêque, et, derrière, une foule plutôt comique»), an Anweisungen also die *vor* der Premiere von Entr'acte (Dezember 1924) veröffentlicht worden waren. Von einem «fast eingestandenen Plagiat», wie dies das Ehepaar Virmaux ausdrückt, könne also keine Rede sein (vgl. HAMERY, Diss., *Jean Painlevé*, S. 45 und VIRMAUX, Documentarisme et avant-garde, S. 104). Schon Apollinaire hatte in seinen *Mamelles de Tirésias* (1918) seine *marche funèbre* (vgl. WACKERS, *Dialog der Künste*, S. 88 f.). Ein Grund für die schnelle Berühmtheit von Entr'acte liegt im Übrigen auch im aktuellen Bezug dieses blasphemisch grotesken Trauerzugs zur Pariser Wirklichkeit im Oktober 1924, die von Anatole France' Staatsbegräbnis, dem Erscheinen des surrealistischen Manifests und dem bitterbösen surrealistischen Pamphlet mit dem Titel *Cadavre* geprägt ist: Der Tod und das Staatsbegräbnis des Nationalschriftstellers hatten dem von Soupault, Eluard, Breton und Aragon initiierten und verfassten Pamphlet den Anlass zu dieser unbotmäßigen Ehrschändung France' und des französischen Staates gegeben. Dies erzeugte in der Öffentlichkeit einen gewaltigen Tumult um die Surrealisten, einen Tumult, den die Dadaisten Picabia und Clair in Entr'acte offensichtlich für sich nutzten, indem sie mit dem Trauerzug noch einmal in die gleiche Kerbe schlugen (vgl. DUROZOI, *mouvement surréaliste*, S. 80 f.).

den multimedialen Ausdruck nicht zu überladen. Er reagiert aber durchaus auf die in *Entr'acte* angewandte Zeitlupe, indem er ihre Funktion, die Bewegung ‹auszustellen›, in den Raum auszugreifen und den Trauerzug zu ironisieren, kommentiert: Abgesehen davon, dass Painlevé in seiner Version des Trauerzugs statt des Kamels seinen Bugatti ‹vorspannt›, lässt er denselben Trauerzug, anstatt ihn wie Clair in Zeitlupe zu setzen, einfach auf Trottinettes fahren. Das ist *seine* Version ‹ausgestellter› Bewegung und Ironie, das ist gleichzeitig auch seine dadaistische Lesart ‹ausgestellter› Zeitlupenbewegung. Gleichzeitig kommentiert Painlevé auch die Hüpfer, mit denen sich der zeitgedehnte Trauerzug in ENTR'ACTE bewegt, und zwar mit einer besonders langsamen und besonders hochfliegenden Version des Schreitens im anschließenden Hochzeitszug – alles Kommentare und Hinweise Painlevés auf die Lesart dieser Zeitlupe in ENTR'ACTE, die in Golls Text nicht vorkommen, wie sie aber Dadaisten geläufig war.

Der Schritt in die dokumentarische Welt von LA PIEUVRE (1928) scheint für Painlevé nach MATHUSALEM, nach dieser intermedialen Bühne einer dadaistisch-surrealistischen Welt, groß gewesen zu sein. Tatsächlich drehte er anschließend keinen fiktionalen Film mehr und widmete sich ganz dem Wissenschafts- und Dokumentarfilm. Darüberhinaus wandte er sich in seinen aquatischen biologischen Filmen eher dem Verfahren des Zeitraffers als dem der Zeitlupe zu. Wie Wiedergänger bevölkerten aber weiterhin die ausgreifenden dadaistischen Elemente aus der Clair'schen ‹Schule des Vergessens› Painlevés populärwissenschaftliches Werk, und es lohnt auch ein wenig diesen umgekehrten Weg, den Painlevé vorgibt, zu beschreiten: Während das Cinéma pur und DADA den wissenschaftlichen Film avantgardisierten, indem sie ihn in einer bestimmten Weise lasen und von ihm lernten, avantgardisierte Painlevé, der ehemalige «Surrealist», den wissenschaftlichen Film, indem er ihn in einer bestimmten Weise herstellte und gestaltete. Zu den Stilelementen, die er anwandte, gehörte nicht mehr so sehr die Zeitlupe – sie machte in seinen aquatischen biologischen Filmen meistens keinen Sinn – als vielmehr das semantische Spiel einer dadaistisch-surrealistischen Montage mit ihren überraschenden perfomativen Elementen: zum Beispiel in der Schlussmontage des erfolgreichsten seiner aquatischen Kinofilme L'HIPPOCAMPE (1935, Abb. 11), in der, wie in MATHUSALEM, wiederum eine Rückprojektion (von horizontal galoppierenden Rennpferden) das Geschehen (von vertikal schwebenden Seepferdchen) im Vordergrund kommentiert. Zu ihnen gehörte auch, in einer gewichtigen und späten Ausnahme,[97] die Zeitlupe in seinem letzten aquatisch-biologischen Film ACÉRA OU LE BAL DES

---

97   Diese Ausnahme weist wohl auf eine Nostalgie hin, die den 76-jährigen Painlevé nun ereilte: Die Obsession für Zeitlupe und Tanz, die Painlevé damals mit den Dadaisten geteilt hatte, hatte endlich seine aquatischen Tänzerinnen gefunden.

11 Standbild der Schlusseinstellung in L'Hippocampe (F, 1935, Regie: Jean Painlevé)

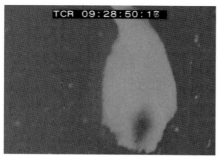

12 Standbild einer in verschiedenen Farben viragierten und unveröffentlichten Version von Acéra ou le bal des sorcières (F, 1978, Regie: Jean Painlevé)

Sorcières (1978): aquatische Kugelschnecken (Akera bullata) sind dort zu sehen, hässliche, unförmige und zweigeschlechtliche Tiere, die im Schlamm der bretonischen Küste ihr Dasein fristen, bis sie auf einmal, wie auf Kommando, aufsteigen und absinken, ihre Schwimmlappen, Tanzröcken gleich, aufklappen und anlegen und zu einem Feentanz übergehen, die man diesen Tieren niemals zugetraut hätte. Unterstützt durch den flüchtigen Einschluss eines Fuller'schen Serpentinentanzes scheinen diese Tiere auf einmal – vielleicht am schönsten in der unveröffentlichten, bunt viragierten Version (Abb. 12) – allesamt der *grande dame* des Ausdruckstanzes nachzueifern,[98] oder der Zeitlupentänzerin in Entr'acte. Schließlich gab Painlevé mit seinem letzten Film überhaupt, Les Pigeons du square (1982), die Zeitlupe aus ihrer dadaistischen Umklammerung wieder frei. Er gab sie wieder zurück, dahin wo sie hergekommen war: in das analytische Marey'sche Kompendium animalischer Bewegung.[99]

Zeichnet man den, in unserem Sinne dadaistischen Weg der Zeitlupe weiter, dann muss er auch bis zu À propos de Nice (1929) reichen, Jean Vigos dokumentarischem Vermächtnis an diese Stadt der Côte d'Azur. Mit seiner geschlossenen Form, seiner sozialkritischen Note, seiner feinen Poesie und seinem späten Datum ist er kaum als dadaistischer Film zu lesen oder zu klassifizieren, und doch lassen sich im Film des 24-Jährigen Sujets und formale Elemente nieder, die man dem dadaistisch-surrealistischen Spektrum zuordnen kann: Da ist die harte Montage jeder erdenklichen Kameraposition, einge-

---

98   Jean Painlevé, der als Cinéast über die Bekanntschaft mit der Tänzerin Michelle Nadal und dem Choreographen Pierre Conté zeitlebens den Kontakt zur Welt des Tanzes pflegte, sollte mit Acéra ou le bal des sorcières (1978) mit einem Einschluss einer Tanzsequenz *à la Fuller* seine ganz persönliche Hommage an Loïe Fuller (und Michelle Nadal) verwirklichen (Vgl. HAMERY, Diss., *Jean Painlevé*, S. 283–290, 359–363, inbes. S. 361).

99   HAMERY, Diss., *Jean Painlevé*, S. 42 u. S. 368–374.

fangen von Boris Kaufmann, dem Bruder Dziga Vertovs, zu nennen, da ist der Priester, der Trauermarsch, aber in unserem Zusammenhang natürlich vor allem die Sequenz ausgelassen tanzender Karnevalistinnen. Sie sind in Untersicht aufgenommen und gegengeschnitten mit bewegungslosen Aufnahmen klassizistischer Friedhofsmonumente und dem Gesicht einer älteren Dame. Hier, in der Bewegung der Tänzerinnen, entfalten sich wiederum Zeitlupeneinstellungen, die sich wie in ENTR'ACTE abwechseln mit Tanz-Einstellungen in Normalgeschwindigkeit und die wiederum wie in ENTR'ACTE auf einen Ausdruck von Vanitas und Vergänglichkeit hinzielen. Noch ungleich präziser und absichtsvoller und mit Unterstützung der Montage verlängert Vigo in À PROPOS DE NICE aber den schon in ENTR'ACTE erlebbaren Schwebezustand im Hier und Jetzt menschlicher körperlicher Vitalität auf den Tod hin. Jean Vigo, Painlevés bester Freund zu jener Zeit, sollte noch fünf Jahre zu leben haben.

Die abstrakten Tendenzen in dadaistischen Derivaten wie Man Rays EMAK BAKIA (1926) könnten als bewegt-kristalline Nachläufer der populärwissenschaftlichen zeitgerafften Kristallisationsfilme verstanden werden, als abstrakte Lichtspiele dieser besonderen kristallinen Art, die etwa in den wissenschaftlichen Filmografien Dr. Comandons und Lucien Bulls vertreten sind, über deren Form und Ökonomie wir aber so gut wie nichts wissen. Ebenso könnte die leicht beschleunigte Verfolgung des Sarges in ENTR'ACTE als eine weitere dadaistische Anwendung des wissenschaftlichen Zeitraffers verstanden werden. Eine derartige Lesart würde jedoch im dadaistischen Kontext dieses Verfahren überbewerten, ließ es sich doch schlecht auf das visuelle Experiment performativer Bewegung, um das es den Dadaisten ging, anwenden. Der Zeitraffer musste ihnen tendenziell zu leicht, zu flüssig und, im Falle der Blütenfilme, auch zu harmonisch erscheinen und sich daher einen eigenen, verschlungeneren Weg innerhalb der Avantgarde suchen. Seine theoretische und praktische Verwertung fand er eher außerhalb von DADA in den ‹seriöseren› Denkräumen der Ciné-clubs und der Filmtheorie und, wie im Falle von Abel Gance' Kristallisationsfilm, punktuell in avantgardistischen Kurzfilm-Produktionen.[100] Painlevé sollte mit TRANSITION DE PHASE DANS LES CRISTAUX LIQUIDES (1978), einer kongenialen Film-Komposition für ein schon existierendes Musikstück von François Deroubaix (1937–1975), einen späten und wunderbaren Abgesang auf die modernistischen kristallinen Fantasien der 1920er-Jahre realisieren.[101] Nicht zu vergessen sind auch die erwähnten vegetabilen Zeitrafferproduktionen aus dem Laboratoire scientifique du Vieux-Colombier[102] und die zeitgerafften Pflanzenbewegungen in Germaine Dulacs Experimentalfilmen. Doch davon später.

100 Vgl. Anm. 43 auf S. 75.
101 Vgl. HAMERY, Diss., *Jean Painlevé*, S. 364–368.
102 Vgl. Anm. 33 auf S. 71.

2.6 Analytische versus synthetische Realitätsaneignung

In der Kubismustheorie, die Daniel-Henry Kahnweiler im Lichte einer genauen, kubistischen Auseinandersetzung mit der faktischen Wirklichkeit entwickelte,[103] unterschied er zwei Stufen der Realitätsaneignung. Nach ihr konnte Realität sowohl in der «analytischen Darstellung» als auch in ihrer «synthetischen» Bearbeitung im «Aufbau» ausgedrückt werden. Die erste Phase des Kubismus, die sich eher dem Problem der «Darstellung» widmete, das heißt dem Problem der malerischen Abbildung dieser Wirklichkeit, nannte Kahnweiler entsprechend «analytisch» und die zweite, 1912 eingeleitete Phase, die sich zusätzlich auch dem Problem des «Aufbaus», das heißt der Zusammensetzung ausgesuchter Elemente verschiedenster Provenienz und Materialität widmete, entsprechend «synthetisch».[104] Damit veränderte sich weniger der Stil als vielmehr die Realitätsaneignung, von einer das reale Sujet umkreisenden, analysierenden zu einer freieren, Elemente verschiedenster Sujets sammelnden und synthetisierenden Realitätsaneignung.

Die Vertreter des Cinéma pur befanden sich gut zehn Jahre später theoretisch an einer vergleichbaren Stelle. Sich auf die filmspezifischen Mittel der aufdeckenden Abbildung und der Montage besinnend, konnten

---

103 Kahnweiler gibt eine frühkubistische Äußerung Picassos von 1908 wieder, die auf das Problem realistischer Darstellung abzielt: «Auf einem Gemälde Raffaels ist es nicht möglich, die Distanz von der Nasenspitze bis zum Mund festzustellen. Ich möchte Gemälde malen, auf denen das möglich wäre» (KAHNWEILER, *Der Weg zum Kubismus*, S. 28). Die Ernsthaftigkeit, mit der sich die verschiedenen Kubisten und ihre Interpreten mit dem Problem der Darstellung von Realität beschäftigten, zeigen die Äußerungen Gleizes' und Metzingers von 1912, die in ihrem *Du «Cubisme»* den Kubismus in der Nachfolge Courbets («Oberflächenrealität») und Cézannes («tiefere Realität») sehen (FRY, *Der Kubismus*, S. 111 [Albert Gleizes und Jean Metzinger: *Du «Cubisme»*, 1912]), und die Behauptung Apollinaires, «Courbet» sei «der Vater der neuen Maler [der Kubisten, Ch. H.]» (FRY, *Der Kubismus*, S. 125 [APOLLINAIRE, *Les Peintres Cubistes*, 1913]).

104 «Analytisch» und «synthetisch» im Zusammenhang mit Kubismus sind Wortschöpfungen der zeitgenössischen Kubismus-Kritik («analytisch»: Roger Allard: «Au Salon d'Automne de Paris», in: *L'Art Libre*, November, 1910 [FRY, *Der Kubismus*, S. 68 f.]; «synthetisch»: Charles Lacostes: «Sur le ‹Cubisme› et la peinture», in: *Temps Présent*, 02.04.1913 [FRY, *Der Kubismus*, S. 129 f.]). Ihre theoretische Unterscheidung – und damit also eine erste kohärente Theorie des Kubismus – geschieht 1914–15 in der Niederschrift des Büchleins *Der Weg zum Kubismus* durch den Pariser Kunsthändler Daniel-Henry Kahnweiler, der das wesentliche ästhetische Prinzip des Kubismus in der Vereinigung von «Aufbau» und «Darstellung» sieht. «Aufbau» und «Darstellung» sind widerstreitende Prinzipien, die nach Kahnweiler in der «Einheit des Kunstwerks» zur Deckung gebracht werden und die «Schönheit der Dinge» besingen, «ohne epischen noch dramatischen Beigeschmack» (KAHNWEILER, *Der Weg zum Kubismus*, S. 12). Diese Vereinigung oder Einheit im Kunstwerk sieht Kahnweiler erst im synthetischen Kubismus seiner Protagonisten Braque und Picasso vollständig realisiert («Picasso hat die geschlossene Form durchbrochen»[Ebd., S. 49]).

sie sich für eine analytische oder für eine synthetische Realitätsaneignung entscheiden. Dabei war die Hinwendung zu einer synthetischen Realitätsaneignung ungleich folgenschwerer als in der kubistischen Malerei, hatte man es doch nicht nur mit einem viel ‹reineren› analytischen Ausgangsmaterial zu tun, sondern auch mit einer gewichtigeren neuen Verknüpfung des Neben- oder Nacheinanders, da auch noch die indexikalische Verankerung des abgebildeten Geschehens (in der ursprünglichen Zeit und im ursprünglichen Ort) neu kombiniert wurde. Wie weitreichend die ästhetischen und politischen Konsequenzen einer solchen Entscheidung, neu zu ‹synthetisieren›, sein können, hat uns die Montage der russischen Konstruktivisten gelehrt.

Der theoretische Unterschied zwischen «Analyse» und «Synthese», zwischen den beiden modernen künstlerischen Verfahren der Realitätsaneignung, zwang die um die Darstellung moderner Realität bemühten Kinopuristen der 1920er-Jahre (zumindest prinzipiell) zu einer neuen, avantgardistischen Auseinandersetzung mit ‹Realismus› und mit seinen Ausdrucksmöglichkeiten. Gleichgültig, ob sie sich als Theoretiker oder Praktiker äußerten, sie mussten sich (zumindest prinzipiell) zwischen der «Analyse» der sich in der Kamera niederschlagenden Spuren der Realität und der «Synthese» dieser Spuren zu einer neuen Realität entscheiden. Zu Beginn der 1920er-Jahre ergaben sich daraus zwei avantgardistische, mit bürgerlichen Kunstkonzepten radikal brechende Filmkunststrategien: im einen Fall eine poetisch-wissenschaftliche, die die Kunst im Wesentlichen der Natur und der Kamera zuschreibt und im anderen Fall eine plastisch-gestalterische, die sie eher in die Hände des Filmkünstlers selbst legt. Damit behaupte ich nicht, dass diese strategische Differenz zwei klar voneinander zu unterscheidende Filmtheorien hervorgebracht hat. Wie die ungefähr gleichzeitig um 1920 entstandenen Filmkunstkonzepte *cinéplastique* und *photogénie* zeigen, handelt es sich hier vielmehr um eine *unterschwellige* theoretische Differenz: Während die Photogénie in den Definitionen Dellucs und Epsteins zwischen 1920 und 1924 sich im Lichte einer spekulativ-szientistischen Wahrnehmung auf schillernde kinematographische Bewegungsphänomene und ihren tieferen Ursprung in der Wirklichkeit bezog[105] und somit insbesondere auf die Aufdeckungskraft des analytischen Kameraauges,[106] sann gleichzeitig das Kinoplastische, Frucht eines ebenso auf die Spezifität des Films ausgerichteten, aber weniger homogenen Filmkunstkonzeptes Élie Faures, auf ein geformtes, plastisches und multiperspektivisches Kino. Oder, mit anderen Worten: während die

---

105 Zur Definition von *photogénie* s. inbes.: DELLUC, Photographie, S. 91; u. EPSTEIN, Eigenschaften des Photogénies, S. 52.
106 EPSTEIN, Der Ätna, S. 48 u. 153.

Photogénie – dem analytischen Kubismus analog – eher auf die Bewegung eines einzigen Phänomens, eines einzigen kontinuierlichen Rhythmus, zum Beispiel in Abel Gance' LA ROUE (1922/23) eher auf die Bewegung des sich drehenden Rads und ihre Doppelbelichtung als auf die Montage seiner Einstellungen zielt,[107] bezeichnet das Kinoplastische – dem synthetischen Kubismus analog – eher das Konglomerat einer Montage von unkontiniuierlichen «Rhythmen»,[108] eher eine Abfolge von «synthetischen Gedichten von Massen und Ensembles in Aktion», wie es bei Faure heißt.[109] Dies hat auch Konsequenzen für die Wahl der Sujets, die zur Erzielung von *photogénie* eher in sich bewegenden, insbesondere in lebendigen Phänomenen zu suchen sind, wohingegen *cinéplastique* auch mit unbewegten Gegenständen des modernen Lebens, zum Beispiel mit Architektur oder anderen Symbolen der neuen Zeit erreicht werden kann. Entlang der beiden hier spürbaren Filmkunststrategien der analytischen und synthetischen Realitätsaneignung erfuhren die Konzepte *photogénie* und *cinéplastique*, die sich nur tendenziell voneinander unterschieden und gerne die gleichen Beispiele in Anspruch nahmen, im Laufe der Zeit noch eine gewisse Reinigung: Epstein löste Dellucs Begriff des Photogenen aus seinem diffusen Zusammenhang phänomenaler Lichtreflexionen oder der Montage zugunsten einer eindeutigeren Fassung kinematographischer Bewegung im Bild.[110] George Charensol und Fernand Léger dagegen reinigten Faures Begriff des Kinoplastischen von seiner musikalischen und rhythmischen Note zuguns-

---

107   Meine Interpretation dieser Textstelle folgt zugegebenermaßen nicht dem genauen Wortlaut Epsteins, der sich in *Le Cinématographe vu de l'Etna* im Zusammenhang mit Gance' photogenen «rasenden Rädern» ziemlich abstrakt und somit undeterminiert gibt (er spricht dort von den «Variationen in der raum-zeitlichen Ausdehnung», die durchaus auch die Montage beinhalten könnten [EPSTEIN, Der Ätna, S. 51]). Meine Interpretation gründet sich aber auf die Entwicklung Epsteins, die er *fortan* als Theoretiker vollzog. Ein Grund für Epsteins ambivalente Sichtweise von *photogénie* in diesem berühmten Beispiel liegt darin, dass es Epstein lediglich als theoretisches Modell für eine sehr weit gefasste «photogene Beweglichkeit» diente (Ebd., S. 51). Ansonsten bevorzugte Epstein in LA ROUE nicht die Montagesequenzen sondern die poetischen Stellen (EPSTEIN, *Écrits sur le cinéma*, Bd. I, S. 141, 148, 150).

108   FAURE, De la cinéplastique, S. 497. Sich der unterschiedlichen Wirkung eines internen, mit der Photogénie verbandelten und eines externen mit der Montage assoziierten «Rhythmus» bewusst, beharrten im Gegensatz zu Faure insbesondere Delluc und Moussinac auf einer begrifflichen Unterscheidung dieser beiden «Rhythmen». Mit dem wiederaufgegriffenen Begriff *cinégraphie* bezogen sie sich auf die filmsprachlichen Möglichkeiten und dabei auf den Montagerhythmus (vgl. ABEL, *French Film Theory and Criticism*, Bd. I, S. 207 [Bezug nehmend auf: Louis Delluc, Kap. «La Cadence», in: *Photogénie*, 1920; Moussinac: «Du rythme cinégraphique» und Delluc: «Cinégraphie», in: *Le Crapouillot*, März 1923; auch René Clair: «Les Films du mois: *Coeur fidèle*», in: *Théâtre et Comoedia illustré*, Februar 1924]).

109   FAURE, De la cinéplastique, S. 502.

110   EPSTEIN, Eigenschaften des Photogénies.

ten einer eindeutigeren Fassung des kinematographischen «Objektbilds».[111].
Beide Verfahren der Realitätsaneignung und somit beide Kunstkonzepte
konnten in ein und denselben Avantgarde-Film einfließen: Jean Grémillons
Kurzfilm Photogénie mécanique (1924), der leider nicht mehr erhalten
ist, ist nur ein und wegen seines Titels vielleicht das schlagendste Beispiel:
Über ihn ist bekannt, dass Grémillon ihn aus Sequenzen seiner gleichzeitig
entstandenen Dokumentarfilme zu einer experimentellen Montage «indus-
trieller Objekte» zusammenfügte und im Vieux-Colombier, anlässlich eines
Vortrags von Pierre Hamp daselbst, präsentierte.[112] Zu erwähnen wären
da natürlich auch andere experimentelle dokumentarische Kurzfilme, wie
diejenigen von René Clairs Bruder Henri Chomette, Le Jeux des reflets et
de la vitesse und Cinq Minutes de cinéma pur (beide 1925), die erwähnten Kurzfilme Abel Gance' oder wiederum auch der Stadtfilm Jean Vigos.

Auch im effektiven filmtheoretischen Diskurs um 1925 wurden die
Differenzen der zwei unterschiedlichen Realitätsaneignungen nicht immer
ausgesprochen, wenn beide Filmkunststrategien sich gerne auf die gleiche
Eingangssequenz der rasenden Räder von Gance' La Roue bezogen[113] und
sich gleichermaßen, auf ihre je eigene Art, auf den dokumentarischen oder
wissenschaftlichen Film beriefen.[114]

---

111 ABEL, French Film Theory and Criticism, Bd. I, S. 331 (bezugnehmend auf: Georges
     Charensol: «Le Film abstrait» und Fernand Léger: «Peinture et cinéma», beide Texte in:
     Cahiers du mois, Nr. 16/17, 1925).

112 AGEL, *Jean Grémillon*, S. 15 f. u. S. 167.

113 Epstein schreibt über La Roue: «Wir müssen uns darüber klar werden, warum diese
     rasenden Räder in *La Roue* die maßgeblichsten Sätze darstellen, die in der Sprache der
     Kinematographie aktuell geschrieben wurden. Und zwar, weil in diesen Bildern die
     am klarsten definierte Rolle den – wenn nicht gänzlich, so doch annähernd gleichzeiti-
     gen – Variationen in der raum-zeitlichen Ausdehnung zukommt» (EPSTEIN, Der Ätna,
     S. 51). Wohingegen Léger Folgendes über La Roue schreibt: «The third [the plastic state,
     Ch. H.], the one that concerns me, occurs almost exclusively in the first three sections,
     where the mechanical element plays a major role, and where the machine becomes *the
     leading character, the leading actor*. It will be to Abel Gance's honour that he has success-
     fully presented an *actor object* to the public. This is a cinematographic event of conside-
     rable importance, wich I am going to examine carefully.» (LÉGER, «La Roue», S. 272).
     Während Epstein im Zusammenhang mit Gance' Eisenbahnmontage von den «annä-
     hernd gleichzeitigen Variationen in der raum-zeitlichen Ausdehnung» spricht, ist es für
     Léger, wie er in seinem Artikel anschließend ausführt, «eine unendliche Bandbreite von
     Methoden» zur Präsentation «dieses neuen Elements», die ihn in den Bann zieht (es
     sind die Montage von «Großaufnahmen» und von «befestigten oder beweglichen me-
     chanischen Fragmenten» dieses von ihm vergötterten Filmobjekts und die Projektion
     der Objektbewegungen «in einer erhöhten Geschwindigkeit», die sich «dem Zustand
     der Gleichzeitigkeit» annähert). Léger nimmt diese Sequenz, wie Standish D. Lawder
     ausführt, zum Anlass, über ein Konzept des plastischen Kinos und über die Konzeption
     von Le Ballet mécanique nachzudenken (LAWDER, *The Cubist Cinema*, S. 89–95).

114 Vgl. die Einbettungen des wissenschaftlichen Films in die unterschiedlichen Konzepte
     Faures, Légers und Epsteins in: FAURE, De la cinéplastique, S. 498 f.; LÉGER, Painting
     and Cinema, S. 373; EPSTEIN, Der Ätna, S. 44 (s. auch Anhang 2).

Unter dem Strich scheinen Theorie und Praxis also nicht unbedingt dieser, für unser theoretisches Verständnis so notwendigen Trennlinie in der avantgardistischen Realitätsaneignung gefolgt zu sein. Der Graben zwischen der analytischen und der synthetischen Kunstfilmstrategie zeichnet sich Mitte der 1920er-Jahre eher in der spontanen Bewertung der Art und Weise, wie sich die Filme Realität aneignen, ab, wenn es auf praktischer Ebene für einen Studiokinobetreiber etwa darum ging, einen Film in ein Programm aufzunehmen oder nicht. Mit seiner exzessiven Montage provozierte Légers LE BALLET MÉCANIQUE (1924)[115] zum Beispiel Jean Tedeschos Ablehnung, welcher der photogénienahen, dokumentaristischen, also der ‹analytischen›, Seite zuneigte. Das kinematographische Ballett, dessen plastisches und ungleich absichtsvolleres Ziel ganz anders gelagert war als dasjenige der von Tedesco bevorzugten dokumentarischen Avantgardefilme, musste in seinen Augen Photogénie vermissen lassen, und es ist nicht weiter verwunderlich, dass dieser LE BALLET MÉCANIQUE für sein Kinoprogramm dann auch ablehnte.[116] Auf theoretischer Ebene waren es zum Beispiel die wertenden Augen Epsteins, der sich 1924 besonders intensiv mit Photogénie, also mit einer Form der analytischen Realitätsaneignung, beschäftigt hatte und in seinen Artikeln in *Cinéa-Ciné-pour-tous* (1926) und in *Photo-Ciné* (1928) mit den von ihm als «cinéma-kaléidoscope» bezeichneten synthetischen Spielereien hart ins Gericht ging. Gemeint waren die Filme Fernand Légers, Viking Eggelings, Hans Richters und Man Rays.[117]

Es lohnt sich im Nachhinein, in heuristischer Weise, diesen seit dem Kubismus so präsenten theoretischen Unterschied zwischen «analytischer» und «synthetischer» Realitätsaneignung, zwischen diesen zwei tendenziellen Filmkunststrategien, im Auge zu behalten und voneinander zu unterscheiden. Im Falle des avantgardistischen Films heißt dies, die gleichsam passive, dokumentarische und mechanische Aufzeichnung von Realität von der vergleichsweise aktiven, dialektischen und handwerklichen Bearbeitung dokumentarischer oder anderer Aufzeichnungen zu unterscheiden, damit wir den Kern der maßgeblichsten Photogénie-Theorie, der Epstein'schen, besser verstehen können und damit wir, in ihr und mit ihr, im Folgenden die damals wichtigste und nachhaltigste theoretische Rolle des wissenschaftlichen Films und seiner Verfahren in der avantgardistischen Filmtheorie der französischen Hauptstadt besser fassen können. Ungleich stärker als jeder

---

115 Zu *Le Ballet mécanique* im Allgemeinen: LAWDER, *The Cubist Cinema*, S. 89–95 und Judy Freeman: «Léger's *Ballet mécanique*», in: KUENZLI, *Dada and Surrealist Film*, S. 28–45.
116 GAUTHIER, *La Passion du Cinéma*, S. 142.
117 EPSTEIN, *Écrits sur le cinéma*, Bd. I, S. 127 f. (Jean Epstein: «L'objectif lui-même», in: *Cinéa-Ciné-pour-tous*, 15.01.1926) u. S. 184 (Jean Epstein: ‹‹La vue chancelle sur des ressemblances …›», in: *Photo-Ciné*, Februar/März 1928).

andere Theoretiker der Zwischenkriegszeit verankerte Epstein den wissenschaftlichen Film in einer weittragenden, zunehmend philosophischen Theorie des Kinos, deren Grundlage stets das Geheimnis der Photogénie und ihres poetischen Ausdrucks, ihrer «Lyrosophie», war. Die in seiner Filmtheorie regelmäßig wiederkehrende Positionierung des wissenschaftlichen Films als zentrales Denkmodell für Film schlechthin und die Breitenwirkung seiner mit diesem Modell verbundenen Konzeption der Photogénie innerhalb der Pariser Filmtheorie der 1920er-Jahre prädestinieren ihn für die Rolle des Vergil im theoretischen Dunkel unseres Wegs durch die avantgardistische Auffassung wissenschaftlicher Filmwelten, – durch einen theoretischen Bereich zwischen Wissenschaft und Kunst, der für ihn noch mehr als sonst im Umfeld der filmischen Avantgarde das umschrieb, was Einstein «das Geheimnisvolle» nannte, «das Schönste, was wir erleben können.»[118]

2.7 Avantgardistischer Dokumentarismus: Wissenschaftliche Photogénie und Kosmos

> *Das Schönste, was wir erleben können, ist das Geheimnisvolle. Es ist das Grundgefühl, das an der Wiege von wahrer Kunst und Wissenschaft steht. Wer es nicht kennt und sich nicht mehr wundern, nicht mehr staunen kann, der ist sozusagen tot und sein Auge erloschen. Das Erlebnis des Geheimnisvollen – wenn auch mit Furcht gemischt – hat auch die Religion gezeugt. Das Wissen um die Existenz des für uns Undurchdringlichen, der Manifestationen tiefster Vernunft und leuchtendster Schönheit, die unserer Vernunft nur in ihren primitivsten Formen zugänglich sind, dies Wissen und Fühlen macht wahre Religiosität aus; in diesem Sinn und nur in diesem gehöre ich zu den tief religiösen Menschen.*[119]
> Albert Einstein (1934)

2.7.1 Kinematographische Aufdeckung oder Die Verheißung des wissenschaftlichen Films

Wie schon die Künstler neigten auch die Filmemacher der Pariser Avantgarde dazu, in moderner Weise über ihr Medium und seine ureigenen Mittel zu reflektieren. Was lag also näher als in diese Reflexion den wissenschaftlichen Film und seine Verfahren der zeitlichen und räumlichen Aufdeckung

118 EINSTEIN, *Mein Weltbild*, S. 9f.
119 Ebd.

einzubinden? Mit diesen filmspezifischen Verfahren war er besonders geeignet, die Möglichkeiten einer modernen kinematographischen Sicht auf die Welt und, insbesondere mit den zeitlichen Verfahren, die Möglichkeiten von dramaturgischen, wenn nicht sprachlichen Effekten zu illustrieren.

Als sich um 1920 in Paris der theoretische Diskurs über Filmkunst intensivierte und sich dieser Neigung zur Reflexion über die spezifischen Mittel des Films hingab, geschah genau dies: plötzlich stand der wissenschaftliche Film wie kein anderes Genre dafür, was die Theorie als spezifische Filmkunst erachtete. Die exklusive Position, die der wissenschaftliche Film fortan in der Filmtheorie der 1920er-Jahre einnahm, hatte, wir haben es gesehen, auch andere Gründe: seine wiederentdeckte Popularität als wissenschaftlicher Attraktionsfilm, seine antikünstlerische, amoralische, bisweilen verblüffende und ‹ausgreifende› Wissenschaftlichkeit, sein auf die Spitze getriebener, wissenschaftlicher Realismus – Eigenschaften, denen die Dadaisten oder die avantgardistischen Dokumentaristen, in echter Betroffenheit oder auch nur in einer avantgardistischen Attitüde, auf ihre je eigene Art erlagen. Die filmspezifische Aufdeckung der wissenschaftlichen Filme hielt aber mit ihren normalerweise nicht sichtbaren Bewegungen ein besonders verführerisches und besonders kinematographisches Geheimnis bereit, das nicht nur geeignet war, tiefere Einblicke in eine normalerweise unsichtbare Natur zu vermitteln, sondern sich mit seiner unbestrittenen Faszination und Überzeugungskraft auch als Mittel anbot, um gegen die verhassten Literaturverfilmungen vorzugehen. In der Theorie entwickelte sich der wissenschaftliche Film daher nicht nur zu einem blutleeren theoretischen Beispiel für filmspezifische technische Möglichkeiten, sondern gar zu einer Metapher für spezifische Filmkunst schlechthin.

Wie virulent, und gleichzeitig auch unausgegoren, die daraus abgeleiteten theoretischen Implikationen zunächst waren, zeigt der kurze Aufsatz *De la cinéplastique* (1920) des Kunsthistorikers Élie Faure: Mit seinem ausführlichen Verweis auf Zeitlupen- und andere wissenschaftliche Filme drückte er schlicht seine Begeisterung für ihre «Kraft der rhythmischen Aufdeckung» aus, offenbar noch ohne sich gezwungen zu sehen, diese «Kraft» auch argumentativ in sein «kinoplastisches» Konzept einzubinden:

> Ich verweise auf die außerordentliche Kraft der rhythmischen Aufdeckung, die man aus den Zeitlupenbewegungen [*des mouvements ralentis*, Ch. H.] dieser Pferde im Galopp ableiten kann, die aus kriechender Bronze zu sein scheinen, oder dieser rennenden Hunde, deren muskuläre Kontraktionen an das Dahinschlängeln der Reptilien erinnern, oder dieser Vögel, die im Raum zu tanzen scheinen mit den Segeln ihrer schleppenden, aufgerichteten, wie Fahnen zusammengefalteten und wieder entfalteten Flügel, oder dieser Bo-

xer, die zu schwimmen scheinen, schließlich dieser Tänzer und dieser Schlitt-
schuhläufer, die ihre Kreise drehen, sich bewegenden Statuen gleich [...]. Ich
verweise auf das tiefe Universum des unendlichen Bereichs des Mikroskopischen, und vielleicht morgen des Teleskopischen, auf den beispiellosen Tanz
der Atome und der Sterne und auf das Dunkel unter Wasser, das sich zu lich-
ten beginnt...[120]

Ein Jahr später rückt Jean Epstein in seinem «paradadaistischen»[121] Text
Bonjour Cinéma (1921) den wissenschaftlichen Film schon entschiedener
in einen theoretischen Fokus, wenn auch noch essayistisch eingebettet in
ein bisweilen wirres Staccato wortreicher Abfolgen, wenn es bei ihm heißt:
«Jedes Volumen ist in Bewegung und reift heran, bis es platzt. Glühendes
Leben der Atome, die Brown'sche Bewegung ist sinnlich wie die Hüfte einer Frau oder eines jungen Mannes.»[122] Epstein wird in den folgenden Jahren die hier in der Sprache ausgelebte avantgardistische Perspektive sys-
tematisieren. Wiederum in anderer Weise theoretisiert Fernand Léger den
wissenschaftlichen Film und seine Aufdeckungen, wenn er in gewohnter
Weise den Fokus auf das «Objekt» – jetzt das filmische «Objekt» – legt, das
mithilfe «gigantischer» Vergrößerung sein Beispiel im wissenschaftlichen
Film findet, wenn er 1925 schreibt: «Der Irrtum des Kinos ist das Drehbuch.
Befreit von diesem negativen Gewicht, kann das Kino das gigantische Mikroskop von vorher nie gesehenen oder erfahrenen Dingen werden.»[123] Typischerweise macht auch Léger kaum einen Unterschied zwischen wissenschaftlichem Kino und Kino generell.

Während Faure, der frühe Epstein und auch Léger den sperrigen und
gleichzeitig so verführerischen wissenschaftlichen Film in ihre je eigene
essayistische Auffassung einer neuen Kinoästhetik nur lose einbinden,
geht Louis Delluc im Kapitel «Photographie» seines schon bald berühmten
Kinobüchleins *Photogénie* (1920) als erster einen Schritt weiter: In diesem
Kapitel sieht Delluc photogenes Eigenleben ansatzweise schon in Photographien bewegter «Bäume», «Tiere» oder «Luft» und in ihren «vertrauten
Rhythmen des Lebens» realisiert, in Rhythmen, die «aus kleinen Einzelbe-
wegungen zusammengesetzt» sind, «deren Erkenntnis uns anrührt».[124] Ein

---

120 FAURE, De la cinéplastique, S. 498 f. Übers. aus dem Franz. v. Ch. H.
121 Bezug nehmend auf *Bonjour Cinéma* schreibt Epstein rückblickend in seinen *Mémoires*:
    «Et toute une partie du volume – faite de poèmes faciles dans ce style tachytélégra-
    phique qui a caractérisé l'avant-garde littéraire, pré ou paradadaïste – ne pouvait avoir
    de signification que strictement momentanée.» Zit. n. der Einlage im hinteren Umschlag
    von EPSTEIN, *Bonjour Cinéma* (Reprint).
122 EPSTEIN, Bonjour Cinéma, S. 36.
123 LÉGER, Painting and Cinema, S. 373. Übers. aus dem Engl. v. Ch. H.
124 DELLUC, Photographie, S. 90.

paar Zeilen später bringt Delluc diesen photogenen Ausdruck von Leben auch konkret mit wissenschaftlichen Filmen über «das Leben der Affen» oder «das Verwelken der Blumen» (in Zeitraffer) in Verbindung:

> Das Beste an einem Kino-Abend ist manchmal die Wochenschau: Marschie-rende Soldaten, weidende Schafe auf einer Wiese, der Stapellauf eines Kriegs-schiffes, Menschen am Strand, ein startendes Flugzeug, das Leben der Affen, das Verwelken der Blumen … Da gibt es immer wieder Momente, die uns so stark beeindrucken, dass wir sie als Kunst empfinden. Dies können wir vom Hauptfilm – eintausendachthundert Meter lang – nicht immer behaupten.[125]

Anders als Faure, der frühe Epstein und Léger bindet Delluc den wissen-schaftlichen Film nun nicht nur in die Theorie – in seine Theorie der «Pho-togénie» – ein, die er im gleichen Jahr an anderer Stelle als ein Phänomen von Lichtreflexen definiert,[126] sondern, mit ihr, auch in ein tiefergehendes wissenschaftlich-theoretisches Interesse für die Aufdeckungsräume des Films generell. Colette hatte diesen tieferen, Ästhetik und Erkenntnis zu-sammenführenden Zusammenhang vielleicht schon vor Delluc erkannt, als erster theoretisierte ihn aber Delluc und bereitete so den Boden für eine tiefere Bearbeitung durch Jean Epstein und Germaine Dulac vor.

Wie wir schon in einem vorhergehenden Kapitel gesehen haben, setzte sich der stereotype Charakter dieser von mir unsystematisch zusammen-getragenen Verweise der frühen französischen Filmtheorie auf den wissen-schaftlichen Film bis in die 1930er-Jahre hinein fort (also bis in die Historisie-rung des Avantgardefilms und in die ersten Kinobände und Filmgeschichten in Frankreich). Filmkunst verstanden als theoretische Herausforderung fand schließlich, bevor sich die Bedingungen des Tonfilms vollends bemerkbar machten, auch hier ihr selbstverständliches Beispiel in den Aufdeckungs-räumen des wissenschaftlichen Films, denn welches Genre, nachdem Delluc, Epstein und dann auch Germaine Dulac es vorgemacht hatten, konnte in ei-nem Kinoband des (Stumm-)Films besser die optisch-mechanischen Grund-bedingungen der filmischen (und photogenen) Erweiterung der sichtbaren Welt erläutern, welches Genre die Sprache der Kamera besser illustrieren? So verzichtet im Kinoband der Éditions du Cygne Joé Hamman in seinem (leider konzeptlosen) Beitrag zur Photogénie nicht auf das Beispiel des ki-nematographischen «Galopps eines Pferdes in Zeitlupe» (den schon Faure erwähnt),[127] und ebenso wenig verzichtet Henri Fescourt in seinem Vorwort

---

125 Ebd., S. 90 f.
126 Delluc definiert *photogénie* als eine «Wissenschaft von den Lichtreflexen, die das filmi-sche Auge einfängt» und als ein «Geheimnis der stummen Kunst» des Filmemachers, diese Lichtphänomene der Außenwelt zu komponieren (Ebd., S. 91).
127 «La photogénie est le terme actuellement usité pour définir l'harmonie, l'expression

desselben Bands nicht auf ein (wohl fiktives) Beispiel wissenschaftsfilmischer Montage, um über die Aufdeckungsleistungen des Kinos generell zu
reflektieren. Fescourt nutzt diesen der Welt des wissenschaftlichen Films
entliehenen Argumentationsschatz nicht etwa als Vertreter der filmischen
Avantgarde (Fescourt argumentiert sonst gar als Regisseur und Verfech-
ter einer narrativen Ausdrucksweise), sondern folgt lediglich einer in den
1930er-Jahren etablierten Konzeption von Filmgeschichte, wenn er schreibt:

> Man könnte fast sagen […], dass, dank des Kinos, die Relativität der Zeit und
> des Raumes sichtbar wird vor dem nackten Auge: eine Mikrobe, zehnmillio-
> nenfach vergrößert und neben einen Elefanten auf die Leinwand gesetzt, wird
> seinesgleichen.[128]

Die schon um 1910 beliebte affektive Partizipation an der filmspezifischen
Aufdeckung wissenschaftlicher Filme hatte sich nach der Theoretisierung
ihrer Phänomene zu Beginn der 1920er-Jahre zunehmend zu einer Reflexion ihrer Ausdrucksmittel und ihrer Erkenntnisräume gesteigert. Den wissenschaftlichen Film zu denken, bedeutete von nun an in den Kategorien
der Filmkunst zu denken und ein Pfand für die moderne Besinnung auf
den «reinen» Film, auf das Cinéma pur, in der Hand zu halten, war er doch
ebenso Garant für eine adäquate Reflexion über die ‹eigentlichen› Mittel
des Films wie für tatsächliche Aufdeckung normalerweise nicht sichtbarer
Bewegung und somit für Erkenntniserweiterung. Als wissenschaftlich ex-
aktes und modernes Erzeugnis optischer Mechanik bot er schließlich – bei
aller antikünstlerischen, antibürgerlichen Attitude, die mit ihm einherge-
hen konnte – den Vorzug, unumstritten zu sein, ja gar in einer großen all-
seits respektierten französischen Tradition zu stehen, die mit Etienne-Jules
Marey ihren Anfang nahm. Man musste also kein Kinopurist sein – und
Fescourt war dies ganz sicher nicht –, um die avantgardistische Rezeption des wissenschaftlichen Films als ernstzunehmende Recherche zu den
Grundbedingungen des Films zu akzeptieren.

---

des images dans la gamme des valeurs, dans leurs contrastes, leur atmosphère et leur
plastique: une jolie tête de femme aux yeux expressifs, le galop d'un cheval au ralenti, un décor bien conçu et étroitement éclairé, un beau paysage forment un ensemble
photogénique. Toutes les expressions objectives ou subjectives sont des chaînons indis-
solubles qui doivent s'accorder en tout point» (HAMMAN, De la photogénie, S. 303).
Diese Beispiele, die Joé Hamman 1932 zur Illustration der *photogénie* aufbietet, zeigen,
wie vage der Begriff durch die 1920er-Jahre hindurch geblieben ist. Sie decken in etwa
die gesamte Bandbreite dessen ab, was man unter dem photographisch und filmisch
Photogenen verstehen konnte.

128 FESCOURT, *Le Cinéma*, S. 7 (man muss bei diesen Einstellungen, die Fescourt als Beispiele wählt, unverzüglich an Edisons schockierenden ELECTROCUTING AN ELEFANT
[1903] und an Comandons kaum weniger erschütternde Mikrokinematographie [seit
1909] denken). Übers. aus dem Franz v. Ch. H.

Als exklusiv avantgardistisch erweist sich schon eher der publizistische Gebrauch der Begriffe «Zeitlupe» (*ralenti*) und «Zeitraffer» (*accéléré*). Entsprechende Spuren, die ich nur bei Epstein systematisch verfolge, ließen sich in unserem Rahmen zu Hauf nachweisen, entwickelten sich diese beiden Begriffe doch um 1920 zu veritablen Schlagwörtern des Cinéma pur, deren metonymische Bedeutung für «Film» auch als Versprechen für ein Kino der Zukunft zu werten war (was insgesamt im Übrigen zu einer gesonderten intertextuellen Untersuchung den Anlass gäbe).[129] Während im dadaistischen Film die exklusive Bedeutung dieser beiden zeitlichen Verfahren noch ihren spielerischen, praktischen Anfang nahm, so stellten sie in den folgenden Jahren doch auch eine theoretische Herausforderung dar, der sich letztlich nur Jean Epstein und Germaine Dulac wirklich stellten. Antonin Artaud sollte an dieser Aufgabe scheitern.[130]

Eine Bemerkung zur Diskussion des ‹Zufalls› im wissenschaftlichen Film

Angesichts der avantgardistischen Neigung, im wissenschaftlichen Film und seiner filmspezifischen Photogenie auch seine Aufdeckung von Bewegung und Leben zu sehen, beschränkte sich diese, das Medium reflektierende Lesart des wissenschaftlichen Films nicht nur auf die tieferen ästhetischen Zusammenhänge kinematographischer Bewegung, sondern bezog sich auch auf andere, sehr viel konkretere Aspekte kinematographischen Lebens: etwa auf die nach wie vor attraktiven «Sitten und Gebräuche» exotischer, kleiner Lebewesen (monströsen *vedettes* gleich), auf die «plastische» Wirkung ihrer Körperfragmente[131] oder auf die überbordenden Zufallsereignisse in wissenschaftlichen Filmen generell.[132] Gerade die Re-

---

129 Vgl. CENDRARS, *La fin du monde*, S. 41–46 (6. Kap. «Cinéma accéléré et cinéma ralenti»); EPSTEIN, *Écrits sur le cinéma*, Bd. I, S. 61 (Stichwort «La Chute de la Maison Usher 1928»), S. 139 (*Le Cinématographe vu de l'Etna* 1926), S. 191 («L'âme au ralenti», in: *Paris-Midi*, 11.05.1928), S. 287 f. (*L'Intelligence d'une Machine* 1946), S. 369 f. (*Le Cinéma du Diable* 1947), S. 386 (*Le Cinéma du Diable* 1947); ARTAUD, La vieillesse précoce, S. 25; etc.

130 «Toutes les fantaisies concernant l'emploi du ralenti ou de l'accéléré ne s'appliquent qu'à un monde de vibrations clos et qui n'a pas la faculté de s'enrichir ou de s'alimenter de lui-même; le monde imbécile des images pris comme à la glu dans des myriades de rétines ne parfaira jamais l'image qu'on a pu se faire de lui» (ARTAUD, La vieillesse précoce, S. 25). 1933, zur Zeit der allgemeinen theoretischen Revision der Standpunkte, schaut Artaud voll bitterer Enttäuschung auf die Stummfilmära und auf die in seinen Augen nicht eingehaltenen Versprechungen von Zeitlupe und Zeitraffer zurück. Bemerkenswert ist hier die metonymische Bedeutung des Begriffspaars «Zeitlupe» und «Zeitraffer» für «Film».

131 PAINLEVÉ, Fernand Léger, S. 7. Hierin vergleicht Painlevé die «plastische Seite» von fragmentierten Objekten in Légers Malerei mit der «plastischen Seite» von Fragmenten kleinster Tiere in seinen eigenen biologischen Filmen.

132 BAZIN, Beauté du hasard, S. 10 (vgl. meine deutsche Übers. in Anhang 5). Bazin, Ver-

zeption des letzteren Aspekts kinematographischen Lebens, die im Kontext allgemeiner modernistischer Beschwörung des Zufalls zu sehen ist und auf die wissenschaftliche Sichtbarmachung flüchtiger, unvorhersehbarer Bewegungen und anderer Veränderungen in Habitaten des Lebens fokussiert, bildet einen wichtigen Teil der modernen Lesart von wissenschaftlichen Filmen. Mit Bazins Text «Beauté du hasard. Le film scientifique» (1947, vgl. in Anhang 5 als deutsche Übers.), der die entscheidende ästhetische Bedeutung des wissenschaftlichen Films in seiner Aufdeckung von zufälligen Kleinstereignissen sieht, sollte der kinematographische Zufall sein herausragendes Beispiel theoretischer Auseinandersetzung erhalten.[133] Trotzdem der Zufall auch schon in den 1920er- und 1930er-Jahren immer wieder in kunsttheoretischen Texten als Kernanliegen aufblitzt (ich erinnere nur an die Surrealisten, die den Zufall als Methode ihres automatischen Schreibens kultivierten), fällt er doch thematisch aus dem spezifischen Spannungsfeld des Cinéma pur, das den Wissenschaftsfilm und die filmische Avantgarde in den 1920er-Jahren so sehr aneinander fesselte, heraus. Ihm sei – all seiner Macht zum Trotz – deshalb eine gesonderte Berücksichtigung an anderer Stelle vorbehalten.[134]

treter einer jüngeren, nachavantgardistischen Generation, nimmt hierin den in der Zwischenkriegszeit populären Gedanken des Zufalls als Phänomen der Moderne wieder auf und stellt ihn ins Zentrum der spezifisch «paradoxen» und antikünstlerischen Kunst des wissenschaftlichen Films.

133 BAZIN, Beauté du hasard.

134 Ich denke da an die theoretische Auseinandersetzung mit Zufall in Klees Begriff der «Verwesentlichung des Zufälligen» (KLEE, *Das bildnerische Denken*, S. 78 f.) und im surrealistischen Begriff des *hasard objectif* von Bretons Roman *Nadja* (Paris 1928) (PIERRE, Le parcours esthétique d'André Breton, S. 18 f.; vgl. SPIES, *Der Surrealismus*, S. 110). Epsteins filmphilosophische Abhandlung über den Zufall im Kap. «Le hasard du déterminisme et le déterminisme du hasard» in: *L'Intelligence d'une machine* (Paris 1946; EPSTEIN, *Écrits sur le cinéma*, Bd. I, S. 293–299; vgl. Bd. II, S. 84) und, natürlich, Bazins kurze theoretische Abhandlung über den wissenschaftlichen Film «Beauté du hasard. Le film scientifique» (BAZIN, Beauté du hasard), die unter dem Stern des paradoxen wissenschaftsfilmischen Zufalls steht, bilden die eigentlichen Beispiele in unserem Zusammenhang. Weiterspinnen könnte man die Bezüge bis zur praktischen Auseinandersetzung mit dem Prinzip des Zufalls in den vergleichsweise frühen *Stoppages* von Duchamp (3 *Stoppages étalon* [1913–14, MOMA New York]), bis zu diesen formalen Resultaten zufällig gefallener Kunststofffäden, oder bis zu Brassaïs (in *Minotaure*, Nr. 3/4, 1933) unter dem Titel *Sculptures involontaires* veröffentlichten makroskopischen Photographien einer aufgerollten Busfahrkarte und anderen zufälligen, unbeabsichtigten und unbeachteten Resultaten kleiner Manipulationen, die unter Brassaïs ungewöhnlicher photographischer Akribie zu monumentaler Schönheit erblühen. – Welch überraschender Schalk gerade aus den Zufällen gefilmter wissenschaftlicher Realität sprechen kann, hat uns zum Beispiel Painlevés makroskopische Filmsequenz von instinktiv sich festhaltenden, miteinander – in einem Fall Kopf über – am Greifschwanz verhakten, frisch geschlüpften Seepferdchen in L'Hippocampe (1935) gezeigt. Ein weiterer Fall stellt die von Painlevé im Vortrag «Formes et mouvements dans le documentaire» (1948, s. Anhang 6) beschriebene Aufnahme mit 2000 Bildern pro Sekunde, projiziert in der normalen Geschwindigkeit von 24 Bildern pro Sekunde, die in einer Schweißung

2.7.2 «La notion de cette quatrième dimension de l'existence»: Jean Epsteins universelle Konzeption von Zeitlupe und Zeitraffer

Wohl um das «große Mysterium» der Photogénie[135] nicht in einen allzu technischen, allzu praktikablen Begriff von ihr zu zwängen, sprachen Delluc und Epstein, Haupttheoretiker der Photogénie, nicht direkt von einer «Photogénie des wissenschaftlichen Films» oder «seiner zeitlichen Verfahren», nicht so direkt, wie es Hamman tun sollte. Jedoch liegt die Vermutung nahe, dass die in den Denkräumen der Ciné-clubs und der verschiedenen Kurzfilmproduktionen verhandelten chronokinematographischen Bewegungen gerade in den Augen dieser für die analytische Aufdeckung der Kamera so empfänglichen Vertreter der Photogénie in besonderer Weise «photogen» waren: Die zeitgerafften oder zeitgedehnten wissenschaftlichen Filme stellten in ihrer Sichtbarmachung von Bewegung nicht nur in besonderer Weise so etwas wie ‹spezifisch kinematographisches Leben› oder ‹umfassende Bewegung› aus – also etwas (wie wir noch genauer sehen werden), worum es in ihrem Konzept der «Photogénie» (und auch in Bela Balázs' Konzept der ihr verwandten «Physiognomie») im Wesentlichen ging –, sondern auch die zeitlichen Implikationen dieser Bewegungsphänomene, wie sie kaum exemplarischer sein konnten.[136] Mit der fast rituellen Huldigung an wissenschaftliche Filme und ihre Verfahren priesen Delluc und Epstein den pho-

Fontänen von Teilchen zeigt, die auf die in Fusion begriffene Materie in Parabeln zurückfallen oder eben, aus kaum voraussehbaren Gründen, auf hyperbolischem Wege definitiv entschwinden. – Nicht dass diese zufälligen Ereignisse keine Ursachen hätten, ihre Gründe sind in der Perspektive desjenigen, der sie filmt oder dann rezipiert, nur einfach zu mannigfaltig, um von ihm überschaut und eingebracht zu werden in eine Voraussage des Ereignisses (darauf hat schon Epstein hingewiesen: «Le hasard: résultat, non d'une manque de détermination, mais d'une détermination trop nombreuse», in: EPSTEIN, *Écrits sur le cinéma*, Bd. I, S. 294). – Vor wenigen Jahren konnte allerdings in der Forschungsgruppe um den Wiener Physiker Anton Zeilinger zum ersten Mal ein Ereignis nachgewiesen werden, das tatsächlich ursachenlos und somit wirklich rein zufällig geschieht, als ihr die erste Realisierung von Quantenteleportation gelang (vgl. ZEILINGER, *Einsteins Spuk*; und ZEILINGER, Von Einstein zum Quantencomputer). Vgl. hierzu Epsteins Abschnitt über den *hasard vrai* in: EPSTEIN, *Écrits sur le cinéma*, Bd. I, S. 295.

135 «Je me rappelle ma première rencontre avec Blaise Cendrars. C'était à Nice, où Cendrars assistait alors Gance pour la réalisation de *La Roue*. Nous parlions de cinéma et Cendrars me dit: ‹La photogénie, c'est un mot… très prétentieux, un peu bête; mais c'est un grand mystère!› Progressivement, plus tard je compris quel grand mystère est la photogénie» (EPSTEIN, *Écrits sur le cinéma* [*Le Cinématographe vu de l'Etna* 1926], S. 150).

136 Zur Photogénie sei hier eine Auswahl der Quellen- und der Sekundärliteratur aufgeführt: DELLUC, Photogénie I; DELLUC, Photogénie II; DELLUC, Photogénie III; DELLUC, Photographie; EPSTEIN, L'Élement photogénique; EPSTEIN, Eigenschaften des Photogénies; EPSTEIN, Photogénie des Unwägbaren; TREBUIL, *Kirsanoff*; HAMMAN, De la photogénie. Und: KESSLER, Photogénie und Physiognomie; ABEL, Photogénie; BRINCKMANN, Brumes d'automne; FAHLE, *Jenseits des Bildes*; TRÖHLER, Die sinnliche Präsenz.

togenen Ausdruck der kinematographischen Bewegung genauso wie eine hintergründige und bewegte Natur. In diesem Sinne hatte der wissenschaftliche Film ein Potenzial zu bieten, das Balázs diesem Genre nie so zubilligen wollte, wie es die Theoretiker der Photogénie taten, ein Potenzial nämlich, das nicht nur filmkünstlerisch und aufklärerisch zugleich war, sondern, so die Überzeugung, auch den Weg zum zukünftigen Film wies.[137]

Wir erinnern uns: Bei Delluc hatten die Photogénie-nahen Verweise auf den wissenschaftlichen Film ihren Anlass in der photographischen Erfahrung vom Eigenleben bewegter «Bäume», «Tiere» oder «Luft», von ihren «vertrauten Rhythmen des Lebens» und in der Erfahrung von dokumentarischen oder wissenschaftlichen Filmen.[138]

Ganz ähnlich, nur in einem anderen Umfang, verhält es sich bei Epstein, der mit PASTEUR, seinem wissenschaftlichen Dokumentarfilm über den großen Mediziner, seinen Einstand im Filmhandwerk gab.[139] Die Verweise Epsteins auf die wissenschaftlichen Filme beginnen mit seinen frühesten Texten, bekommen in *Le Cinématographe vu de l'Etna* im konzentrierten Zusammenhang mit dem Konzept der Photogénie eine besondere Virulenz und hören auch später nicht auf, seine filmtheoretischen Texte zu bestimmen, wenn er sich mit den Jahren vor allem den Implikationen der zeittechnischen Verfahren wissenschaftlicher Filme widmet. Ich beschränke mich im Folgenden darauf, nur die Verweise in *Bonjour Cinéma* (1921) und in *Le Cinématographe vu de l'Etna* (1926) vollständig aufzulisten.

---

137 Balázs hat die Natur selbst nie in dem Maße als wesentlichen Teil dieses kinematographischen Ausdrucks von Wirklichkeit gepriesen, wie es Delluc und Epstein mit der fast rituellen Huldigung an biologische wissenschaftliche Filme immer wieder getan haben (vgl. KESSLER, Photogénie und Physiognomie, S. 524–528). Balázs grenzte sich gar von der wissenschaftlich-technischen Sicht auf die Wirklichkeit, die diese französische Schule kennzeichnet, ab, indem er 1926 der wissenschaftlich-technischen Erweiterung des Sehsinns zur Aufdeckung weiterer Entitäten der natürlichen Welt ihre Relevanz absprach: «Wir können mit Teleskop und Mikroskop tausend neue Dinge entdecken, es wird doch immer nur das Gebiet des Gesichtssinns sein, das erweitert wurde» (BALÁZS, *Schriften zum Film*, Bd. I, S. 47).

138 DELLUC, Photographie, S. 90 f.

139 Eine nicht unwesentliche Fußnote ist die Tatsache, dass Epstein selbst mit einem wissenschaftshistorischen Dokumentarfilm begonnen hatte: Dank der vorübergehenden Büronachbarschaft mit Jean Benoît-Lévi, eines Produzenten und Regisseurs edukativer Filme, übernahm er die Regie von PASTEUR (1922), einer Dokumentation anlässlich des hundertsten Geburtstages des großen Mediziners. Seine Debütarbeit und das Metier des edukativen Films schildert Epstein nicht ohne Ironie gegenüber sich selbst und dem Genre (EPSTEIN, *Écrits sur le cinéma*, Bd. I, S. 49 f. [*Mémoires inachevés*]). Trotzdem war dieser Film mehr als eine Fingerübung, wenn er ihn zum Anlass nimmt, um über die kinematographische Eloquenz des Sujets ‹Pasteur› nachzudenken (ebd., S. 111 f.) und ihn auch später nicht aus seinem Œuvre streicht. Besonders hebt er aber die mikrokinematographische Arbeit und ihre Resultate hervor: «J'y ai surpris – dans la cinégraphie du fragile appareil de ces expériences reconstituées à l'Institut Pasteur de Paris – la beauté pas encore assez connue, ces objets dits inanimés et tous prodigieusement vivants» (ebd., S. 59).

Zu Beginn von *Bonjour Cinéma* kritisiert der junge Epstein die konservative Art und Weise, wie das Bildungsbürgertum wissenschaftliche Filme rezipiert (von «Herren, mit ihrem Hang zur überfeinerten Kultur» ist hier die Rede).[140] Gelte es doch vielmehr, wie Epstein einige Seiten später zu verstehen gibt, in den wissenschaftlichen Filmen, in ihren «Volumen», die «in Bewegung» sind und «heranreifen», bis sie «platzen», im «glühenden Leben der Atome» oder in der «Brown'schen Bewegung» eine ungeahnte Sprengkraft zu entdecken, wie sie nur «die Hüfte einer Frau oder eines jungen Mannes» haben könne.[141] Diese in *Bonjour Cinéma* formulierten Verweise beschwören in prädadaistischer und allgemeiner Manier die Ankunft des zukünftigen Kinos und verdeutlichen daher noch kaum den inneren theoretischen Zusammenhang.

Dann aber, in *Le Cinématographe vu de l'Etna* (vgl. Anhang 2), textuell eingebettet in die Schilderung der intensiven Naturerfahrung des brodelnden Ätna, den Epstein vor der Abfassung des Textes bestiegen hatte, arbeitet er in diese Rahmenhandlung nicht nur weitere Verweise zum populärwissenschaftlichen Film ein, sondern verankert sie auch in eine ernsthafte Argumentation über photogene Aspekte des Films, deren weiterer Zusammenhang ihn seither nicht mehr loslassen sollte. Während noch in *Bonjour Cinéma* ein Zeitlupenfilm mit platzender Seifenblase und ein mikroskopischer Film mit Brown'schen Bewegungen nur anklangen, präsentieren sich nun in *Le Cinématographe vu de l'Etna* die Zeitrafferfilme von keimenden Weizenkörnern und Flüssigkristallen (neben all den zahlreichen anderen Verweisen auf biologische Filme über die «Engel der Unterwasserwelt», die tanzenden «Medusen», die «Anemonen», die monströsen, «grausamen Insekten» und das «lächelnde», «feminine Steppengras») in einer ungleich prominenteren Darstellung und im größeren Zusammenhang von Photogénie und kinematographischem Leben. Diese Filme bündelten, so zitiert Epstein Ricciotto Canudo, «alle Gewalten der Natur» zur «umfassendsten Lebendigkeit» und zu einem «Animismus» des Kinos.[142] Auch das weitere Feld wissen-

---

140 Epstein erwähnt hierbei Filme über das «Leben der Ameisen» und über die «Metamorphosen der Larven» (EPSTEIN, Bonjour Cinéma, S. 29).

141 Ebd., S. 36. Hinter diesem Staccato wissenschaftlicher Referenz verstecken sich zwei (von Epstein nicht deklarierte) Sujets des wissenschaftlichen Films, die Epstein offensichtlich vor Augen schwebten: im einen Fall die platzende und populärwissenschaftlich vermarktete ‹Seifenblase in Zeitlupe›, von der Bull in seiner «siebten Serie» einige Beispiele hinterließ (vgl. LEFEBVRE/MANNONI, La collection des films de Lucien Bull, S. 149 f.), von der aber auch Roberto Omegna Versionen angefertigt hatte (mindestens eine Version ist im Painlevé-Archiv [LESDOCS] erhalten); im anderen Fall die wissenschaftlichen Filme der Brown'schen Bewegung, die, wir erinnern uns, mit ÉTUDE CINÉMATOGRAPHIQUE DES MOUVEMENTS BROWNIENS von Victor Henri 1908 ihren Auftakt genommen und in den 1910er-Jahren möglicherweise ebenfalls den Weg in die Music-halls gefunden hatten (vgl. S. 39, Anm. 24 in dieser Arbeit).

142 Ebd., S. 44 f.

schaftlicher Bildgebung steht in Epsteins Erläuterung von Kino Pate, wenn er grundsätzlich über den «Surrealismus» des Kinos nachdenkt und sich an seinen Gang durch ein chronophotographisches, verspiegeltes Treppenhaus erinnert: «Ich stieg darin [in jenem verspiegelten spiralförmigen Treppenhaus, Ch.H.] hinab wie durch die optischen Facetten des Komplexauges eines riesigen Insekts.»[143] Doch es sind vor allem die Photogénie filmischer Bewegung und ihre wissenschaftsfilmischen Beispiele, auf die es Epsteins Filmtheorie hier abgesehen hat. Im Kapitel «De quelques conditions de la photogénie»,[144] dem schon 1924 veröffentlichten Vortragstext über dieses spezifisch kinematographische Phänomen, geht Epstein dann auch zu einer näheren Bestimmung von Photogénie über, ohne sie, ihrem flüchtigen und mysteriösen Wesen gemäß, allerdings allzu sehr an Beispielen festzumachen. Trotzdem skizziert Epstein in diesem Textabschnitt mit dem Verweis auf die Zeitrafferfilme von Pflanzen und Kristallen den Entwurf für konkrete (potenziell photogene) Anwendungen der chronokinematographischen Verfahren als dem «Zeitrelief» verpflichtete, «dramaturgische» und, wie sich besonders in seiner Umsetzung in LE TEMPESTAIRE (1947) herausstellen sollte, auch als poetische und gar metaphysische Elemente.

Das «große Mysterium» der Photogénie, das sich aus der Vieldeutigkeit und Tiefe dieses Phänomens ergibt, durchzieht Epsteins Konzeption genauso wie seine Beispiele und kettet Theorie und Beispiel aneinander. Der aufs große Ganze zielende Anspruch dieser induktiven und manchmal ziemlich opaken Argumentation – und der Schlüssel zu deren Verständnis – ergibt sich aus der faszinierenden Unüberblickbarkeit (manchmal zufälliger, manchmal überraschend schöner, manchmal Erkenntnis fördernder) analytischer und transformatorischer Vorgänge in der Kamera, die, auf die Fläche der Leinwand projiziert, den vorfilmischen Dingen und ihren Bewegungen eine neue «sinnliche Präsenz»[145] oder – um einen Epstein'schen Terminus zu verwenden – eine «Persönlichkeit» verleihen.

Der im Phänomen Photogénie steckende spezifische Ausdruck von kinematographischem «Leben», «mitsamt seiner höchsten Ausformung, der «Persönlichkeit», erhöht in Epsteins Augen die Photogénie erst zu einem eigentlichen Wunder. Die Betroffenheit, die Epstein in den 1920er-Jahren

143 Ebd., S. 47. Mit solch überraschenden Abbildungen der Realität, so Epstein, überhöhe Kino die Realität nicht nur, es verzerre sie auch, und zwar in einer erbarmungslos analytischen, wissenschaftlichen und schmerzhaften Weise, gerade dann, wenn der Zuschauer selbst – oder der Treppenläufer Epstein – sich in der Abbildung in monströser Weise gespiegelt sieht.
144 Ebd., S. 48–54.
145 Ich entnehme die Beschreibung dieser damals neuen «sinnlichen Präsenz» der Dinge und ihrer Einbettung in eine filmische «immaterielle Materialität» den Ausführungen von Margrit Tröhler in: TRÖHLER, Die Sinnliche Präsenz, S. 296 u. S. 289–293.

in diesem Zusammenhang so gerne ausdrückt, liegt in beidem begründet, in der optisch-mechanischen Evidenz dieser so gerne verdrängten, hintergründigen, aber allgegenwärtigen Bewegung *und* in ihrem vielfältigen Ausdruck, der als stilistisches Element den Weg weist zu einer neuen Welt und zu einer neuen Sprache. Nach Epstein ergibt sich daraus ein Kino, das «polytheistisch» und «theogen» ist (und das Edgar Morin in seinen eigenen Entwurf von Kino aufnehmen wird).[146] Wie Walter Benjamin, der im «Optisch-Unbewussten» der Filmkamera ein neues wissenschaftlich-ästhetisches Erfassen der Realität am Werk sieht,[147] bestimmt auch Epstein mit seiner Konzeption der Photogénie die Stärke des Films im Zusammenspiel von Wissenschaft und Kunst. Für Epstein gründet dieses Zusammenspiel aber noch mehr als für Benjamin auf der Transformation dessen, was die Kamera mit ihrer Optik und ihren Verfahren der Zeitlupe und des Zeitraffers einfängt. Angesichts der rätselhaften raumzeitlichen Bewegungsformen, die sich mit diesen Verfahren ergeben, zielt Epstein auf noch tiefere Schichten des Unbewussten dieser Kamera.

Photogénie eröffnet somit den Zugang zu einer umfassenden Wissenschaftlichkeit und zu einer umfassenden Ästhetik, oder, wie Epstein sich ausdrückt, zu einem «moralischen Wert», wenn er feststellt, dass die filmische Reproduktion die «Dinge, Wesen und Seelen» in photogener Weise erhöhe. «Photogénie» sei allerdings an die Voraussetzung gebunden, dass die «Dinge, Wesen und Seelen» schon «bewegliche und persönliche Aspekte» in sich trügen:

> Nur die beweglichen und persönlichen Aspekte der Dinge, Wesen und Seelen können photogen sein, das heißt, sind dazu begabt, durch filmische Reproduktion einen höheren moralischen Wert zu erlangen.[148]

146 Edgar Morin zitiert diese Stelle Epsteins (in: MORIN, *Der Mensch und das Kino*, S. 175).
147 «Es wird eine der revolutionären Funktionen des Films sein, die künstlerische und die wissenschaftliche Verwertung der Photographie, die vordem meist auseinanderfielen, als identisch erkennbar zu machen. […] So wird handgreiflich, dass es eine andere Natur ist, die zu der Kamera als die zum Auge spricht. Anders vor allem dadurch, dass an die Stelle eines vom Menschen mit Bewusstsein durchwirkten Raums ein unbewusst durchwirkter tritt.» (BENJAMIN, *Das Kunstwerk*, S. 35 f.).
148 EPSTEIN, Eigenschaften des Photogénies, S. 52. Der Dreischritt der Herleitung hat die folgende Form (dabei ist die rhetorische Wiederholung der sprachlichen Wendung der kinematographischen Erhöhung auffällig und, in der Originalversion, ebenso die einmalige Verwendung von *cinégraphique* an Stelle von *cinématographique* [in den 1920er-Jahren gleichbedeutend mit «spezifisch filmkünstlerisch», vgl. ABEL, *French Film Theory and Criticism*, Bd. I, S. 195–223]): «Als photogen bezeichne ich jeden Aspekt der Dinge, Wesen oder Seelen, welcher durch die kinematographische Reproduktion an moralischer Qualität gewinnt (S. 49). […] Nun formuliere ich genauer: Nur bewegliche Aspekte der Welt, der Dinge und Seelen können in ihrem moralischen Wert durch die filmische Reproduktion gesteigert werden (S. 50). […] Ich schlage Ihnen deshalb vor, zu sagen: Nur die beweglichen und persönlichen Aspekte der Dinge, Wesen und Seelen

Diese in *Le Cinématographe vu de l'Etna* formulierte, komplexe und keineswegs starre Bestimmung von «Photogénie» und ihrer Zeitlichkeit, die man am ehesten mit ‹kinematographischer Bewegung› oder mit ‹kinematographischem Leben› umschreiben kann,[149] nimmt sich ein besonders schönes Beispiel an einer populärwissenschaftlichen Filmvorführung in Nancy, über deren Umstände Epstein leider nichts Genaues bekannt gibt.[150] In dieser Textpassage, die Epstein dem Abschnitt über Photogénie voranstellt und zwei Jahre später auch in der Zeitschrift *Photo-Ciné* noch einmal separat veröffentlicht, beschreibt er eindringlich den Keimprozess eines Weizenkorns, so wie er ihn in jener Filmvorführung erlebt hatte. Für die Perspektive Epsteins auf den wissenschaftlichen Film ist diese Passage besonders aufschlussreich und verdient an dieser Stelle eine genauere Betrachtung.

Epsteins Kommentar zu diesem Ereignis hört sich wie eine Offenbarung dieses umfassenden (auch die mineralische Welt einschließenden) Ausdrucks von «Leben» an und erinnert an die enthusiastischen frühen Sätze des deutschen Filmtheoretikers Hermann Häfker zur «natürlichen Bewegung».[151] Der euphorische Ton misst sich offensichtlich auch an der

können photogen sein; dass heißt, sind dazu begabt, durch filmische Reproduktion einen höheren moralischen Wert zu erlangen» (S. 52).

149 Vgl. Fahles andere Annäherung an die «Photogénie» über den Begriff «bewegte Sichtbarkeit» in: FAHLE, *Jenseits des Bildes*, S. 41.

150 Epstein hatte seinen Vortrag zur Photogénie, der dann in *Le Cinématographe vu de l'Etna* nach der Schilderung des Ereignisses in Nancy Eingang fand, unter anderem auch in Nancy gehalten (am 1. Dezember 1923 bei der Groupe Paris-Nancy). Es ist also denkbar, dass Epstein als zur Photogénie Vortragender diese Zeitrafferfilme vorführte und in die Publikation von *Le Cinématographe vu de l'Etna* neben dem Vortragstext auch dieses von ihm initiierte Ereignis und seine Publikumsreaktionen einbrachte. Die Daten zum Vortrag in Nancy stammen aus EPSTEIN, *Écrits sur le cinéma*, Bd. I, S. 137.

151 Vgl. HÄFKER, Die Schönheit der natürlichen Bewegung. Häfker, in der Kinoreform-Bewegung aktiver Filmtheoretiker und Publizist, hängt mit Blick auf die «geographischen, ethnographischen, zoologischen, botanischen usw. Bilder» (S. 91) dieser Naturfilme einer monistischen Vorstellung des natürlichen Urgrundes nach. Wahrhaftige «Schönheit» erschließt sich ihm in der «natürlichen Bewegung», Ausdruck des natürlichen «Rhythmus», des eigentlichen «Gesetzes der [natürlichen Ch. H.] Schönheit. «Meereswellen» und das «Nebelstaubsprühen» ihrer «großen und kleinen Wasserfälle», das Fallen einer gefällten «Tanne» und das anschließende «Hochemporsteigen einer Wolke von Staub und Erde» sind Beispiele, die er anführt. Diese Bewegungen sind aber auch «Drama, die ‹Handlungs›-Dichtung der ‹Bewegung an sich›» (S. 93). Und weiter unten schreibt er: «Die Bewegungen der Natur scheinen, wie jeder Dichter sie ausnutzt, Erregungen in unserm Innern zu entsprechen. Ruhiges Dahinfluten und trotziges Sichaufbäumen, glückseliges Glasten im Sonnenlicht und felsenerschütterndes Aufflammen befreiter Massen – in alledem erblicken wir uns selber wieder. Es sind zuletzt dieselben Rhythmen, in denen Wogen und Herzen schlagen. Die Natur selber ist eine fertige Dichtung – es fehlte uns bisher nur das Handwerkszeug, sie unverfälscht nachzudrucken» (S. 93 f.). Der letzte Punkt nimmt das Konzept des Anthropokosmomorphismus Edgar Morins vorweg. Auf die spezifischen Techniken des wissenschaftlichen Films (Zeitlupe, Zeitraffer, Mikrokinematographie) geht Häfker allerdings nicht ein.

Intensität dieser von ihm und dem Publikum gemachten visuellen Erfahrung, die Epstein erinnert und, im Präsens vergegenwärtigend, geradezu beschwört:

> Das Kino setzt überall Gott ein. Ich selbst habe erlebt, wie in Nancy, in einem mit dreihundert Personen besetzten Saal, ein lautes Raunen aufbrauste, als die Leinwand das Keimen eines Weizenkorns sichtbar machte. So plötzlich, wie sich darin das wahre Gesicht des Lebens und des Todes offenbarte, entriss es den Menschen in eine geradezu religiöse Bestürzung. Welche Kirchen aber, wenn wir sie denn zu errichten wüssten, wären in der Lage, diesem Schauspiel, in dem das Leben selbst sich offenbart, Herberge zu bieten? Unvermutet, wie zum ersten Mal, sämtliche Dinge unter ihrem göttlichen Blickwinkel zu entdecken, mit ihrem symbolischen Profil, ihren unerschöpflichen Analogien, einem Ausdruck persönlichen Lebens, darin besteht die große Freude des Kinos – zweifellos vergleichbar den Schauspielen der Antike oder den Mysterienspielen des Mittelalters, die gleichermaßen Ehrfurcht einflößten und zum Vergnügen einluden. Im Wasser wachsen Kristalle, schön wie die Venus, geboren wie sie, voller Anmut, Symmetrie und geheimster innerer Zusammenhänge, Spiele des Himmels, so fallen Welten – von woher? – in einen Raum aus Licht.[152]

Der hier angesichts eines wissenschaftsfilmischen Zeitraffers von Epstein erfahrene Eindruck von existenzieller Bewegung und ihrem «Ausdruck von persönlichem Leben» – also, gemäß seiner Definition ein paar Zeilen später, von «Photogénie» – zeugt von der kinematographischen Erfahrung eines hintergründigen und deswegen umso wahrhaftigeren Lebens, das, wie es ein wenig später heißt, vom «Auge ohne Vorurteile, ohne Moral, unabhängig von zufälligen Einflüssen», also von einer unbestechlichen Objektivität optisch-mechanischer Aufdeckung, eingefangen und erhöht wird.[153]

Diese Vorstellung von einer ‹photogen erhöhten Wirklichkeit›, die Epstein in *Le Cinématographe vu de l'Etna* in dieser Umschreibung noch ein wenig im Dunkeln ließ, sollte Bazin rund zwanzig Jahre später – wohl in Anlehnung an Epstein –[154] in seinem Kapitel «Ontologie de l'image photo-

---

152 EPSTEIN, Der Ätna, S. 44 (Übers. aus dem Franz. v. Nicole Brenez, Ralph Eue und Peter Nau). Separat abgedruckt in: EPSTEIN, Des mondes tombent, S. 9; auch in: EPSTEIN, *Écrits sur le cinéma*, Bd. I, S. 133.

153 Ebd., S. 48.

154 Epstein schreibt in *Le Cinématographe vu de l'Etna* (1926) vom «Auge ohne Vorurteile, ohne Moral, unabhängig von zufälligen Einflüssen» (Ebd., S. 48); Bazin fasst dieses «Auge» rund zwanzig Jahre später in «Ontologie de l'image photographique» (1945) ganz ähnlich: nämlich als leidenschaftsloses «Objektiv» («Leidenschaftslosigkeit»), als «Objektiv ohne Gewohnheiten, Vorurteile» und «den ganzen spirituellen Dunst» (BAZIN, Ontologie des fotografischen Bildes, S. 39). Folgende wörtliche Analogien sind in den beiden Texten außerdem noch festzustellen: «das wahre Gesicht des Lebens und

graphique» beinahe besser verdeutlichen als der späte Epstein mit seiner konstruktivistischen Wendung in *L'Intelligence d'une machine* selbst: Nach Epstein und Bazin ist es nämlich der Kinematograph selbst, der, einem höheren Subjekt der Natur gleich, diese wahrhaftige Erhöhung in sich vorrealisiert. Sie ist nicht einfach nur ein ästhetisches Resultat des objektiven Zusammenhangs, nicht einfach Nebenprodukt, sondern der Zusammenhang in seiner umfassenden wissenschaftlich-ästhetischen Bedeutung selbst. In einer sich abwechselnden Beurteilung von Natur (oder von «Modell», wie es bei Bazin heißt) und photographischer Abbildung erfahren für Bazin Natur und Bild beiderseitig eine Abfärbung und Ontogenese und letztlich auch eine Identität (*l'image… est le modèle*).[155] Die photographische (und an anderer Stelle auch filmische) Abbildung wird nicht nur durch ihre evidente ontologische Verbindung mit dem Naturobjekt erhöht, sondern erhöht seinerseits auch, als ästhetisch transformiertes Wirklichkeitsbild, das es *auch* ist, die Schöpfungen der Natur. Schon in der filmtheoretischen Konzeption Epsteins von 1924/26 ist diese ontologische Kongruenz von filmischem Bild und Wirklichkeit festzustellen, wenn er «die beweglichen und persönlichen Aspekte der Dinge, Wesen und Seelen» dank der Kamera mit «eine(m) höheren moralischen Wert» ausgestattet sieht.[156] Ebenso befasst sich Epstein mit einer umfassenden Ontologie des Mediums, wenn er seine Beschreibung der analytischen und ästhetischen Kraft der Kamera ab 1930 weiterentwickelt zu einer Konzeption von veritabler Maschinenintelligenz und ihrem Zugang zu einer wahrhaftigeren, in zeiträumlichen Relationen gefassten Realität, zu einer Konzeption also, die über die photogenen Erscheinungen und ihre wissenschaftlich-ästhetische Erfahrung hinaus den induktiven Weg zunehmend zuspitzt zu einer Abstraktion kosmologischer Relationen. Schließlich geht diese Konzeption weit über das hinaus, was man noch in den 1920er-Jahren gemeinhin unter «Photogénie» verstand, und lässt auch Bazins Ontologie des photographischen

---

des Todes, der schrecklichen Liebe» (EPSTEIN, *Écrits sur le cinéma*, Bd. I, S. 133 [*Le Cinématographe vu de l'Etna* 1926], Übers. aus dem Franz. v. Ch. H., vgl. die andere Übers. in EPSTEIN, Der Ätna, S. 44) – «[…] ließ ihn wieder jungfräulich werden, sodass ich ihm [dem Gegenstand, Ch. H.] meine Aufmerksamkeit und meine Liebe schenkte» (BAZIN, Ontologie des fotografischen Bildes, S. 39). «Andererseits ist das Kino eine Sprache, […]» (EPSTEIN, Der Ätna, S. 52) – «Andererseits ist der Film eine Sprache» (BAZIN, Ontologie des fotografischen Bildes, S. 40).

155   «Das Bild mag verschwommen sein, verzerrt, farblos, ohne dokumentarischen Wert, es gründet durch die Art seiner Entstehung im Dasein des Modells; es ist das Modell. […] Die Existenz des photographierten Gegenstandes ist, wie ein Fingerabdruck, Teil der Existenz des Modells. Und deshalb fügt die Photographie der natürlichen Schöpfung etwas hinzu, anstatt sie durch eine andere zu ersetzen» (BAZIN, Ontologie des fotografischen Bildes, S. 37 f.).

156   EPSTEIN, Der Ätna, S. 52.

Bildes, diese auf Realismus zielende Größe, auf halber Strecke stehen.[157] Da ist vielmehr und zunehmend, wie Margrit Tröhler mit Gaston Bachelards *Poetik des Raumes* zu Recht betont, ein intuitiver und zugleich konstruktivistischer Erkenntnisbegriff oder, wenn man so will, eine abstrakte Poetik am Werk.[158] Insbesondere interessieren den späteren Epstein die objektiven Relationen von Quantität und Ausdruck[159] – das heißt die Relationen zwischen verschiedenen Projektionsgeschwindigkeiten und ihren jeweiligen Ausdrucksformen – und der wissenschaftliche Film als ihr bestes Beispiel: Während die in den Zeitrafferfilmen sichtbare «Beschleunigung der Zeit» grundsätzlich «belebt und spiritualisiert», neige das andere Verfahren, die in den Zeitlupenfilmen sichtbare «Verzögerung der Zeit», dazu, zu «töten» und zu «materialisieren», so Epstein in *L'Intelligence d'une Machine* (1946; Abb. 13).[160] Diese absichtsvoll messenden, zeitlichen Verfahren des Kinematographen geben in Epsteins Augen also ein besonders anschauliches Beispiel dafür ab, wie die filmischen Bewegungen in Abhängigkeit ihrer projizierten Geschwindigkeit wirken, dafür, was diese Auswirkungen in einem intrinsischen Sinn bedeuten könnten. Um diese hier aufscheinende epistemologische Fährte durch die Epstein'sche Welt des wissenschaftlichen Films besser fassen zu können, muss aber ein wenig ausgeholt und kontextualisiert werden. Ich möchte zu diesem Zweck wieder in das Paris der 1920er-Jahre zurückkehren, also zum kulturellen Boden dieser Auseinandersetzung, und an eine denkwürdige Veranstaltung erinnern, deren Fakten kürzlich Jimena Canales zusammengetragen hat:

Am 6. April 1922, an einer Tagung der Société française de philosophie in Paris, ergab sich zwischen Henri Bergson und Albert Einstein eine für beide Seiten irritierende Auseinandersetzung um die Grundlegung der Zeit als

157   Die Entwicklung von Epsteins ursprünglichem Denken, das zu Beginn noch geprägt war vom «lyrosophischen» Erlebnis wissenschaftlich-ästhetisch gefasster photogener Erscheinungen, hin zu einem abstrakteren Denken ihrer technischen Voraussetzung und ihrer epistemologischen Konsequenzen ist in der Abfolge folgender Stellen und Werke nachzuvollziehen: EPSTEIN, *Écrits sur le cinéma*, Bd. I, S. 225 («Le Cinématographe continue», in: *Cinéa-Ciné-pour-tous*, November 1930); dann: EPSTEIN, *Écrits sur le cinéma*, Bd. I, insbes. S. 250 (*Photogénie de l'impondérable* 1935; auf Deutsch: EPSTEIN, Photogénie des Unwägbaren, insbes. S. 76); EPSTEIN, *Écrits sur le cinéma*, Bd. I, S. 255–334 (*L'Intelligence d'une Machine* 1946).

158   TRÖHLER, Die sinnliche Präsenz, S. 295.

159   Zu Epsteins Untersuchung der «quantitativen» Relationen chronokinematographischer Verfahren und des Films im Allgemeinen vgl. insbes.: EPSTEIN, *Écrits sur le cinéma*, Bd. I, S. 387 (*Le Cinéma du Diable* 1947).

160   Vgl. Epsteins Kap. «L'accélération du temps vivifie et spiritualise» und «Le ralentissement du temps mortifie et matérialise», in: EPSTEIN, *Écrits sur le cinéma*, Bd. I, S. 287 f. (*L'Intelligence d'une Machine*, 1946). Die von Epstein hier postulierte «tötende» Wirkung hatte er in *La Chute de la Maison Usher* (1928, Abb. 13) exerziert (vgl. Epsteins Erwähnung dieser Zeitlupenanwendung in den *Mémoires inachevés*: EPSTEIN, *Écrits sur le cinéma*, Bd. I, S. 61).

universelle Größe. Mit der 1905 in Einsteins *spezieller Relativitätstheorie* gefassten raum-zeitlichen Zeit und mit der 1907 in Bergsons *L'Évolution créatrice* entwickelten *durée* hatten der Physiker und der Philosoph unterschiedliche Interpretationen von Zeit vorgelegt, die sich zwar nicht abstießen, deren Angleichung aneinander aber – und dies ist, was Bergson an dieser Tagung versuchte und Einstein verhindern wollte – zu Missverständnissen führen musste. Vielleicht geriet Bergson mit dieser Debatte ungewollt in das Fahrwasser der Auseinandersetzungen zwischen positivistischem Szientismus und spekulativem Okkultismus,[161] die damals Konjunktur hatten und ihr polemischstes Bild in Giacomo Ballas *Scienza contro oscurantismo*

13 Lady Madeline in einem Standbild aus LA CHUTE DE LA MAISON USHER (F 1928, Regie: Jean Epstein) – «tötende» und «materialisierende» Zeitlupenaufnahme

(1920) fanden (Abb. 14).[162] Die Auseinandersetzung der beiden ungleichen Intellektuellen sollte, wie Gaston Bachelard später ausführte, auf alle Fälle in Paris den Eindruck hinterlassen, Bergson habe in dieser Sache ‹verloren›.[163]

---

161 Vgl. HOLLÄNDER, «Besichtigung der Moderne», insbes. S. 14 u. 17; sowie THIEL, Grenzwissenschaften in der Moderne, S. 215–232; des Weiteren LOS ANGELES COUNTY MUSEUM, *Das Geistige in der Kunst* (insbes. HENDERSON, Mystik, Romantik und die vierte Dimension).

162 Vgl. LISTA, The Cosmos as Finitude, S. 180. Vgl. die Sammlungsangaben der Webseite der Galleria nazionale d'arte moderna auf: www.gnam.beniculturali.it (16.03.10).

163 BACHELARD, *Die Bildung des wissenschaftlichen Geistes*, S. 41 f. Vgl. auch CANALES, Einstein, Bergson, S. 1169. Bergson, der sich grundsätzlich mit Einsteins Theorie einverstanden erklärte und dies an dieser denkwürdigen Veranstaltung auch bezeugte, beanspruchte die Meinung, das Konzept der *durée* in philosophischer Hinsicht notwendigerweise Einsteins Theorie zur Seite stellen zu müssen, wohingegen Einstein offenbar dem Fach Philosophie den Anspruch auf eine Kompetenz in Sachen Zeit nicht einräumen wollte. Bergsons in *Durée et simultanéité* (1922) angesprochene Kritik des Einstein'schen Zwillingsparadoxes, wonach die Uhr des im Weltraum mit einer exorbitanten Geschwindigkeit geflogenen Astronauten bei seiner Rückkehr eine andere, frühere Zeit als diejenige seines Zwillingsbruders auf der Erde anzeigt (eine irgendwo zwischen Physik und Philosophie angesiedelte Kritik), sollte an Bergsons Reputation zusätzlichen Schaden anrichten. Es gibt Anzeichen dafür, dass der Begründer der Relativitätstheorie im Vorjahr (1921) aufgrund der schon vorgängig bekannten philosophischen Bedenken Bergsons gegenüber der Relativitätstheorie und des Einflusses desselben den Nobelpreis nicht für diese Hauptleistung, sondern ‹nur› für den 1915 entdeckten «Photoeffekt» bekommen konnte (die Laudatio zur Verleihung des Preises selbst muss zu

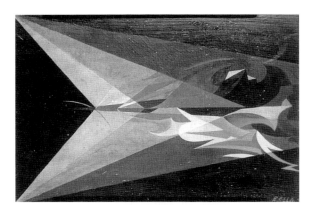

14 *Scienza contro oscurantismo*, auch unter dem Titel *Oscurantismo e Progresso e Scienza che spacca* bekannt (Giacomo Balla, 1920, Tempera und Öl, hier ohne den bemalten Rahmen abgebildet, insges. 24 x 35.5 cm, Galleria nazionale d'arte moderna, Rom)

Indes, in der Perspektive der sich gleichzeitig in derselben Stadt entwickelnden filmtheoretischen Annäherung an das filmspezifische Bewegungsphänomen der Photogénie und ihre zeitlichen Relationen konnte diese Debatte keinen Gewinner oder Verlierer haben, sondern nur strahlende und aktuelle Kämpfer für die Ergründung des gleichen großen wissenschaftlichen Geheimnisses hintergründiger Beweglichkeit und Zeitlichkeit. Hatten doch Delluc und Epstein, angesichts der aufgedeckten und photogenen Bewegungsphänomene des Kinematographen, nicht nur ein sicheres Gespür für die theoretische und promotionale Nutzung dieser Phänomene, sondern gleichermaßen auch eine ernsthafte Neigung zur Ergründung dieser von Einstein und Bergson vorgeschlagenen Verzeitlichung der Welt.

Die Umstände dieser prominenten Debatte selbst fanden keinen Niederschlag in den gleichzeitigen Schriften zur filmischen Bewegung und ihrer Zeitlichkeit – die Debatte kann in unserem Zusammenhang also nicht mehr sein als ein historisch und topographisch nahes Beispiel für einen vorherrschenden Diskurs –, wohl aber der Wille zum (mal relativistischen, mal bergsonistischen) Nachvollzug dieser wissenschaftlichen Erforschung oder, mit Epstein gesprochen, der «zeitlichen Perspektive».[164] Letztere findet sich als Begriff oder als epistemologische Strategie seit dem Photogénie-Text von 1924 in Epsteins gesamtem theoretischem Textvolumen wieder, insbesondere im Zusammenhang mit chronokinematographischen

diesem Schluss führen). Bergson musste anschließend jedoch mit dem weitverbreiteten Verdacht leben, die Relativitätstheorie nicht verstanden zu haben, und er geriet, wie es scheint, unbedarft in diesen Konflikt, zeigte sich dann aber, als es um seine wissenschaftliche Glaubwürdigkeit ging, unnachgiebig. Nichtsdestotrotz sollte 1927 auch Bergson, sechs Jahre nach Einstein, für sein Hauptwerk *L'Evolution créatrice* (1907) den Nobelpreis erhalten – denjenigen für Literatur [!] –, für dasjenige Werk also, das ihn i Opposition zur Einstein'schen Kosmologie gebracht hatte (vgl. ebd., S. 1168–1191).

164 EPSTEIN, *Écrits sur le cinéma*, Bd. I, S. 225 («Le cinématographe continue …» 1930).

Verfahren und ihren Beispielen. Schließlich entwickelt Epstein sie weiter zu einer essayistischen Philosophie der filmischen Bewegung und ihrer zeitlichen Bestimmtheit, wie sie sich dann auch in Gilles Deleuze' Taxonomie des Films wiederfinden lässt.[165]

Schon 1917 war in einer kleinen Filmkunstdebatte zwischen Émile Vuillermoz und Paul Souday ein Streit darüber entbrannt, ob und wie Bergson für die Sache des Films, für diese neue Kunst, herangezogen werden könne.[166] Delluc beteiligte sich an dieser Debatte am Rande, indem er Émile Vuillermoz den Rücken stärkte und dafür eintrat, Bergson'sche Begriffe zur Beschreibung der kinematographischen Bewegungsphänomene zuzulassen.[167] Bergson blieb daraufhin in der Pariser Filmtheorie stets im

---

165 Vgl. DELEUZE, *Kino 1*; und DELEUZE, *Kino 2*.

166 Bergson selbst schürte diesen Streit ungewollt, denn er war, wie ein 1914 gehaltenes Interview belegt, hingerissen zwischen der Konzeption des «Bewegungsbilds» und derjenigen der «objektiven Bewegung». Die zweifellos schöpferische und konstituierende Rolle der Kinematographie in Bergsons Denken scheint sie nur in einem Bereich des Schweigens ausgefüllt zu haben, zu umstritten war ihm wohl die neue Technik der Unterhaltungsindustrie. Schließlich opferte Bergson in *L'Évolution créatrice* (1907) die Kinematographie auf seinem Altar der dauerhaften «objektiven Bewegung», zu mechanistisch, zu segmentiert war ihm ihre Abbildung von Bewegung. Im bekannten Kap. «Der kinematographische Mechanismus des Denkens und die mechanistische Täuschung» erläutert Bergson die «objektive Bewegung» anhand dessen, was sie *nicht* ist: eine Bewegung des «kinematographischen Mechanismus» (BERGSON, *Schöpferische Entwicklung*, S. 275 f.).

167 Der kleine Pariser Kulturstreit über Bergsons Bewertung von filmischer Bewegung ereignete sich schon 1917, in der Geburtsstunde der Pariser Filmtheorie, als Émile Vuillermoz in seiner Funktion als Filmjournalist bei der Tageszeitung *Le Temps* für die Sache der neuen Kunstform kämpfte, indem er sich in der Beurteilung der filmischen Bewegung auf den Bergson'schen Begriff des «Bewegungsbildes» in *Matière et mémoire* stützte. In der Person Paul Soudays erwuchs ihm in der gleichen Redaktion ein konservativer journalistischer Gegenspieler, der sich dagegen auf Bergsons Abgesang auf die filmische Bewegung in *L'Évolution créatrice* stützte (Vuillermoz: «Devant l'écran», in: *Le Temps*, 10.10.1917; Paul Souday: «Bergsonisme et Cinéma», in: *Paris-Midi*, 12.10.1917). Louis Delluc griff in einem Kommentar zu Soudays Text in *Le Film* (15.10.1917) mit beißendem Spott in diesen Streit ein (Angaben in: HEU, *Le Temps du cinéma*, S. 220 f. u. S. 232 f.). Die Tatsache, dass Bergson selbst im letzten Kapitel von *L'Évolution créatrice* (1907) sich der Kinematographie verweigerte und diese Einzelbildtechnik der Unfähigkeit bezichtigte, «objektive Bewegung» (wie er die fließende, zusammenhängende Bewegung nennt, die intuitiv erfahrbar ist) zu zeigen (s. o.), dann aber in einem Interview in *Le Journal* (20.02.1914) mit Michel Georges-Michel eine der Position von *Matière et mémoire* entsprechende Haltung einnahm, fügte ihren Teil zur Querele von 1917 und zu den erst kürzlich wieder aufgetauchten Nachwehen bei. In jenem Interview nämlich zeichnet Bergson eine Analogie von «Gedächtnis» und «Kinematograph» insofern, als beide Systeme «aus einer Reihe von Bildern» bestünden. «Unbewegt befinden sie sich im neutralen Zustand, bewegen sie sich, so ist das das Leben». Daselbst erwähnt Bergson gar mit Bewunderung die Zeitrafferaufnahmen seines «Kollege[n] am Collège de France, Herr François-Franck» [!] (GEORGES-MICHEL, Bergson spricht zu uns über das Kino, S. 9 f.). – Jüngere, kritische Auseinandersetzungen zu diesem theoretischen Dilemma, die auch das Interview von 1914 mit einbeziehen, sind zu konsultieren im Kap. «Une dispute autour de Bergson et le cinéma» in: HEU, *Le Temps du cinéma*, S. 194 f., und in: KESSLER, Bergson und die Kinematographie, S. 12–16.

Hintergrund, aber präsent, wenn Germaine Dulac, die der Photogénie nahe stand, die «Filmhandlung» des Cinéma pur schlicht und beschwörend als «Leben» bezeichnet.[168] Auch in Epsteins Konzeption der Photogénie lässt sich der Ausdruck «Leben» finden, allerdings ohne die eindeutige Spur Bergsons, die an anderer Stelle schon offensichtlicher ist[169]: Kinematographisches «Leben» sieht Epstein in seinem Text «De quelques conditions de la photogénie» (1924/26) vor allem in der «höchsten Ausformung» von «Leben», in der photogenen «Persönlichkeit» realisiert.[170] Doch neigt Epstein schon damals im selben Text eher Einstein'schen Formulierungen zu, wenn es beim ihm heißt: «Photogene Beweglichkeit ist eine Beweglichkeit in diesem Raum-Zeit-System, eine Beweglichkeit in Raum und Zeit zugleich. Wir können also sagen, dass der photogene Aspekt eines Objekts sich in Abhängigkeit von seinen Variationen in der Raum-Zeit befindet.»[171] Später sollte Epstein auch von «Relativismus» sprechen, von einem umfassenden Relativismus des Kinematographen.[172]

Die «vierte Dimension», die in der mathematischen Form der nichteuklidischen Geometrie gefasst in jenen Vorkriegsjahren überall ein wenig herumgeisterte – etwa in den apodiktischen Weissagungen zum Kubismus, die Apollinaire, der Impressario des Avantgardismus, von sich gab[173], oder in den spirituellen Kosmogonien des böhmischen Malers František Kupka –,[174] hatte noch die Aufgabe, die konventionelle Konstruktion des Raumes ins Wanken zu bringen. Diese die drei Dimensionen sprengende Be-

---

168 DULAC, Das Kino der Avantgarde, S. 76.
169 In *Le Cinématographe vu de l'Etna* verwendet Epstein das psychologische Bergson'sche Konzept von Dauer: «Persönlichkeit übersteigt Intelligenz. Persönlichkeit ist die sichtbare Seele der Dinge und Menschen, das, worin ihre Herkunft offensichtlich, ihre Vergangenheit bewusst, ihre Zukunft schon gegenwärtig ist. […]; da wir den klaren Fluss der Träume und Gedanken sehen können oder sollen; das, was war, sowie das, was niemals gewesen ist, noch je kommen wird» (EPSTEIN, Der Ätna, S. 52 u. 53 f.). Vgl. Bergsons Äußerungen von 1911 zu seiner Philosophie der «Veränderung» und der «wirklichen Dauer», in der «alle Dinge eine Tiefe gewinnen, – noch mehr als Tiefe, etwas wie eine vierte Dimension, die es den früheren Wahrnehmungen erlaubt, mit den gegenwärtigen solidarisch zu bleiben, und die es der unmittelbaren Zukunft möglich macht, sich schon teilweise in der Gegenwart abzuzeichnen» (BERGSON, Die Wahrnehmung der Veränderung, S. 178).
170 EPSTEIN, Eigenschaften des Photogénies, S. 52.
171 Ebd., S. 51.
172 Vgl. EPSTEIN, *Écrits sur le cinéma*, Bd. I, S. 311 (*L'Intelligence d'une Machine* 1946); und EPSTEIN, *Écrits sur le cinéma*, Bd. II, S. 22 f. («Le cinéma et les au-delà de Descartes» 1946).
173 APOLLINAIRE, *Les Peintres Cubistes*, S. 16.
174 Zur vierten Dimension bei František Kupka vgl. NAUBERT-RISER, Cosmic Imaginings, S. 219 f.; zur vierten Dimension in verschiedenen avantgardistischen Kontexten vgl. CLAIR, *Cosmos*; TUCHMAN und FREEMAN, *Das Geistige in der Kunst* (insbes. HENDERSON, Mystik, Romantik und die vierte Dimension); HENDERSON, *The Forth Dimension*; und BEYME (VON), *Das Zeitalter der Avantgarden*, S. 280–289. Selbst um 1924 noch und in der unkonstruktivistischen Ferne des Surrealismus bemühte sich Masson

deutung behielt der Begriff auch nach der Verleihung des Nobelpreises an Einstein 1921 im Kontext der Avantgarde bei. Aber mit Einsteins Ruhm, einer Welle populärwissenschaftlicher Veröffentlichungen zu seinem Werk[175] und im Zuge der schon längeren Auseinandersetzung Bergsons mit der «vierten Dimension»[176] verwandelte sich im Kontext künstlerischer Aneignung die «vierte Dimension», wie Linda Dalrymple Henderson aufzeigen konnte, vollends zu einer zeitlichen Größe oder gar zur Dimension «Zeit» selbst.[177]

In «De quelques conditions de la photogénie» identifiziert Epstein die «vierte Dimension» ebenso mit der «Zeit», das heißt, er definiert sie vordergründig ganz nüchtern als die die drei Dimensionen des Raumes ergänzende zeitliche Dimension und, implizit, als das zeitliche Element «eine[r] Beweglichkeit in Raum und Zeit zugleich».[178] «Vierte Dimension» bedeutet hier die (zeitliche) Ebene einer hintergründigen Wirklichkeit, die Epstein, wie auch schon Theo van Doesburg, nur im Film in einer adäquaten Form zur Darstellung gebracht sieht.[179] Schließlich eröffnet sich ihm mit dem Kinematographen – der «Bell & Howell»[180], der «intelligenten Maschine»[181], dem «Roboterphilosophen»[182] – auch eine epistemologische Beziehung mit der Welt, die diesem Apparat je länger, je mehr den Charakter eines ‹Weltapparats› verleiht (eine Entwicklung, die in seiner Theorie sehr schön

darum, die Dauer im Raum-Zeit-Kontinuum mithilfe der nichteuklidischen Geometrie auszudrücken (MASSON, *Écrits*, S. 14 f.).

175 Ich erwähne nur: NORDMANN, *Einstein et l'univers*.

176 Auch Bergson verwendet den Begriff «vierte Dimension» und zwar als eine den Dingen innewohnende Dimension der Dauer: Wenn Bergson etwa 1911, in einem seiner Oxforder Vorträge, seiner Philosophie der «Veränderung» und der «wirklichen Dauer» die Funktion und Bedeutung einer intuitiven, von Dauer durchdrungenen Wahrnehmungsveränderung gibt, insofern nämlich, als durch diese Art von Philosophie «alle Dinge eine Tiefe gewinnen – noch mehr als Tiefe, etwas wie eine vierte Dimension» (BERGSON, Die Wahrnehmung der Veränderung, S. 178).

177 Vgl. HENDERSON, Mystik, Romantik und die vierte Dimension, S. 234; und BEYME (VON), *Das Zeitalter der Avantgarden*, S. 285–289 (Beyme verweist im Zusammenhang mit der Rezeption der relativistischen Zeit insbesondere auf die Beiträge in Ozenfants und Le Corbusiers Zeitschrift *L'Esprit Nouveau* [ebd., S. 286]).

178 Zur Epstein'schen Bestimmung der «vierten Dimension» als universelle, zeiträumliche «Zeit» vgl. EPSTEIN, Eigenschaften des Photogénies, S. 50 f.; EPSTEIN, *Écrits sur le cinéma*, Bd. I, S. 225 («Le cinématographe continue…» 1930); EPSTEIN, Photogénie des Unwägbaren, S. 75 f.

179 Zur Vorstellung, nur der Film und kein anderes Medium könne die umfassende Zeit zur Darstellung bringen, vgl. van Doesburgs Ansicht in: HENDERSON, Theo van Doesburg, S. 199 (T. v. D.: «The Will to Style: The Reconstruction of Life, Art and Technology», in: *De Stijl*, Nr. 2, Februar 1922, u. Nr. 3., März 1922).

180 EPSTEIN, Bonjour Cinéma, S. 33.

181 Diese Konzeption gibt Epsteins *L'Intelligence d'une Machine* (1946) den Titel (EPSTEIN, *Écrits sur le cinéma*, S. 255–334).

182 Vgl. inbes. das Kap. «La part inhumaine dans la philosophie d'un robot» (EPSTEIN, *Écrits sur le cinéma*, S. 330 [*L'Intelligence d'une Machine* 1946]).

nachzuvollziehen ist). Mit ihm ergründet Epstein intuitiv eine im Vergleich zur alltäglichen Erfahrungswelt umfassendere Wirklichkeit, indem er mithilfe des Zeitraffers und der Zeitlupe in der kinematographischen Analyse der äußeren Wirklichkeit und in ihrer sich in der Maschine vollziehenden, gleichzeitigen Transformation ein normalerweise nicht sichtbares oder nicht erfassbares kosmisches Feld durchmisst und mit ihm ein Prinzip seiner Relationen.

Während im Photogénietext von 1924/26 sich die «vierte Dimension» mit ihren intertextuellen Bezügen zu einer breiten relativistischen und avantgardistischen Auffassung von Realität ankündigte, realisiert sie sich nach 1930 in Epsteins später Philosophie des Kinematographen als konstruktivistisches Schlüsselelement epistemologischer Relationen. Mit dieser Eingrenzung auf den epistemologischen Aspekt des Kinematographen schafft Epstein eine Konstruktion des Substanziellen, dessen, ‹was die Welt im Innersten zusammenhält›, ja eine «Substanz», die er als solche auch benennt, die er aber, so viel sei schon verraten, nie zu fassen bekommt und auch nie zu fassen bekommen will. Diese Art ‹negativer Substanz› zu beschreiben, zu exemplifizieren, ist aber nach der Auffassung des späten Epstein in *Le Cinéma du Diable* (1947) sehr wohl möglich: Nichts anderes als der *appareil vulgarisateur*[183] ist für diese Aufgabe zuständig, denn es gibt keine vergleichbare Erfahrung von den Relationen dieser innersten Welt, keine geeignetere Erfahrung als diejenige, die dieser Apparat zu Verfügung stellt. Die chronokinematographische Technik dieses «populärwissenschaftlichen Apparats», die wie keine andere geeignet ist, Auswirkungen auf den Raum in Abhängigkeit ihrer quantitativen zeitlichen Variabilität (*une notion d'espace à temps variable*) zu demonstrieren (und die damit, nebenbei bemerkt, schon in den 1910er-Jahren in den Music-halls und anderswo Erfolge gefeiert hatte), fordert nach Epstein wie keine andere Technik die Auseinandersetzung mit dieser hintergründigen, umfassenden Zeitlichkeit ein.[184] Und man erinnere sich, wie Epstein schon 1930 auf der «zeitlichen Perspektive» des Kinematographen insistierte:

> Als Instrument der Wiedergabe von Bewegung erlaubt der Kinematograph die einzigen Erfahrungen in der Zeit, die uns schon zugänglich sind. […] Der Kinematograph, in seiner zeitlichen Perspektive, verbreitet die Vorstellung dieser vierten Dimension der Existenz im Lichte variabler Relation, das heißt in einer Weise, die der Wahrheit näher ist als die banale Erscheinung.[185]

---

183 EPSTEIN, *Écrits sur le cinéma*, Bd. I, S. 388 (*Le Cinéma du Diable* 1947).
184 Ebd., S. 388.
185 EPSTEIN, *Écrits sur le cinéma*, Bd. I, S. 225 («Le Cinématographe continue…» 1930). Übers. aus dem Franz. v. Ch. H.

Zeitlupe und Zeitraffer hallen in Epsteins Spätwerk erst recht wie ein un-
endliches Echo durch seine sich zu einer Philosophie gewandelten Theorie, und es bietet sich an, seine universelle «zeitliche Perspektive» und die
mit ihr verbundene universelle Bewegung im Zentrum einer konsistenten
monistischen Naturphilosophie zu vermuten. Schließlich identifizierte Epstein 1935 die mit Photogénie verbundene «Zeit» ja mit nichts weniger als
mit der «vierte[n] Dimension des Universums» und diese wiederum mit
der «Raum-Zeit».[186]

Epsteins kinematographisches Denken, das über all die Jahre ohne
nennenswerte theoretische Brüche in diese monistische Richtung weist,
lebt freilich (nicht viel weniger als dasjenige Bergsons) auch von inneren,
theoretischen Spannungen. Es sind produktive Spannungen, die sich gedanklich nur vorübergehend im medialen Raum des Kinematographen zu
einem Knäuel oder Kondensat monistischer Einheit zusammenziehen –
das heißt zu einem Monismus zugleich subjektiver und objektiver, ideeller
und materieller Identität –, bis dieses Kondensat sich aber, aufgrund der
unvermeidlichen Widersprüche, auch wieder verflüchtigt, ja verflüchtigen
muss; und so fort. Die variablen Bewegungen, kinematographischen Wesen gleich, und ihre variablen zeitlichen Bedingungen der Verfahren von
Zeitlupe und Zeitraffer bilden das Zentrum des experimentellen Felds. In
diesem Feld bildet sich ein fortlaufender gedanklicher Prozess ab (und umgekehrt), ein Prozess, der die Kino-Maschine und die Bewegungsquantitäten im Auge hat («Bewegungsquantitäten», auf die es nach Deleuze gar die
gesamte französische Schule um Abel Gance abgesehen hatte)[187] und die
«Qualität» der immer gleichen Bewegung:

> Der Zeitraffer und die Zeitlupe zeigen uns Fragmente des Universums, im
> Lichte der verschiedenen Aspekte, die sie durch verschiedene Zeiten erhalten.
> […] Zuallererst zeigen der Zeitraffer und die Zeitlupe in ihrer schieren Evi-
> denz, dass die Zeit keinen absoluten Wert hat, dass sie ein Maßstab von varia-
> blen Dimensionen ist. Was eine äußerst überzeugende Demonstration ist, weil
> sie sich einerseits an den Sehsinn wendet und sie andererseits Variationen von
> Dauer in der Dauer selbst produziert. Sie schreibt eine Bewegung in eine an-
> dere Bewegung ein, eine Zeit in eine andere Zeit. Sie vergleicht verschiedene
> Geschwindigkeiten, aber von gleicher Qualität, ohne diese Qualität zu verlas-
> sen, indem sie diese Geschwindigkeiten zurückbringt zu ihrer spezifischen
> Achse referentieller Koordinaten.[188]

186 EPSTEIN, Photogénie des Unwägbaren, S. 75 f.
187 DELEUZE, *Kino 1*, S. 64.
188 EPSTEIN, *Écrits sur le cinéma*, Bd. I, S. 370 (Kap. «Temps flottants» in *Le Cinéma du Diable*
   1947). Übers. aus dem Franz v. Ch. H. Der Begriff der «Qualität» ist in diesem Zusammenhang nicht zu verwechseln mit Epsteins Begriff «Qualität» in Abhängigkeit quan-

Diese Kino-Maschine der Zeitlupe und des Zeitraffers produziert fortlaufend in vergleichender und synthetischer Weise Bedeutung, sehr häufig auch Bewegungsbilder, die «Ungeheuer» gleichen.[189] ‹Ungeheuerlich› ist aber auch seine Konstruktion von «Substanz»: In der spannungsvollen medialen Mitte zwischen dem Alles und dem Nichts formuliert Epstein beispielsweise, mit Hinweis auf die ‹substanziellen› Anwendungen quantitativer Wissenschaft, schon mal in der Weise, dass Denken «reelle Substanz» hervorbringe,[190] wohingegen er noch ein paar Sätze zuvor mit dem Hinweis auf die substanzielle Leere hinter den quantitativen und funktionalen Relationen die Aussicht auf die Existenz einer «Substanz» verneinte.[191] Die zwischen Materie und Geist beheimatete kinematographische «Substanz», mit der Epstein gedanklich spielt, mag man in der Summe der metaphysischen Bewegungsbilder vermuten, die noch Bergsons *Matière et Mémoire* (1896) bevölkerten. Doch sind bei Epstein diese Bilder letztlich genauso substanzlos wie alles auf der Welt. Was einzig zählt, sind die Relationen der Filmbilder zu ihrer Ablaufgeschwindigkeit und zu anderen Zeitbildern. Diese Bilder der Zeitlupe und des Zeitraffers sind nur insofern eine Entität, als sie sich realisieren können, sie sind aber keine Entität an sich.[192] Und auch sonst jongliert Epstein im großen Zusammenhang dieser «quantitativen Relationen» gekonnt mit den monistischen Größen der Zeit,[193] der Bewegung[194] und einem pythagoräischen Platonismus,[195] und er vergisst auch nicht, einen psychologischen Idealismus[196] zu bedienen. Die ‹substanziellste› Formel – hier für einmal in ihrer griffigeren französischen Originalversion – bleibt vielleicht folgende: «L'éssence, suggèrent nos instruments actuels, est idée de nombre en mouvement»;[197] oder in der Kurzform an die Bergson'schen Weltformeln anknüpfend: «Toute chose n'est donc que mouvement quantifié».[198] Doch auch sie bleiben nur flüchtige Sätze,

titativer Relationen (vgl. EPSTEIN, *Écrits sur le cinéma*, Bd. I, S. 312 (Kap. «La quantité, agent de toute transmutation qualitative» in *L'Intelligence d'une Machine* 1946) u. S. 387 (*Le Cinéma du Diable* 1947).

189 Zit. n. BRENEZ, Ultra-modern, S. 147.
190 EPSTEIN, *Écrits sur le cinéma*, Bd. I, S. 382 (*Le Cinéma du Diable* 1947).
191 Ebd., S. 381.
192 Vgl. ebd., S. 381 (*Le Cinéma du Diable* 1947).
193 EPSTEIN, *Schriften zum Kino*, S. 84 (Kap. «Die Regel der Regeln» [Kap. «La Loi des Lois» in: *L'Intelligence d'une Machine* 1946]).
194 EPSTEIN, *Écrits sur le cinéma*, Bd. I, S. 387 (*Le Cinéma du Diable* 1947).
195 Ebd., S. 333 f. (Kap. «Retour à la poésie pythagorique et platonicienne» in: *L'Intelligence d'une Machine* 1946).
196 Ebd., S. 382 (*Le Cinéma du Diable*, 1947).
197 Ebd., S. 388.
198 «Toute chose n'est donc que mouvement quantifié, c'est-à-dire mouvement pensé au moyen de l'espace temps» (ebd., S. 387 [*Le Cinéma du Diable*, 1947]). Vgl. die Ausdrucksweise bei Bergson: «Le temps est invention ou il n'est rien du tout» (Bergson: *L'Évolution créatrice*, Paris: PUF 1989, S. 339 f.). «Or, si le mouvement n'est pas tout, il n'est rien»

und ihre chronokinematographischen Entsprechungen der Zeitlupe und des Zeitraffers (und dann auch des Rücklaufs) nur ihre flüchtigen Bilder; zusammen bilden aber Satz und mediale Entsprechung für Epstein ein epistemologisches und technisches Konzept, das geeignet genug ist, um gegen den kartesianischen und seiner Meinung nach (auch bei Bergson) schwer lastenden Dualismus von Materie und Geist zu Felde zu ziehen.

Eine Art substanzielles Element bleibt dennoch übrig und verrät Epsteins naturphilosophischen Zug in seiner konstruktivistischen Mystik des filmischen Mediums. Es überlebt auch Epsteins quantifizierende Dekonstruktion. Die Rede ist von der im 19. Jahrhundert geläufigen naturphilosophischen Form der Analogie, die Epstein seit den 1930er-Jahren in den chronokinematographischen Formen und Bewegungen verfolgt. Wieder erinnert man sich an Hermann Häfker, wenn Epstein 1935 in *Photogénie des Unwägbaren* diesen Zusammenhang verdeutlicht:

> Vor dem Aufkommen des Kinematographen wäre es undenkbar gewesen, auf die äußere Wirklichkeit einen anderen Zeitbegriff anzuwenden als den unserer so beschränkt variablen inneren psychologischen Zeit, also die zeitliche Komponente der äußeren Erscheinungen experimentell zu verändern und andere, fabelhafte Gestalten der Welt für möglich zu halten. Zeitlupe und Zeitraffer offenbaren dagegen eine Welt, in der es zwischen den einzelnen Bereichen der Natur keine Grenzen mehr gibt. Alles lebt. Die Kristalle wachsen, Stück um Stück, vereinigen sich in sanfter Sympathie. Worin unterscheiden sich denn die Blumen und unsere Nervengewebe so sehr? Und die Pflanze, die ihren Stängel aufrichtet, die ihre Blätter der Sonne zuwendet, die ihren Blütenkranz entfaltet und schließt, die ihre Staubgefäße über den Stempel neigt, drückt sie nicht im Zeitraffer das gleiche Lebendige [*exactement la même qualité de vie*] aus wie Pferd und Reiter, die in der Zeitlupe über ein Hindernis schweben und sich zueinander beugen? Und ist die Verwesung nicht Wiedergeburt?
>
> Gegen diese Experimente spricht, dass sie die Ordnung stören, die wir mit viel Mühe in unsere Auffassung vom Universum gebracht haben. Aber es ist ja bekannt, dass jede Klassifizierung Willkürliches enthält und dass man Einteilungen, deren Künstlichkeit zu offensichtlich wird, besser aufgibt.[199]

(Bergson: «La Perception du changement», in: *La Pensée et le mouvant. Essais et conférences*, Paris: PUF 1993, S. 161 f.). Vgl.: «La cinégraphie sera bergsonienne ou elle ne sera pas!» (Émile Vuillermoz: «Devant l'écran», in: *Le Temps*, 10.10.1917, zit. n. HEU, *Le Temps du cinéma*, S. 221). Vgl. die schon modische Ausdrucksweise bei Breton: «La beauté convulsive sera érotique-voilée, explosante-fixe, magique-circonstancielle ou ne sera pas» (André Breton: «La beauté sera convulsive», in: *Minotaure*, Nr. 5, 1934, S. 16).

199 EPSTEIN, Photogénie des Unwägbaren, S. 76. Ich habe mir erlaubt, die Übers. von Nicole Brenez, Ralph Eue und Peter Nau etwas abzuändern («Aufkommen» anstatt «Heraufkommen»).

Die Zeitrafferaufnahmen von Pflanzen und Kristallen und die Zeitlupenaufnahmen von Wasser und Feuer, die Epstein 1947 in *Le Cinéma du Diable*
auch – wohl an die Blütezeit der populärwissenschaftlichen Filme zurück-
denkend – «des chocs primitifs de surprise» nennt und zum kinematographischen Nukleus pantheistischen Lebens erhebt, demonstrieren ihm, auf
seine kinematographische Konstruktion substanzieller Relationen herunter-
gebrochen, eine Verflüssigung der Materie. Der Film verwandelt nach ihm
die «Größen von Materie und Geist» in «modes interchangeables»[200] und
somit die Welt in ein anti-dualistisches «Gegenuniversum» oder in die Konstruktion einer «experimentellen Kosmogonie».[201] Hier bildet sich immer
wieder für Epstein ein Kondensationspunkt intuitiver Erfahrung und, in
der Konstruktion, eine umfassende analogisierende Synthese der überkom-
menen Kategorien in Aggregatszustände der immer gleichen Bewegung.

Mit «Kristalle[n]», die «wachsen» und «sich in sanfter Sympathie»
«vereinigen» oder mit anderen Bildern der immer gleichen Bewegungs-
qualität («exactement la même qualité de vie») vollzieht Epstein, trotz aller
Skepsis «fixistischen» Festlegungen und symmetrisch geprägten Formthe-
orien gegenüber, eine Konstruktion von Weltprozess, die an das 19. Jahrhundert und an Ernst Haeckel erinnert.[202] Schon bei diesem zur Zeit der
Weltausstellung von 1900 in Paris diskutierten Zoologen bildeten die flüs-
sigen Kristalle (und die Erinnerung an Goethes symbolischen Kristall)[203]
die Möglichkeit, in vermeintlich toter Materie «Leben» zu konstatieren

---

200 EPSTEIN, *Écrits sur le cinéma*, Bd. I, S. 390 (*Le Cinéma du Diable* 1947). Vgl. TRÖHLER,
     Die sinnliche Präsenz, S. 297.
201 Ich entnehme diesen Begriff BRENEZ, Ultra-modern, S. 146. Nicole Brenez verwendet
     ihn im Zusammenhang mit Epsteins Stelle im Aufsatz «Le monde fluide de l'écran»
     (EPSTEIN, *Écrits sur le cinéma*, Bd. II, S. 149).
202 Epstein rekurriert in *Alcool et Cinéma*, dem späten, erst in den *Écrits* veröffentlichten
     Manuskript auf «Heckel» (Haeckel), was (zumindest eine späte) Auseinanderset-
     zung mit Haeckel belegt (EPSTEIN, *Écrits sur le cinéma*, Bd. 2, S. 225 f.). Epstein reiht
     Haeckel, wie viele andere Wissenschaftler unterschiedlichster Fachrichtungen, in eine
     Wissenschaftskultur ein, die sich implizit von ästhetischen Prinzipien der «Gleichwer-
     tigkeit», «Übereinstimmung» oder «Einheitlichkeit» leiten lässt. Bei Haeckel ist es die
     im biogenetischen Grundgesetz verankerte «Ähnlichkeit», die Epstein feststellt, eine
     Ähnlichkeit, die Haeckel in den Entwicklungsformen von individuellem Embryo (in
     der Ontogenese) und von seinen entfernten Vorfahren in der Entwicklung seiner Art
     (Phylogenese) sieht. Auf der einen Seite akzeptiert Epstein diese ästhetisierende Har-
     monisierungstendenz der Wissenschaften (mit Platos Gleichung «schön = wahr», ebd.,
     S. 225 oben) – und praktiziert sie ja selbst auch mit seinem monistischen Streben –, auf
     der anderen Seite kritisiert er sie im Rahmen seiner Theorie der ‹Verflüssigung› (ebd.,
     S. 226 oben).
203 «Wenn Goethe im Kristall ebenso ‹Leben und Seele› fand wie in der ‹Metamorphose
     der Pflanze›, wenn er im Schädel des Menschen denselben Wunderbau entdeckte wie
     im Kranium der anderen Wirbeltiere, so bereitete er schon vor 130 Jahren die Erkenntnis
     der wichtigsten Anschauungen vor, deren tieferer Begründung die vorliegende Skiz-
     ze über ‹Kristallseelen› gewidmet ist. […] Jena, 14. September 1917. Ernst Haeckel»
     (HAECKEL, *Kristallseelen*, Vorwort, S. VIII).

Flüssige Kristalle.

2. Zusammenfließen zweier Kristalle von ölsaurem Ammoniak.

6. Tropfen in I. Hauptlage.

8. Molekularstruktur.

9. Tropfen in polarisiertem Licht.

11. Tropfen zwischen gekreuzten Nicols.

3. Zylinder-Kristalltropfen

4. Zwilling 5. Drilling zwischen gekreuzten Nicols.

7. Kristalltropfen in I. Hauptlage zusammenfließend.

1. Fließende Kristalle von p-Azoxybenzoesäureester.

14. Tropfen in II. Hauptlage

13. Molekularstruktur.

10. Kristalltropfen in polarisiertem Licht.

12. Tropfen zwischen gekreuzten Nicols

15. Gepreßter Tropfen in II. Hauptlage.

18. Gepreßte Tropfen zwischen halbgekreuzten Nicols.

20. Verdrehte Tropfen in natürlichem Licht.

16. II. Hauptlage 17. II. Hauptlage zwischen gekreuzten Nicols.

24. Zusammengeflossene Tropfen in polarisiertem Licht.

23. Zusammengeflossene Tropfen mit Grenzlinien.

19. Verdrehter Tropfen in II. Hauptlage.

22. Doppeltropfen.

21. Tropfen in II. Hauptlage im Magnetfeld (Pfeilrichtung).

25. Keilförmige Masse zwischen gekreuzten Nicols.

26. Verzerrte Masse in natürlichem Licht.

27. Verzerrte Mischsubstanz in polarisiertem Licht.

28. Trichitische Schichtkristalltropfen.

Bibliograph. Institut, Leipzig

15 Tafel «Flüssige Kristalle» (Frontispiz) in Ernst Haeckel: *Kristallseelen. Studien über das anorganische Leben*, Leipzig 1917

(Abb. 15), und ebenso ließ schon Haeckel sich zur Grundbestimmung des Lebens von einer abstrakten, numerischen Form der Analogie leiten. Nicht nur Flüssigkristalle, auch Kieselalgen (die als Zeichnungen in Haeckels berühmtem Radiolarienatlas Eingang fanden) bildeten die Grundlage seiner evolutionistischen Formtheorie,[204] die im Organischen und Anorganischen dasselbe Prinzip potenziellen Wachstums und potenzieller Bewegung sah und Haeckel zur Fassung des «Substanzgesetzes» veranlasste.[205] Epstein reiht sich (wie andere; Abb. 16)[206] mit seinem formalen, quantitativen und monistischen Ansatz in das naturphilosophische Ansinnen Haeckels ein, mathematisiert es aber, wie D'Arcy Wentworth Thompson,[207] und avantgardisiert es vor allem zu einem konstruktivistischen, dynamischen und letztlich substanzlosen Spiel der Relationen, an dessen Ende immer die erleichternde Aporie ‹verflüssigter› Relationen wartet.

Auch wenn sich Epsteins theoretische Arbeit mit ihren Bezügen zum wissenschaftlichen Film mit den Jahren verselbstständigte, so fußte sie doch auf der theoretischen und praktischen Recherche des Avantgardefilms, wie

204 Den im Bild erstarrten, organischen und symmetrischen «Kristallseelen», die sich ihm schon in Form der Radiolarien in seiner gleichnamigen Monographie von 1862 und in seinem Challenger-Report von 1887 offenbarten (vgl. HAECKEL, *Der Radiolarien-Atlas von 1862*), widmete er 1917 das gleichnamige Büchlein *Kristallseelen. Studien über das anorganische Leben*. Darin avancierten die anorganischen und organischen Kristalle zum kondensierten, symmetrischen Gerüst des prinzipiell immer gleichen Designs natürlicher «Substanz» und ihrer potenziellen «Bewegungen», «Fühlungen» und «Kräfte» und somit auch zu ihrem symbolischen Bild (HAECKEL, *Kristallseelen*, S. 143; vgl. BREID-BACH, *Ernst Haeckel*, S. 277–283, inbes. S. 280).

205 Ernst Haeckel, von Haus aus Zoologe und Evolutionstheoretiker, entwickelte von 1899 bis 1914 in verschiedenen Arbeitsschritten sein «Substanzgesetz»: zuerst in seinen berühmten *Welträthseln* (*Die Welträthsel. Gemeinverständliche Studien über Monistische Philosophie*, Bonn 1899) gefasst, in denen die «Substanz» sowohl von Energie als auch von Materie bestimmt wird, sollte sie später auch noch durch eine geistig-psychische Größe chemisch-physikalischer Wahlverwandschaft (durch das «Psychom») bestimmt werden (vgl. WEBER, *Der Monismus als Theorie*, S. 89 f.). Mit seinen *Welträthseln* verfolgte Haeckel auch die systematische Absicht, alle in Emil du Bois-Raymonds *Die sieben Welträtsel* (1891) noch offenen Welträtsel einer Lösung zuzuführen. Zum Beispiel erklärte Haeckel Du Bois-Raymonds nicht lösbares Welträtsel Nr. 2, «den Ursprung der Bewegung», mit dem «Substanzgesetz» (ebd., S. 86 f.).

206 Loïe Fuller, die als Vorgängerin photogener Wissenschaftskinematographie gelten kann, bezog sich in einer sehr direkten Weise auf Haeckels Bilderwelt: Auf der Weltausstellung von 1900 ihren eigenen Pavillon unterhaltend projizierte Fuller in den mikrokosmischen elektrischen Lichtprojektionen auf ihre schmetterlingshafte und schillernde Erscheinung photographische Bilder von Diatomeen, die wohl aus dem Bilderschatz Haeckels stammten (Haeckels mikroskopisch-aquatische Bilderwelt hatte auch die Vorlage für das Eingangstor der Weltausstellung geliefert), vgl. FLAGMEIER, *Loïe Fuller*, S. 188. Zum modischen Umgang mit diatomistischen Bildern im 19. Jahrhundert vgl. KRANZ, *Diatomeen im 19. Jahrhundert*. Vgl. auch Abb. 16 und meine Anm. 87 auf S. 89 zu Fuller.

207 Vgl. Thompsons biomorphologische Theorie, die hinter organischen und anorganischen Selbstorganisationsprinzipien die gleichen mathematisch-physikalischen Gesetze am Werke sieht (THOMPSON, *Über Wachstum und Form*).

sie Dulac verstand.[208] Sie umfasste eben immer beides, sowohl die von Moussinac und Canudo initiierte systematische Untersuchung der spezifischen Elemente filmischen Ausdrucks als auch eine Analyse der oben besprochenen, tieferen Zusammenhänge einer neu entdeckten und bewegten Natur.[209] Wie kein anderer Theoretiker verkörperte Epstein diesen universalistischen Anspruch hinter der Synthese beider Aspekte avantgardistischer Recherche, der, besonders zu Beginn des Filmkunstdiskurses, geprägt war von der Suche nach Photogénie.

Marey hatte es eigentlich schon vorgemacht: Nichts weniger als das gesamte Universum animalischer und menschlicher Bewegung sollte eingefangen und bewertet werden[210] – mithilfe seiner ‹intelligenten Maschine›, dem chronophotographischen Dispositiv. Der französische Physiologe bereitete den Boden für die dynamisierte Form universalistischer Analyse, die mit dem

16 Ankündigungsplakat für das Theater Loïe Fullers an der Pariser Weltausstellung 1900 (Manuel Orazi, Lithographie, 1900; Ausschnitt)

208 Vgl. Dulacs Fundierung des Cinéma pur in der «Emotion», die «der ganzen Natur», dem «Unsichtbaren, Unwägbaren», «der abstrakten Bewegung» innewohnt (DULAC, Das Kino der Avantgarde, S. 75). Dulacs Bezugnahme auf die umfassende Recherche der Schöpfer wissenschaftlicher Filme ist nachzulesen in GAUTHIER, *La Passion du Cinéma*, S. 186, und in dieser Arbeit auf S. 68.

209 Ich beziehe mich auf Ricciotto Canudos «Idee einer kinematographischen Anthologie» und seine Zusammenarbeit mit Léon Moussinac für den Salon d'automne (vgl. EPSTEIN, L'Élement photogénique, S. 6; sowie S. 70 in dieser Arbeit).

210 Im Rahmen ihrer klassischen, mechanisch-optischen Aufdeckung hatte Mareys Chronophotographie universalistischen Anspruch: Die ersten drei Kapitel von *Le Mouvement* (1894) lauten: «Chapitre premier. Du Temps. Sa Représantation graphique; Mesure du Temps par la Photographie», «Chapitre II. De L'Espace. Sa Mesure et sa Représentation par la Photographie», «Chapitre III. Le Mouvement. Sa Mesure, sa Représentation graphique, son Analyse par la Chronophotographie». Neben der universellen Grundlegung der Bewegung auf «Raum» und «Zeit» war es Marey auch um ein vollständiges Bild aller Varianten natürlicher Bewegung zu tun. Marey stellte die Bewegung der Lebewesen zu Land, im Wasser, in der Luft und im mikroskopischen, plasmatischen Bereich dar und somit, in vergleichender Anschauung, die Einheit der Bewegung in der Vielheit des Lebens (vgl. MAREY, *Le Mouvement*).

machtvollen Auftritt der «zeitlichen Perspektive» in Wissenschaft (Einstein, Bergson) und Technik (Kinematographie) erst zur vollen Blüte kam. Die Avantgarde setzte dort an, indem sie zuerst die Chronophotographie (mit ihren Konsequenzen für den Futurismus), dann den wissenschaftlichen Film und seine chronokinematographischen Verfahren (mit seinen Konsequenzen für den Avantgardefilm) zum Anlass nahm, eine ganz neue, eigene und dynamische Weltsicht zu entwerfen oder gar, wie im Fall von Epstein, ein «Gegenuniversum» relativistischer Relationen.

Durch die gleiche universalistische und wissenschaftsfilmisch geprägte Pforte traten in den 1920er-Jahren mit Émile Vuillermoz, Germaine Dulac und Colette neben Louis Delluc und Jean Epstein auch andere Vertreter photogener Filmkunst in den Raum cinephiler und avantgardistischer Realitätsaneignung ein. Sie bilden mit Letzteren, den eigentlichen Theoretikern der Photogénie, in der Pariser Filmkunstdebatte den Kern filmtheoretischer Auseinandersetzung mit dem wissenschaftlichen Film. Um die relative Breite im Zentrum dieser Auseinandersetzung widerzuspiegeln, sei auch ihnen das Wort erteilt.

2.7.3 «Elle cherche! elle cherche! cria un petit garçon passionné»: Colette und der edukative Film

Mit ihren ungefähr gleichzeitig zur Promotion des Begriffs «Photogénie» verfassten journalistischen Hymnen auf wissenschaftliche Filme – von Theorien im eigentlichen Sinne kann man hier nicht sprechen – lancierten Colette, Frankreichs skandalumwitterte und bald berühmteste Schriftstellerin, und Émile Vuillermoz, Musikhistoriker und Filmkritiker der ersten Stunde, den Diskurs über den mit kinematographischem Leben assoziierten Kunstwert wissenschaftlicher Filme.

Auch wenn sie sich gegen Ende ihres Lebens zunehmend von ihren Schriften zum Kino distanzierte (die Gründe sind etwas verdeckt), so scheint Colette zeitlebens eine besondere Zuneigung zur kinematographischen Realität von dokumentarischen oder edukativen Filmen gehegt zu haben und im französischen Kontext (von George Maurice' brancheninternen Allusionen abgesehen)[211] die Erste gewesen zu sein, welche die wissenschaftlichen Filme mit ihrer Fülle exotischen Lebens in einen öffentlichen Diskurs stellte. Der Auftakt dieser französischen Auseinandersetzung war also ein journalistischer, wenn Colette 1918 mit Witz und Feuer in einer Kolumne zum Kino von 1918 über die aktuellen Dokumentarfilme schreibt:

---

211 MAURICE, La Science au cinéma, 1. u. 2. Teil; vgl. S. 52 in meiner Arbeit.

Ich habe Dokumentarfilme gesehen, in denen das Ausschlüpfen eines Insekts und die Entfaltung eines kaum der Puppe entstiegenen Schmetterlings einen wunderbaren Zauber vor Augen führen und dank der photographischen Vergrößerung uns die ewig mysteriöse Welt eröffnen, in der Fabre lebte ... Ah! der Luxus, die Pracht, das Fantastische, da sind sie zu finden! Der irisierte federartige Stoff eines Schmetterlingflügels, das Herzklopfen eines winzigen Vogels, die vibrierende Biene und ihre kleinen hakeligen Füße, das Auge der Fliege, die Blume, deren Bild man auf der anderen Seite der Erde einfing, und die unbekannten Gewässer, und auch die menschlichen Gesten, die menschlichen Blicke, die man uns von einer anderen Welt übermittelte, – das ist er, das ist er, der unerschöpfliche Luxus! Geduld: Wir werden ihn schließlich zu schätzen wissen.[212]

Die von Alain und Odette Virmaux unlängst in *Colette et le cinéma* (der erweiterten Neuausgabe von *Colette au Cinéma*, 1975) zu einem umfassenderen Ensemble zusammengestellten Texte Colettes zum populärwissenschaftlichen Film, aus denen diese Textpassage stammt, sind nicht nur Zeugnisse des reichen Kaleidoskops dokumentarischer Filme wissenschaftlichen oder edukativen Inhalts, die zwischen 1918 und 1929 in Paris gezeigt wurden, sondern auch Bekenntnisse einer besonderen Kinogängerin. Mit einer vorzüglichen Aufmerksamkeit für die Wirksamkeit der edukativen Filme auf Kinder, für die diese Filme in erster Linie bestimmt waren, zeichnet sie die Publikumsreaktionen nach, indem sie sie zuerst journalistisch aufbereitet, um sie gegebenenfalls später auch literarisch nachzubearbeiten.[213] Sie sind jedoch vor allem das Resultat einer veritablen und lebenslangen Faszination für den «Apparat», «den uns das konvexe Auge des Mikroskops und das fiebrige und flimmernde Auge des Zeitraffers entdecken

---

212 Es handelt sich hier um die letzten Worte der Einführung zu ihrer mehrteiligen Kolumne «Petit manuel de l'aspirant scénariste», in: COLETTE, *Colette et le cinéma*, S. 342 u. 365 [«Cinéma – Le cinéma français en 1918», in: *Excelsior*, 14.05.1918]. Übers. aus dem Franz. v. Ch. H.

213 Leider gibt es zu wenige Zeugnisse von Zuschauerreaktionen angesichts dieser frühen populärwissenschaftlichen Filme, sodass sich so etwas wie ein ‹Durchschnitt der Rezeptionsweise› angesichts dieser Filme nicht erfassen lässt. Maurice' (MAURICE, La Science au cinéma, 2. Teil, S. 13; bzw. GAYCKEN, «A Drama Unites Them», S. 366 f.) und Colettes Beobachtungen (COLETTE, *Colette et le cinéma*, S. 366 f., S. 373 f., S. 376 f.) zu den Reaktionen der Zuschauer sind geprägt von ihren je eigenen Motivationen als technischer Direktor der damaligen Éclair-Studios bzw. als wortgewandte Verfechterin einer individuellen, zeitlebens während en Vorliebe für wissenschaftliche Filme in der Welt des Kinos und sind somit kaum repräsentativ für die Art und Weise der Aufnahme dieser Filme. Dazu kommt, dass Colettes oben genannte Beobachtungen aus späterer Zeit stammen, die früheste von 1924. Trotzdem sind die journalistischen und literarischen Texte Colettes zum wissenschaftlichen Film (laut der Textauswahl des Ehepaars Virmaux beginnen sie schon 1918) eine einfühlsame Reise in die Attraktionsqualitäten dieser frühen wissenschaftlichen Filme.

lassen»,[214] einer besonderen Obsession also für die technische Voraussetzung kinematographischer Aufnahmen von mikroskopischen und biologischen Bewegungen wie für die Aufnahmen selbst. Die Entdeckungen führten sie auch in den Vorführraum der *Archives de la Planète* des Bankiers und Mäzens Albert Kahn, einer privaten, enzyklopädischen Sammlung von nicht-fiktionalen Filmen,[215] wo sie in den Jahren 1921/22 mindestens zweimal, wie Paula Amads Überprüfung in Kahns Archiven ergab,[216] einen Film mit dem Titel ÉPANOUISSEMENT DE FLEURS visionierte.[217] Auch wenn die Identität dieses zeitgerafften Blüten-Films (noch) nicht feststeht,[218] ist Colettes Aufmerksamkeit für vegetabile Zeitrafferfilme, die sie in Bezug auf die kinematographischen Lebensaspekte dieser Filme mit Germaine Dulac teilte, besonders auffällig. So erhalten im folgenden, 1924 in *Le Figaro* erschienenen Artikel wiederum vegetabile Wachstumsbewegungen Colettes besondere Beachtung:

214 COLETTE, *Colette et le cinéma*, S. 369 [«Le mouvement dramatique», in: *Revue de Paris*, 15.12.1929].

215 Erste Publikationen zum kinematographischen Schatz früher nicht-fiktionaler Filme der Kahnsammlung sind mittlerweile erschienen: AMAD, «Cinema's sanctuary»; und CASTRO, Les Archives de la Planète.

216 Das Musée Albert Kahn beim Bois de Boulogne in der ehemaligen Villa Albert Kahns, welche die *Archives de la Planète* und kurzzeitig das wissenschaftliche Filmlabor Dr. Comandons beherbergte, ist heute ein Museum im Dornröschenschlaf. Besser bekannt sind die das Museum umgebenden Gärten. Das Museum hat keine Webseite, doch die BBC hat anlässlich einer Buchpublikation zu Autochromen (mit Farbbildern aus dem Ersten Weltkrieg beispielsweise) eine einführende Webseite zu Albert Kahn und dem Museum eingerichtet (www.albertkahn.co.uk/index.html, 20.05.09).

217 AMAD, «These Spectacles Are Never Forgotten», S. 130 f.

218 Ebd., S. 131. Amad konnte in der Kahnsammlung ÉPANOUISSEMENT DE FLEURS ausfindig machen (ein heute noch existierender, handkolorierter Zeitrafferfilm einer Blumenblüte, der offenbar schon 1921/22 im Kahnregister verzeichnet war). Vgl. ebenfalls die Aufstellung des Centre de documentation de Boulogne: «Docteur J. Comandon, 18. Mouvements des végétaux: ECLOSION DES FLEURS – PLANTES GRIMPANTES – LE MÉCANISME DES VRILLES – LES PLANTES QUI DORMENT ... 300M» (zwischen 1926 und 1929 entstanden) in: THÉVENARD/TASSEL, *Le Cinéma Scientifique*, S. 48. Gemäß den Angaben Thévenards und Tassels sowie O'Gomes' (DO O'GOMES, Jean Comandon, S. 85) sind jedoch keine vegetabilen Zeitrafferfilme Comandons vor 1926 entstanden. Sie entstanden erst in den drei Jahren vor dem Börsencrash, nachdem er sich 1926 auf Initiative Kahns sein wissenschaftliches Labor daselbst einrichten konnte. Es gibt also keinen Anhaltspunkt für Comandon als Urheber von ÉPANOUISSEMENT DE FLEURS, wie das Amad vorschlägt. Die Urheberschaft wäre eher im Umfeld der von Urban in Frankreich gegründeten Filmproduktion Éclipse oder gar bei Percy Smith selbst zu suchen, der 1910 für Urban in Kinemacolor THE BIRTH OF A FLOWER gedreht hatte (die Kopie des BFI ist digital hier visionierbar: www.wildfilmhistory.org/film/21/clip/796/Blooming+flowers.html, 28.05.09). – Weitere Angaben zu Comandons MOUVEMENTS DES VÉGÉTAUX (1929) aus der Boulogne-Zeit sind in MICHAUD, Croissance des végétaux, S. 265 ff., und in DE PASTRE, *Jean Comandon*, S. 355, zu finden. Der Film selbst ist als Bonusmaterial unter dem Titel LA CROISSANCE DES VÉGÉTAUX im Rahmen der Pariser Painlevé-DVD-Serie erschienen (*Jean Painlevé, compilation no 2*, Paris: Les Documents Cinématographiques 2005). Vgl. auch die freie Interpretation von MOUVEMENTS DES VÉGÉTAUX in MICHAUD, Croissance des végétaux.

Bei der Aufdeckung der intentionalen und intelligenten Bewegung der Pflanze sah ich Kinder, wie sie sich erhoben und den wunderbaren Aufstieg einer Pflanze imitierten, die in einer Spirale hochkletterte, ein Hindernis umkreiste, ihre Richtschnur erfühlte. «Sie sucht! sie sucht!», schrie ein kleiner leidenschaftlicher Junge. Er träumte von ihr am selben Abend, und ich ebenso. Diese Zaubervorstellungen vergisst man nicht, und sie verleihen Appetit nach mehr. Wir wollen für unsere Kinder und für uns, wir wollen, angesichts der Armut imaginierter Werke, die Extravaganz der Realität, die ungebremste Fantasie der Natur; wir wollen das fantastische Märchen des Keimens der Erbse, die wunderbare Geschichte der Metamorphosen einer Libelle, und die Explosion, die großartige Ausdehnung der Knospe der Lilie, zuerst halb geöffnet mit langen glatten Mandibeln über einem düsteren Gewimmel von Staubbeuteln, die Arbeit einer gierigen und mächtigen Blüte, vor der ein junges Mädchen mit leiser Stimme sagte, ein wenig aus der Fassung geraten: «Oh! ein Krokodil!»[219]

Ausgehend von Percy Smiths bereits erwähntem Film, THE BIRTH OF A FLOWER (1910; Abb. 8–9), einer Urban-Kinemacolor-Produktion, in der riesige japanische Lilien und Rosen dramatisch aufplatzen und die über Urbans Vernetzung mit der französischen Hauptstadt in den 1910er-Jahren sicherlich ihren Weg auch dorthin fand, entwickelte sich, neben dem Kristallisations- und dem Keimungsfilm, der florale Entfaltungsfilm zu einer allgemeinen avantgardistischen und cinephilen Erfahrungsbasis. Schon Louis Delluc, der die «Riesenlilien oder kolossalen Rosen» mit «brutalen Feuerwerken» und mit «den fliegenden vielfarbigen Röcken von Loïe Fuller» verglichen hatte, war in entsprechender Weise sensibilisiert.[220] Doch bei Colette, die mit Delluc schon für Diamant-Bergers Magazin Le Film zusammengearbeitet hatte,[221] führte die Aufmerksamkeit für die floralen Entfaltungsfilme ungleich weiter. Sie verband sie nicht nur mit der Erfahrung anderer kinematographischer Vitalbewegungen (der Metamorphosen von Insekten in Zeitraffer oder des Lebens der Bienen in makroskopischer Einstellung), sie waren für sie auch Anlass zu einer immer wieder von Neuem beginnenden schöpferischen Auseinandersetzung, die die imitierende und assoziative Wahrnehmung des jugendlichen Publikums, die Colette so gerne beschrieb, mit ihrer eigenen, reiferen und unkonventionellen Wahrnehmung verband. Viel später, in den 1940er-Jahren, sollte sie sich wiederholt ihren wissenschaftsfilmischen Erinnerungsräumen widmen, ebenso wie

219 COLETTE, Colette et le cinéma, S. 369 [«Cinéma», in: Le Figaro, 15.06.1924, und im selben Jahr noch in: Aventures quotidiennes, Paris: Flammarion 1924]. Übers. aus dem Franz. v. Ch. H.
220 DELLUC, Éditorial, S. 10.
221 COLETTE, Colette et le cinéma, S. 22 u. 283.

den einstigen Versprechungen für ein Kino der Zukunft, die, so ihr spätes Fazit, vom Handlungskino nicht eingelöst worden waren. Es sind besonders diese späten Rückgriffe auf eine im Zweiten Weltkrieg kaum mehr populäre Filmerfahrung biologischer Filme und Colettes jeweils gleichzeitige Enttäuschung über den Verlauf der Entwicklung der Filmindustrie, die das von ihr tief empfundene Geheimnis und die Produktivität der Begegnung mit wissenschaftlichen Filmen in den 1910er- und 1920er-Jahren offenbaren:

> Schon ein wenig kühl angesichts der Romanverfilmungen, das gebe ich zu, habe ich Mühe, die ‹Ohs!› und die ‹Ahs!› zu unterdrücken, wenn es sich um Mikrophotographie, Zeitlupe und Zeitraffer handelt. Ein Ansturm von behelmten Pilzen, die Knospe der Lilie, die ihr langes Maul öffnet, der unterirdische und tastende Lauf der Keime, der Krieg der Mikroben, das Leben der Bienen … Ich halte mich zurück, um keine Zeugen zu haben, die unbekannten Zuschauer, meine Nachbarn: «Schaut nur! Schaut, der Staubbeutel und das Insekt! Schaut, die Arbeit der Füße und des Mundes der Biene, seht euch diese große Königin mit dem langen Bauch an, und ihre Isolierung als einzigartige Kreatur unter der Menge der Arbeiterinnen, schaut euch ihre schicksalsergebene und gloriose Aufgabe an!»
>
> Wir sehen nicht genug, wir werden nie genug sehen, nie richtig genug, nie leidenschaftlich genug.[222]

Die Angleichung von Pflanze, Tier und Mensch in der kinematographischen Erfahrung spielt in dieser und vielen anderen Erfahrungsberichten Colettes eine wichtige Rolle. Schon als sie sich mit ihren jugendlichen Nachbarn in der Vorführung des Musée Galliera im Jahre 1924 scheinbar im Geiste assoziativer Empfindung verbrüdert hatte («‹Oh! ein Krokodil!›», s. o.), pflegte sie eine scheinbar kindliche visuelle Eroberung einer unbekannten Welt in Bewegung.[223] 1941 nimmt sie in einer ungefähr gleichzeitig entstandenen, etwas resoluteren Variante dieser Textstelle die Faszination bewusst auch für sich in Anspruch («die ‹Ohs!› und die ‹Ahs!›») und verarbeitet sie literarisch auf der rhetorischen Höhe der Zeitungskolumne.[224] Die quasi kindliche anthropomorphisierende Aneignung partikularer

---

222 COLETTE, *Colette et le cinéma*, S. 374 [«Regardez», in: *Le Petit Parisien*, 20.03.1941]. Übers. aus dem Franz. v. Ch. H.

223 Ebd., S. 368 f. [«Cinéma», in: *Le Figaro*, 15.06.1924]. Colette besuchte am 12.06.1924 die «Exposition de l'art dans le cinéma français» im Musée Galliera, die auch geographische und naturgeschichtliche Filme (kommentiert von gymnasialen Lehrpersonen) vorführte (ebd., S. 366; GAUTHIER, *La Passion du Cinéma*, S. 356 f.).

224 Ebd., S. 376 (Manuskript in der Bibliothèque National de France [BNF] mit dem Titel «Mars», wahrscheinlich 1941 [unter dem Titel «Printemps» in *Paysages et portraits*, Flammarion 1958, veröffentlicht]; vgl. bibl. Angaben in ebd., S. 529).

Form- und Bewegungsaspekte von Pflanzen und Tieren stellt sie in Relation zur eigenen Erfahrungswelt, vereint sie miteinander, ohne allerdings den spirituellen Impetus, den diese Zusammenschau der «Extravaganz der Realität» und der «ungebremste[n] Fantasie der Natur», wie sie sich noch 1924 ausdrückte, je genauer einzukreisen. Colettes Aneignung dieser Formen und Bewegungen erinnert an Dellucs und Epsteins Auffassung kinematographischer Realität, wonach Pflanzen oder Alltagsgegenstände sich dem gefilmten Menschen gegenüber zu gleichwertigen, bewegten Persönlichkeiten emporschwingen und ihn gleichsam schicksalshaft zu einer Erscheinung unter anderen degradieren. Colette stellt aber das empfindende Subjekt ins Zentrum theoretischer Verarbeitung und vermeidet jegliche Theoreme und Überlegungen zum Photogenen und zum Transformationsprozess des kinematographischen Apparats (obwohl sie sich der technischen Funktionsweise und ihres Geheimnisses bewusst war). Stattdessen verlässt sie sich, mit einer scheinbar paradoxen bewusst-naiven Fantasie ausgestattet, ganz auf den literarischen Fluss der Beschreibung eines genauen Sehvorgangs («wir sehen nicht genug») und in ihm, angesichts dieser kulturell kaum kodifizierten Phänomene, auf ein, mit Lacan gesprochen, «imaginäres» Sehen, das dem Sehen eines vorsprachlichen Säuglings im «Spiegelstadium» vergleichbar ist.[225] Da werden in *Fleurs*, einem Text von 1932, in dem wiederum der florale Entfaltungsfilm eine Hauptrolle spielt, die Blumen zu ihren Freundinnen, zu Begleiterinnen, die als «enorme und unkenntliche Blume» in ihrer filmischen Erscheinung «fleischfressenden Instinkt» offenbaren, aber auch ohne kinematographische Transgression Persönlichkeit besitzen, etwa in Form eines erinnerten Duftes einer «tote[n] Glückseligkeit».[226] Ähnlich wie Germaine Dulac in ihrem Aufsatz «Von der Empfindung zur Linie» (1927, vgl. Anhang 3) vollzog Colette in diesem ungefähr gleichzeitig entstandenen Text auch den letzten Schritt und spekulierte vor dem Hintergrund der «emporkletternden Erbse», die den «Kopf eines Python emporschnellen lässt», und der «Keimung einer Handvoll von Linsen», die einen «Auflauf von Hydren» «mobilisiert», über die Empfindung der Planzen selbst, über eine Frage «eines Teils der wissenschaftlichen Welt», an deren Lancierung die partizipative Empathie mit dem Suchen, Ringen und Aufblühen schwesterlicher Zeitraffer-Pflanzen zweifelsohne ihren Anteil hatte.[227]

225 Ich denke in diesem Zusammenhang an den vorsprachlichen, atemporalen Begriff des «Imaginären» von Jacques Lacan, den er dem sprachlichen Begriff des «Symbolischen» gegenüberstellte. Zit. n. KRAUSS, *Die Originalität der Avantgarde*, S. 251.
226 COLETTE, Fleurs, S. 166 f.
227 Ebd., S. 165 f.

Seit der Verfilmung ihres Romans LA VAGABONDE (1918, Regie: Musidora und Eugenio Perego) hatte Colette Kontakte zur Filmindustrie, und sie wollte es nicht nur bei der literarischen Verarbeitung ihres so sehr von biologischen Kurzfilmen geprägten «Kultes des vegetabilen und animalischen Lebens» (Virmaux) belassen, sondern verfasste 1927 auch *Dialogues de bêtes*, ein heute verschollenes Drehbuch, in dem zwei weibliche Irish Collies die Hauptrolle spielen.[228] Die in ihm inszenierte dokumentarische Geschichte – nach Angaben Vuillermoz' eine Geschichte, die sich um das «‹Spiel der Physiognomie› und die menschliche Sprache ihrer Augen» dreht – sollte, trotz der Werbetrommel des treuen Compagnons Vuillermoz, bei den Produzenten noch keine Gnade finden.[229] Colette konnte diesen Misserfolg nicht so schnell verwinden und sollte fortan umso mehr gegen Aktions-Filme mit verunfallendem «train-joujou» oder «outrecuidant bébé-star» wettern.[230]

2.7.4 «C'est une féerie et s'est un drame [...] et c'est aussi un ballet»: Émile Vuillermoz und die Mikrokinematographie

Mit der schon berühmten Colette teilte in den 1920er-Jahren Émile Vuillermoz, ein weiterer Meister des Wortes, das leidenschaftliche Interesse für wissenschaftliche Filme. Der Filmkritiker der Tageszeitung *Le Temps* – wie Colette in den 1870er-Jahren geboren und seit seinen Tagen als Mitarbeiter des Musikkritikers und Schriftstellers Henri Gauthier-Villars, des ersten Mannes Colettes, mit dieser befreundet[231] – entwickelte im Rahmen der aufkommenden Filmkunstdebatte wie Colette ein Gespür für die berührenden und ästhetischen Lebensäußerungen dieser besonderen Filme. Nicht viele Texte Vuillermoz' zum wissenschaftlichen Film sind erhalten, dafür mit «La cinématographie des microbes (le docteur Comandon)», einem 1922 in seinem Blatt erschienenen Artikel zum mikrokinematographischen Film, ein besonders schöner.[232] Dieser wissenschaftlich präzise wie sprachlich brillante Text – wie andere Texte für die Tageszeitung *Le Temps* Teil seines erst in diesen Jahren systematisch untersuchten, filmkritischen

---

228 VUILLERMOZ, La photogénie des bêtes, S. 370 f.

229 Mit dem Genre des inszenierten Tierfilms war Colette der Zeit voraus. Jüngere Beispiele sind: DER KONGRESS DER PINGUINE (CH, 1993, Hans-Ulrich Schlumpf); L'OURS (F, 1988, Jean-Jacques Annaud), DEUX FRÈRES (F, 2004, Jean-Jacques Annaud); LA MARCHE DE L'EMPEREUR (F, 2005, Luc Jacquet).

230 COLETTE, Fleurs, S. 166 f.

231 HEU, Le Temps du cinéma, S. 47.

232 VUILLERMOZ, Le docteur Comandon («La cinématographie des microbes [Le docteur Comandon]», in: *Le Temps*, 09.11.1922). Vgl. Anhang 1.

Werks[233] – ist der von Colette lancierten journalistischen und promotionalen Leistung im Zeichen des wissenschaftlichen Films an die Seite zu stellen. Er ist ebenso engagiert, ebenso normativ und nobilitierend, verfährt dabei aber doch ganz anders. Während Colettes Texte von einer eminent subjektiven kinematographischen Erfahrung erfüllt sind, die den wissenschaftlichen kinematographischen Apparat und seine formalen Auswirkungen kaum reflektiert, rückt Vuillermoz in seiner Hymne an Comandons Mikrokinematographie eben diesen Apparat mit seiner objektiven Aufdeckungs- und Transformationskraft stärker in den Blick.

Einleitend verweist Vuillermoz auf ein paradoxes Phänomen kinematographischer Abbildung, das im wissenschaftlichen Film (wie auch Bazin später ausführen sollte) besonders zu Tage tritt. Er stellt fest, dass die Kunstwirkungen «des Märchenspiels, der Aktion, der Suggestion und des Traumes» sich paradoxerweise aus einer «wissenschaftliche[n] Exaktheit des Dokumentarfilms» ergeben, die es nicht auf diese Wirkungen angelegt hat. Dann kommt Vuillermoz nach einer Erläuterung der technischen Disposition der ultramikroskopischen Aufnahme und Projektion zur Hauptsache seines Textes, einer theoretischen Troika, die in den Begriffen *féerie*, *drame* und *ballet* ihren Ausdruck findet und wovon hier eine gekürzte Kostprobe genügen muss:[234]

> Was für ein Zauber [*féerie*]! Kaum durchdringt der Lichtstrahl eine Lungenzelle, eine Arterie, Kapillargefäße oder ein Schleimhautfragment, komponiert das Gewimmel des Lebens Harmonien, Übereinstimmungen von Linien, Volumen und Bewegungen von außerordentlicher Schönheit. Hier ist eine seltsame und atemberaubende Landschaft, ein sublunarer Horizont; ein breiter Strom durchquert die Ebene, ungestüme Fluten rollend und Wrackteile mit sich reißend, die wie Edelsteine funkeln. […]
>
> Was für ein Zauber, und was für ein Drama [*drame*]! Diese Atome in Bewegung sind keine inerten Staubkörner. Das sind lebende Wesen, denen die monströse Vergrößerung der Leinwand eine wirkliche Persönlichkeit verleiht. Sie sind als Zuschauer nicht nur gezwungen, sich für die tragische Aktivität dieser Mikroben zu interessieren, die sich Ihnen präsentieren in der Form von Schlangen, Drachen und albtraumartigen Fischen – vielgliedrigen und

---

233 HEU, *Le Temps du cinéma*. Émile Vuillermoz (1878–1960), besser bekannt als Musikhistoriker und als Verfasser einer *Histoire de la musique* (Paris: Fayard 1949), erfährt in dieser Publikation eine umfassende Würdigung als Pionier der französischen Filmkritik. Vuillermoz war von 1916 bis zum Ende der Tageszeitung 1942 Filmkritiker von *Le Temps*, der Vorläufer-Tageszeitung von *Le Monde*.

234 VUILLERMOZ, Le docteur Comandon. Man beachte Vuillermoz' Strukturierung der entsprechenden Absätze, die mit «C'est une féerie» (S. 109), «C'est une féerie et c'est un drame» (S. 109), «C'est un drame et c'est aussi un ballet» (S. 110) beginnen.

apokalyptischen Tieren, bewaffnet mit Haken, Zangen und Stacheln, sich schnell fortbewegend mithilfe von Wimpernhärchen, schraubenförmigen Bewegungen oder wellenförmigen Membranen –, sondern Sie nehmen auch jedes rote Blutkörperchen für sich wahr oder jeden Leukozyt wie eine kleine Persönlichkeit, wenn er mutig seine Rolle spielt in der schrecklichen Schlacht, die das organische Leben bestimmt.

Diese Filme sind Kriegsfilme. Vorzüglich ausgerüstet geben sich die Spirochäten oder die Trypanosomen den wilden Attacken hin. Die Parasiten aller Gattungen beweisen eine unglaubliche Schlagkraft. Man muss sie sehen, wie sie wütend die unglücklichen Blutkörperchen wegdrängen, die sich ratlos drehen, sich unter dem Schock deformieren, ihre Elastizität wiedererlangen mit einer zarten Starrsinnigkeit, aber auch wie sie manchmal durchbohrt sind, zerrissen, *hämolysiert* [kursiv i. O.], das heißt, befreit von ihrem Hämoglobin, das durch die schreckliche Wunde ausgetreten ist, die der Angreifer ihnen soeben zugefügt hat. Man sieht sie mitten ins Herz getroffen darniedersinken. Der Vibrio durchschlägt sie mit frischem Elan, wie eine Maschinengewehrkugel. Man wohnt ihrer Agonie bei. […]

Was für ein Drama, und schließlich was für ein Ballett [*ballet*]! Es gibt keinen bewegenderen Rhythmus als denjenigen, dessen Enthüllung wir hier beiwohnen. Da ist auch der Rhythmus des Lebens, diese gemessene und langsame Choreographie, dieser heilige Tanz, dieser religiöse Marsch unserer Zellen, die in uns den Geboten einer mysteriösen musikalischen Disziplin gehorchen. Und die Musik, man hört sie, man erahnt sie in diesen großartigen Balanceakten, in diesen Volten und Tanzfolgen des Protoplasmas, die genauso harmonisch und genauso regelmäßig anmuten wie der Reigen der Sterne.[235]

Die kinematographische Verwandlung der innerkörperlichen Welt in eine Märchenlandschaft mit ihren vom seitlich einfallenden Licht der Ultramikroskopie kontrastreich beleuchteten und funkelnden Flüssen, Dramen und Tänzen, die Vuillermoz hier schildert, erinnert an Äußerungen, denen wir schon begegnet sind (an die von Dr. Paul Gastou geäußerte Assoziation eines Sternenhimmels und an George Maurice' Formel des biologischen Dramas), nimmt aber, und insbesondere, auch avantgardistische Konzeptionen vorweg, nämlich Epsteins ungefähr gleichzeitig entstandene Idee der vom Kinematographen zur Geltung gebrachten «photogenen Persönlichkeit» und ebenso die von Delluc bis Painlevé immer wieder angesprochene Vorstellung von musikalischen (Lebens-)Rhythmen und ihrer verfeinerten, künstlerischen Form des Tanzes. Der schon reife Vuillermoz, der 1922 einer älteren Generation als Epstein oder Painlevé angehört, schlägt mit diesem

---

235 VUILLERMOZ, Le docteur Comandon, S. 109 f. Übers. aus dem Franz v. Ch. H. Vgl. den vollständigen Text in Anhang 1.

Text die Brücke zwischen der älteren populären Rezeption wissenschaftlicher Filmattraktion und ihrer späteren cinephilen und avantgardistischen Rezeption. Noch die Frische des unbedarften ‹erstmaligen Sehens› in sich, führt der Text auch schon die cinephile Leitidee vor, die hinter all diesen märchenhaften und dramatischen Schilderungen Vuillermoz' steckt. Er erwähnt sie nicht, die Photogénie – warum denn auch? Sie ist ja 1922 in aller Munde –, doch ist sie in Vuillermoz' Blick sicher präsent, ja konstituiert seine Empfänglichkeit für das «Funkeln» der Mikroben, für die «Übereinstimmungen von Linien, Volumen und Bewegungen». Vuillermoz hatte sich 1917 im besagten kleinen Kulturstreit um die bergsonistische Sichtweise auf den Film für eine besondere Berücksichtigung ‹dauerhafter› bewegungsspezifischer Aspekte des Films ausgesprochen. Jetzt, 1922, legt er seinen wohl wichtigsten Text zu ihnen vor. Erst in der Blütezeit avantgardistischer Theorien, im werbenden Artikel für Colettes Hunde-Drehbuch von 1927 dann, spricht er das auch aus, wovon doch schon die ganze Zeit die Rede war: *photogénie des bêtes*. Allerdings hätten nicht mehr mikroskopische Tiere sondern ausgewachsene Hunde mit ihrem «Spiel der Physiognomie» und ihrer «Sprache der Augen» einen anderen Ausdruck von Photogénie erzeugt, einen Ausdruck des Gesichtssinns nämlich, wie ihn Balázs zeitlebens bevorzugte,[236] wäre der Film denn auch realisiert worden:

> Es sind ihre spontanen Äußerungen, ihre freien Verhaltensweisen, ihr ‹Spiel der Physiognomie› und die menschliche Sprache [*langage*; Ch. H.] ihrer Augen, die dem Autor erlauben werden, den ganzen Reichtum in seinen Beobachtungen der animalischen Seele zu entwickeln, und der stummen Kunst, all ihre persuasive Eloquenz zu entfalten.
>
> Da gibt es eine äußerst interessante Innovation, die es verdient, mit Aufmerksamkeit bedacht zu werden. Man hat sie oft beobachtet, ohne daraus übrigens einen großen Nutzen zu ziehen. Es ist die Photogénie der Tiere. In den naturgeschichtlichen Dokumentarfilmen haben gewisse Äußerungen der Tiere eine atemberaubende, unvergessliche Kraft. Dass es hierin ein bisschen zu viel Anthropozentrismus gibt, ist indiskutabel, aber im Kino hat diese Interpretation nur Vorteile.[237]

---

236 Vgl. BALÁZS, *Schriften zum Film*, Bd. I, S. 47; und in dieser Arbeit S. 111, Anm. 138.
237 VUILLERMOZ, La photogénie des bêtes, S. 371. Übers. aus dem Franz. v. Ch. H.

2.7.5 *Germination d'un haricot*: Germaine Dulac und die «rein visuelle Emotion»

Germaine Dulac trat wie niemand sonst im theoretischen Umfeld des Cinéma pur für die Verbreitung der Bewegungsbilder ein, die der Zeitraffer bereithielt. Ihr Umgang mit Sequenzen von aufkeimenden Sprösslingen gleicht – noch mehr als bei Epstein – einer Mission, die darin besteht, die Erfahrung dieses in ihnen erlebbaren kinematographischen Lebens auch weiterzugeben. Während es bei Epstein 1924 ein keimendes Weizenkorn war, das die Rolle des herausragenden Beispiels für photogenes Leben zugewiesen bekam, war es bei Dulac um 1928 eine aufkeimende Erbse. Es ist nicht auszuschließen, dass auch Epstein 1923 in seinen Vorträgen zur Photogénie diesen, ‹seinen› Keimungsfilm auch vorgeführt hat. Dulac aber, die als gefragte Referentin immer wieder stets die kleine Filmrolle mit dem heute nicht mehr auffindbaren Erbsenfilm GERMINATION D'UN HARICOT (ca. 1928) bei sich trug, zeigte ihren Keimungsfilm um 1928 offenbar bei jeder Gelegenheit, die sich ihr in den Ciné-clubs bot («Da ist Germaine Dulac mit ihrer Bohne!», vgl. S. 72 f.).[238]

Die Grande Dame des impressionistischen und avantgardistischen Films ist uns als Fürsprecherin des wissenschaftlichen Kinos, als Befürworterin einer analytischen Realitätsaneignung und einer Photogénie-nahen Interpretation filmischer Phänomene in dieser Arbeit schon begegnet – und im Zusammenhang mit dem wissenschaftlichen Film auch als Historikerin der puristischen «Schule des Ungreifbaren» (vgl. S. 66 f.). Doch nirgendwo sonst tritt Dulac wohl so klar als Anwältin der essenziellen Botschaft wissenschaftlicher Filme auf wie in ihrem Aufsatz «Du sentiment à la ligne» (vgl. auch Anhang 3):

> Wurzel und Stil werden eine Harmonie geschaffen haben. Die Bewegung und ihre Rhythmen, in schon geklärter Form, werden die Emotion bestimmt haben, *die rein visuelle Emotion.*[239]
>
> Blumen oder Blätter. Wachstum, Fülle des Lebens, Tod. Unruhe, Freude, Schmerz. Blumen und Blätter verschwinden. Der Geist der Bewegung und des Rhythmus allein bleibt.
>
> Ob ein Muskel in einem Gesicht spielt, ob eine Hand sich auf eine andere Hand legt, ob eine Pflanze, von der Sonne angezogen, wächst, ob sich

---

238 Als Motto in: GRAMANN et al., *Dulac*, S. 3. Vgl. darin die unklaren bibliographischen Angaben dazu. Mit dem Ausspruch: «Da ist Germaine Dulac mit ihrer Bohne!» spielt J. K. Raymond-Millet um 1928 wohl auf den Zeitrafferfilm über das Wachstum einer Erbse an (GERMINATION D'UN HARICOT), dessen Entstehungsjahr in der Filmografie in GRAMANN et al., *Dulac,* mit «1928» und dem Vermerk «nicht auffindbar» angegeben ist.

239 Herv. i. O.

Kristalle überlagern, ob sich die Zelle eines Lebewesens entwickelt: Auf dem Grund dieser mechanischen Manifestationen einer Bewegung finden wir einen spürbaren und anschaulichen Impuls, die Lebenskraft, die der Rhythmus ausdrückt und vermittelt. So kommt die Emotion zustande.[240]

Häufig in der Nähe von Photogénie denkend, den Begriff «Photogénie» aber nie verwendend, formuliert Dulac ihre eigene Konzeption von kinematographischem Leben, wenn sie am Beispiel von zeitgerafften Planzen- oder Kristallbewegungen den Bogen schlägt von der Erscheinung der «Lebenskraft» (und von der «Bewegung und ihren «Rhythmen») über die in ihr «geklärte Form» einer «Linie» (oder Bewegungslinie)[241] bis hin zum Effekt und Ausdruck der «rein visuellen Emotion». Letztere kann sich nach ihr auch in der Bewegungslinie oder im Rhythmus eines abstrakten Films ereignen.[242]

Dulac vervollständigt hiermit neben Colette, Vuillermoz, Delluc und Epstein eine fünfköpfige Gruppe photogener Aneignung wissenschaftlicher Filme. Diese Gruppe mag nicht eine avantgardistische Gruppe im Sinne anderer avantgardistischer (etwa dadaistischer oder surrealistischer) ‹Verschwörungen› gewesen und eher im theoretischen, filmspezifischen Raum geblieben sein, doch lässt sie sich mit dem Hinweis auf ihre innere Verbindung konstruieren, auf eine Verbindung, die neben biographischen Überschneidungen (bei Colette, Vuillermoz und Delluc) sich vor allem aus einer vergleichbaren analytischen Realitätsaneignung und Vorstellung von kinematographischem Leben ergibt.

In einem wesentlichen Punkt unterscheidet sich Dulac aber von Epstein, wenn sie 1927, in der Nähe zum Cinéma Pur, zu dem Epstein gleichzeitig schon auf Abstand ging (vgl. S. 102), einen Zug zum «integralen Kino» erkennen lässt (das heißt auch zum von ihr geschätzten abstrakten Kino eines Eggeling und Ruttmann zwischen 1921 und 1924).[243] 1929, in Thèmes et Variations, zeigt sich ihre Differenz zu Epstein auch in prakti-

---

240 DULAC, Von der Empfindung zur Linie, S. 60. Vgl. Anhang 3 und die Angaben in der Bibl. unter GRAMANN et al., *Dulac*.

241 Anhand der chronophotographischen Bewegungsbilder Mareys analysiert Joachim Paech die Bewegungslinie, die sich aus der Verbindung derjenigen Punkte ergibt, die die Chronophotographie von einem Schwerpunkt in verschiedenen Bewegungsphasen abbildet. Dieser helle, auf schwarzem Grund abgebildete und sich fortsetzende Punkt des Körpers bildet nach Paech eine diagrammatische Durchschnittslinie körperlicher Bewegung, eine Bewegungslinie. Die Bildabfolge der körperlichen Bewegung wird dadurch zu einem linearen Ausdruck verdichtet. Vgl. PAECH, Bewegungsbild.

242 Zu Dulacs Konzept des «integralen Kinos» und Thèmes et Variations vgl. CHRISTOLOVA, Dulac.

243 DULAC, Das Kino der Avantgarde, S. 75 f.; für eine weitergehende Einschätzung von Viking Eggelings und Walther Ruttmanns Werk vgl. BRINCKMANN, «Abstraktion» und «Einfühlung».

scher Hinsicht. Die Lehrstunde des wissenschaftlichen Films, die sie Mitte der 1920er-Jahre beide ähnlich erfahren, vermittelt und theoretisiert hatten, setzten die beiden Filmschaffenden in unterschiedlicher Weise um: Dulac dreht, gleichzeitig mit Epsteins FINIS TERRAE (1929), Epsteins dokumentarischem Film über das Leben eines bretonischen Fischerdorfs, mit THÈMES ET VARIATIONS (1929) einen von insgesamt drei Montagefilmen, erfüllt vom Innenleben einer Tänzerin und vom Konzert montierter Bewegungslinien, wohingegen Epstein mit seinem Film den Blick schon längstens nach außen gerichtet hat, auf die Bretagne, auf das Meer und den Kosmos. In ihm setzt sie ihre ‹Idee der keimenden Bohne› in drei Varianten und ihr Konzept der «reinen visuellen Emotion» von linearer Bewegung in einer exemplarischen Montage um, in einer Form also, die Epstein 1929 erst recht nicht mehr verfolgte.[244] Vergleichbar mit der ‹photogenen Montage› von Chomettes und Grémillons Kurzfilmen, die ich in ihrer Realitätsaneignung zwischen Analyse und Synthese als ‹unreine› Zwitter identifiziert hatte, demonstrieren Dulacs zeitgeraffte Einstellungen auf das zitternde und suchende Wachstum einer Pflanze eine freiere Einstellung zur Montage. Abgesehen davon, dass Epstein in seinen Filmen nie wissenschaftliche Sequenzen verwendet, verdeutlicht Dulac des Weiteren den linearen Ausdruck der zeitgerafften Bewegung zu einem abstrahierten Ausdruck, rückt sie doch die «visuelle Emotion» der Bewegung in die Nähe des abstrakten Films und eines Formalismus, der Epstein schon völlig fremd war. Sie lässt dann in weiteren Sequenzen auch noch mehrere in einer Reihe angeordnete Pflanzen auftreten und kombiniert sie mit Einstellungen auf die wiegenden Bewegungen der Hand einer Tänzerin, dann ihrer beider Hände (Abb. 17–18). Nicht Analogien in ‹materiellen›, ‹stofflichen› Transformationen werden angestrebt, wie sie Epstein im Zusammenhang mit der Zeitlupe und des Zeitraffers theoretisiert. Vielmehr suggeriert Dulac Analogien universeller psychographischer Ausdrucksformen und Bewegungslinien. Wie in ÉTUDE CINÉGRAPHIQUE SUR UNE ARABESQUE (1929), dem zweiten ihrer drei Kurzfilme, der weniger explizit, aber dennoch mit vegetabilen Zeitrafferaufnahmen verfährt, scheint das theoretische Argument in THÈMES ET VARIATIONS beinahe zu eindeutig durchzudringen. Dort die Idee der Musikalität von Film durch die Visualisierung des Klavierspiels von Händen verdeutlichend,[245] unterstreicht sie hier, nun wissenschaftliche Zeitraffersequenzen benutzend, die Idee der «rein visuellen Emotion» mit der Setzung von analogen gestischen

---

244 In der Montage mit den Händen der Tänzerin sind folgende Einstellungen zu sehen: eine einzelne, keimende Erbse (Abb. 18) – drei weitere wachsende Erbsenkeimlinge ohne Stangen – drei weiter wachsende und um drei Stangen nach dem Licht sich in die Höhe windende Erbsenpflanzen.

245 Vgl. LAWDER, *The Cubist Cinema*, S. 176 (auch in: GRAMANN et al., *Dulac*, S. 142).

Handbewegungen in Normalgeschwindigkeit (vgl. Abb. 17 und
18).[246] Die «rein visuelle Emotion»
bezeichnet sie im konkreteren Zusammenhang ihres Films ein wenig
nüchterner als «korrespondieren-
den Rhythmus»:

> Das war auch mein Bestreben in
> THÈMES ET VARIATIONS, wo, aus-
> gehend vom Bild, ein korrespon-
> dierender Rhythmus versucht,
> die schlichte Freude der Augen
> zu bewirken, ohne Geschichte:
> Bewegung von Maschinen, Bewe-
> gungen einer Tänzerin, kinemato-
> graphisches Ballett.[247]

Dulacs Einschätzung, dass ihr «kinematographisches Ballett» ohne
Geschichte auskomme, ist allerdings mit Vorsicht zu genießen.
Denn die Assoziationen, die sich

17–18 Standbilder aus THÈMES ET VARIATI-
ONS (F 1929, Regie: Germaine Dulac)

bei ihren Rhythmen und Korrespondenzen einstellen, entstehen tatsächlich mithilfe einer durchstrukturierten Dramaturgie ihrer Ausdrucksformen. Bei näherer Betrachtung sind diese synthetischen Abfolgen gar eine
Geschichte mit Anfang und Ende.

2.8 Und noch ein Wort zum Surrealismus: *Surréalité*, aquatisches *bestiaire* und Subversion

2.8.1 Film und Surrealismus

Kaum eine Künstlerbewegung ist mit größerem Trara auf die Pariser Bühne
der Kunst getreten wie 1924 der Surrealismus, und es musste sich sogleich
die Frage stellen, ob der Film als neueste und modernste Kunstgattung nicht
auch «surrealistisch» sein könne oder vielleicht schon sei. Die von André
Breton kontrollierte surrealistische Bewegung selbst kam aber für die Be-

---

246 Ebd., S. 176.
247 Germaine Dulac in: GRAMANN et al., *Dulac*, S. 140 (Ausschnitt aus: «La nouvelle évo-
     lution», in: *Cinégraph*, Januar 1931; Übers. aus dem Franz. v. Birgit Kohler).

antwortung dieser Frage kaum infrage, hatte sie sich doch gefälligst nicht um Stil oder um spezifische Probleme einzelner Kunstgattungen (wie etwa um die Frage, welches die filmspezifischen Eigenschaften des Films seien, oder Ähnliches) zu kümmern, sondern um eine neue, «surrealistische» Praxis des Tagtraums oder des «psychischen Automatismus», die sich über derartige Gattungsprobleme hinwegsetzte. Die Äußerungen der Surrealisten zum Film sind denn auch eher in der offenen Form gehalten, wie wir sie von den Schwärmereien für das Dunkel der Kinosäle oder für Louis Feuillade und Musidora her kennen. Der Versuch, die «Surrealität» des Films aus der Perspektive der Surrealisten zu theoretisieren oder zu kritisieren, musste schon von außen kommen. Die Gelegenheit dazu ergab sich, als es klar wurde, dass Breton mit «Surrealismus» einen Apollinaire'schen Begriff für seine Zwecke usurpiert hatte und damit die Pariser Kunstwelt vor ein Fait accompli stellte. Die Reaktionen blieben denn auch nicht aus und richteten sich nicht nur gegen die Besetzung des Begriffs durch Bretons Bewegung, sondern auch gegen Bretons Missbrauch des ursprünglich in seiner Bedeutung so ganz anderen Begriffs Apollinaires.[248] Sogleich brachten sich auch Breton-kritische Filmtheoretiker in Stellung, um das drohende Unheil dieser Art von «Surrealismus» vom Film abzuwenden.

Die heute bekannteste filmtheoretische Reaktion auf diesen Coup ist Jean Goudals Artikel «Surréalisme et cinéma» aus dem darauffolgenden Jahr 1925.[249] Man erinnere sich: Goudal nimmt Breton beim Wort und kritisiert gleichzeitig sein theoretisches System. So etwas wie ein Zustand der «bewussten Halluzination», wie sie Breton für die Produktion von surrealistischer Literatur voraussetzt, sei schlichtweg nicht praktikabel, denn auch Literatur entstehe auf der Basis eines vernunftgesteuerten Prozesses. Anders als René Clair, nach dem diese Breton'sche Methode erst recht nicht unter den sehr technischen Produktionsbedingungen des Films anwendbar

---

248 Der Apollinaire'sche Begriff von «Surrealismus» geht auf sein Theaterstück *Les Mamelles de Tirésias* (Urauff. 1917) zurück, das den Begriff *surréaliste* einführt, indem es ihn im Untertitel trägt und in Vorwort und Prolog auch ausführt. Der Begriff ist in erster Linie als Reaktion auf den Naturalismus und den Illusionismus im Theater zu verstehen. In den illustrierenden Bemerkungen zu *Mamelles* führt Apollinaire den bekannten Vergleich aus, der besagt, dass die Kreation des Rades zwar auf Gesetzen der Natur beruhe, aber deswegen noch lange nicht wie ein Bein aussehen müsse und somit «surreal» sei. In diesem Sinne imitiert Surrealismus die Natur nicht (*revenir à la nature même, mais sans l'imiter à la manière des photographes*), sondern versucht mit Versatzstücken sowohl der Natur nahezukommen als auch Neues zu schaffen in Form verschiedenster Techniken wie «Facettenblick, Fragmentierung, Neustrukturierung, Juxtaposition widersprüchlicher Realien, visuelle und akustische Simultanschau, Collage aus räumlichen und zeitlichen Versatzstücken, Vereinigung des oberflächlich Unzusammenhängenden [...]» (Renate Kroll im Nachwort, in: APOLLINAIRE, *Les Mamelles de Tirésias*, S. 125; zit. n. WACKERS, *Dialog der Künste*, S. 84).

249 GOUDAL, Surréalisme et cinéma.

sei und der es dabei bei diesem Verdikt belässt,[250] spinnt Goudal den Gedanken über den ‹surrealistischen Film› weiter und gesteht dem Film sehr
wohl eine Nähe zu dieser Art von Erfahrung zu, die Breton beschreibt. Völlig anders als Breton bezeichnet Goudal die «bewusste Halluzination» aber
als einen Zustand der Kino*erfahrung* (und spricht damit von nichts anderem als von einer der liebsten Freizeitbeschäftigungen der Surrealisten).[251]

2.8.2 Der wissenschaftliche Film und die Dichotomie «surrealistischer» Lesart

Goudal war nicht der Einzige, der auf die Besetzung des schon bestehen-
den Begriffs reagierte. Während er Bretons psychoanalytisches Anliegen
immerhin noch ernst nahm, wandten sich Jean Epstein und, unter anderen
Vorzeichen, Ivan Goll in polemischer Weise gegen Bretons Surrealismus,
Letzterer als erklärter «Surrealist», der sich um seinen ‹Ismus› betrogen sah.
Nach der Veröffentlichung des «Surrealistischen Manifests» 1924 verteidig-
ten noch im selben Jahr beide, Goll und Epstein, den konstruktivistischen
Begriff Apollinaires, der schon 1918 verstorben war und sich dazu nicht
mehr äußern konnte. Dieser Begriff hatte bei Apollinaire ja nichts mit der
Psychoanalyse zu tun gehabt, nichts mit dem im surrealistischen Manifest
formulierten «reinen psychischen Automatismus», sondern vielmehr mit
einer im Theaterstück *Les Mamelles de Tirésias* (Urauff. 1917) exemplifizier-
ten, collagierenden, maschinistischen und absurden Darstellungsform von
Realität.[252] Epstein sieht 1924 in «De quelques conditions de la photogénie»
«Surrealismus» im spezifisch filmischen Ausdruck, den die kinematographische Maschine der Realität abringe:

> Das Objektiv des Aufnahmegeräts ist ein Auge, das Apollinaire als surreal
> bezeichnet hätte (ohne dass es da irgendeinen Zusammenhang mit diesem
> Surrealismus von heute gäbe), ein Auge nämlich, das durch analytische au-
> ßermenschliche Anlagen befähigt ist.[253]

250 Vgl. BOUHOURS, Das Unbewusste im Film, S. 405.
251 GOUDAL, Surréalisme et cinéma, S. 310; in engl. Übers. in: ABEL, *French Film Theory
     and Criticism*, S. 357. Vgl. BOUHOURS, Das Unbewusste im Film, S. 405. Unter dem
     Blickwinkel, der das Kino grundsätzlich als eine «bewusste Halluzination» und somit
     als surrealistisch auffasst, konnte es gar kein ‹surrealistisches Kino› geben, das sich sig-
     nifikant von einem anderen Genre unterschieden hätte. Die Tatsache, dass es nur weni-
     ge Filme der surrealistischen Bewegung gibt und dass sie sich exzessiv um eine Erkenn-
     barkeit als solche bemühten, spricht für die Richtigkeit von Goudals Argument. Mit
     Ado Kyrous *Le Surréalisme au cinéma* (1952) fließt Goudals Auffassung eines in seiner
     Essenz surrealistischen Kinos schließlich auch in den engeren Kreis des Surrealismus
     ein (vgl. RICHARDSON, *Surrealism and Cinema*, S. 5).
252 Vgl. Anm. 248 auf S. 146.
253 Ich ziehe es vor, aus dem Ursprungstext zu übersetzen, da die Übersetzung in EPSTEIN,

Für Goll hatte in «Exemple de surréalisme: le cinéma», in der einzigen Nummer seiner Zeitschrift *Surréalisme* (1924), der Begriff «Surrealismus» eine ähnliche, das heißt ähnlich technisch-transformatorische und auf die sichtbare Wirklichkeit ausgerichtete Note:

> Die Zeitlupe. Der Zeitraffer. Das Flüchtige: das sind Arbeitsmethoden, um zu seinen Werkzeugen [des Films, Ch. H.] zu gelangen. Die Vorstellung, der Gedanke, die philosophische und moralische Spekulation, die Ästhetik sind Gift. Einzig die Kreation durch das Bild zählt, mit dem hellsten konstruktiven Willen. […] Das «Rad» von Gance […], ausschließlich der Art verpflichtet, in welcher der filmische Apparat benutzt wurde, ohne die kleinste menschliche Retouche im Spiel des «Objekts», der Natur: Das ist reinster Surrealismus.[254]

Insofern betonen beide Autoren mit dem Hinweis auf den filmischen Apparat (und die Verfahren des wissenschaftlichen Films) die technische Seite dieser Hervorbringung von Surrealität, vernachlässigen gleichzeitig aber auch den collagierenden Aspekt des Apollinair'schen Begriffs.

Im gleichen Jahr formulieren alle beide – im Gegensatz zu Delluc – auch die explizite Ablehnung von Wienes Dr. Caligari (in Frankreich: 1922), konsequenterweise, denn Epsteins und Golls Auslegung von filmischem Surrealimus verlangte ja nach einer grundsätzlich dokumentarischen Auffassung von Film.[255] So kann man denn «Surrealität», wie sie sie verstanden, als eine kinematographische Realität bezeichnen, die sich, stärker noch als die Photogénie, aber genau so individuell und konkret, im Fluss einer objektiven Evidenz veräußerlicht. Ihr Leitmerkmal ist der Grad der Fremdheit auf einer Basis, die Breton zu eng erschienen wäre: auf der Basis unerbittlicher Objektivität.

Wie anders ist doch die filmische Realitätsaneignung in der Bewertung und Verwertung des wissenschaftlichen Films in Luis Buñuels und Salvador Dalís L'Âge d'Or (1930), wenn diese Surrealisten Breton'scher Prägung als dokumentarischen Prolog eine Sequenz aus dem populärwissenschaftlichen Kurzfilm Le Scorpion Languedocien (1912) verwenden.[256] Ursprünglich aus der schon erwähnten Produktion des Hauses

---

Der Ätna, zu weit von diesem entfernt ist. EPSTEIN, *Écrits sur le cinéma*, Bd. I, S. 136, s. auch S. 142; auch in: EPSTEIN, Der Ätna, S. 48, s. auch S. 54 (*Le Cinématographe vu de l'Etna* 1926). Übers. aus dem Franz. v. Ch. H.

254   GOLL, Le cinéma, S. 44. Vgl. HAMERY, Diss., *Jean Painlevé*, S. 27 f. Übers. aus dem Franz. v. Ch. H.

255   Zu Das Cabinet des Dr. Caligari (D 1920, Regie: Robert Wiene, in Frankreich erstaufgeführt am 15.03.1922) s. Epsteins Bemerkungen in: EPSTEIN, *Écrits sur le cinéma*, Bd. I, S. 149, und Golls Verdikt in: GOLL, Le cinéma, S. 44.

256   Le Scorpion languedocien (F 1912, Produktion: Éclair, Reihe: «Scientia», Regie: André Bayard oder J. Javault). Angaben aus: GAYCKEN, Das Privatleben des *Scorpion*

Éclair, nutzt diese Sequenz als Collageelement nicht nur die Ungebührlichkeit von ‹Mord und Totschlag›, die in ihr schlummert, sondern führt
das Publikum grundsätzlich auf einen Irrweg, irgendwo zwischen Wirklichkeit und Fiktion.[257] Dieser minutenlange Ausschnitt des damals schon
bald zwanzigjährigen Dokumentarfilms über den giftigen Arachnoiden,
der den berühmten surrealistischen Film einleitete und mit den Erwartungshaltungen spielte, erschloss sich dem Publikum in seiner Funktion
erst am Ende der Geschichte. Als ob sich das Gift dieses zu Beginn des
Films so prominent auftretenden Tiers im Rest des Films über die bürgerlichen Normen und Zwänge ausbreiten und sie zersetzen würde, ver-
giften die liebestollen Hauptfiguren die geltenden Umgangsformen. Das
Gift des Skorpions scheint auf dieser metadiegetischen Ebene schließlich
gar eine blasphemische Todesfantasie hervorzurufen und in einem Elixier
Sade'scher Gewaltfantasie seinen Kulminationspunkt und seine Bestimmung zu finden.[258] Im Übrigen entfernte Buñuel den wissenschaftlichen
Kommentar der Zwischentitel in der besagten Sequenz nicht. Ohne auf den
kühl-technischen und irreführenden Reiz der wissenschaftlichen Sprache
zu verzichten, reichten der dieser Sequenz folgende Schnitt und die Rahmung der Vorführung schon aus, um das wissenschaftsfilmische Material
von seiner Fokussierung auf die wissenschaftliche Aussage zu befreien.

Hier wurde also noch in einem ganz anderen Grad als in Dulacs
Thèmes et Variations inkorporiert und verarbeitet oder, wie ich auch
sagte, Realität «synthetisiert». – Zu erwähnen wären auch die Einbindung
von dokumentarischen Sequenzen eines Seesterns in Man Rays L'Étoile
de mer (Drehbuch Robert Desnos) – damals eine freundliche Beigabe Painlevés[259] – und noch andere vereinzelte wissenschaftsfilmische Elemente in
surrealistischen Collagen oder im surrealistischen *bestiaire*. Die Verweise
auf den wissenschaftlichen Film im Umfeld surrealistischer oder parasur-
realistischer Kommentare und Kritiken zum Film waren zahlreich und die
Vorliebe der Surrealisten für Painlevés Filme groß (vgl. Painlevés Präsenz
in Batailles Zeitschrift *Documents*: Abb. 21–22)[260]; Jacques-Bernard Brunius' Einschätzung zur surrealistisch-avantgardistischen Aufmerksamkeit für wissenschaftliche Filme sind wir schon begegnet (vgl. S. 80 f.),[261]
und Ado Kyrous Formel zum wissenschaftlichen Film sei hier nur er-

---

languedocien, S. 48, und GALE, *L'Âge d'Or* (Aufsatz), S. 101. Vgl. die Verweise auf die
 Quellen daselbst.
257 Vgl. BOUHOURS, Das Unbewusste im Film, S. 406 f.
258 Vgl. SHORT, *The Age of Gold*, S. 111 f.
259 BERG, Contradictory Forces, S. 19.
260 Eine Auswahl sei hier angegeben: DESNOS, «Mouvement accélérés»; DESNOS, Quel
 malaise; DESNOS, «Records 37»; BARON, Crustacés.
261 BRUNIUS, *En marge*, S. 75 f.

19–20 Fotografische Abbildungen auf einer Doppelseite in: *Documents*, Nr. 6, November 1929: *Aux abattoirs de La Villette* (Fotografien v. Eli Lotar)

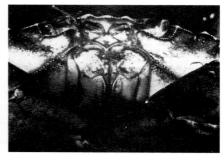

21–22 Fotografische Abbildungen auf einer Doppelseite in: *Documents*, Nr. 6, November 1929: links: *Tête de crevette*, rechts: *Tête de crabe* (Filmstandbilder v. Jean Painlevé 1929)

wähnt: «L'infiniment petit et le monde humide et mou».[262] Sie sind alle im Breton'schen Sinne spezifisch surrealistische Auseinandersetzungen mit wissenschaftlichem Film, die zwar der Vollständigkeit halber hier aufgelistet werden (gemäß der Absicht, ein möglichst vollständiges Bild des Gewebes der avantgardistischen Auseinandersetzung mit wissenschaftlichem Film zu erhalten), aber in einer weitergehenden Untersuchung einer gesonderten Interpretation bedürfen.

Lohnenswert wäre eine tiefere Beschäftigung mit Dalí, der, wie im Jahr 2007 die Ausstellung *Dalí & Film* in der Londoner Tate Modern zeigen konnte, mit einer ganz eigenen optisch-wissenschaftlichen Souplesse aufwartete.[263] Dalí bewundert in «Cinema», einem 1928 von ihm zusammen mit Lluis Montanyà und Sebastià Gasch veröffentlichten Aufsatz (vgl. meine Übersetzung dieses Textes in Anhang 4), die wissenschaftlichen Filme

---

262 Dies ist der Wortlaut einer Überschrift eines Kap. in: KYROU, *Le surréalisme au cinéma*, S. 33 f.
263 Vgl. GALE, *Dalí & Film*.

über das «Wachstum von Pflanzen, Fortpflanzungsprozesse, Mikroskopie, Naturgeschichte» und «Unterwasservegetation» für «ihre unbeschreibliche Emotion».[264] Später, nach seinen Filmen mit Buñuel, beschäftigte sich Dalí in seinen Filmprojekten mit einer ganz eigenen, kleinen Welt des Wissenschaftlichen,[265] mit einer Wissenschaftlichkeit, die den Dokumentarfilm – so anders als in L'ÂGE D'OR – nicht nur als «antikünstlerische» Manifestation, sondern auch als «Vergrößerungsglas» verstand.[266] Da gäbe es noch einiges zu entdecken.

264 DALÍ/MONTANYÀ/GASCH, Cinema, S. 91, Übers. aus dem Katalanischen ins Deutsche v. Ch. H.
265 GALE, *Dalí & Film*. Darin insbesondere S. 72 f. (Salvador Dalí: «Art Film, Antiartistic Film» [1927]) sowie S. 19 (Dawn Ades: «Why Film?»).
266 Vgl. BOUHOURS, Das Unbewusste im Film, S. 41.

Schlusswort

Nach den populären Schockerfahrungen wissenschaftlicher Filmwelten in Pariser Varietétheatern der 1910er-Jahre, deren Vorführungen nie gesehene bewegte Wirklichkeiten gezeigt hatten (von bewegten monströsen Mikroben in Großaufnahme, seltsam metaphysischen Leibesübungen in Zeitlupe oder verschlingenden Lilien in Zeitraffer), erinnerte man sich in den avantgardistischen Unternehmungen filmischer Theorie und Praxis in den 1920er-Jahren wieder an jene Erlebnisse populärwissenschaftlicher Vorführung. Man erinnerte sich an die Aufdeckungskraft dieser wissenschaftsfilmischen Verfahren, an die technische Leistung, die in diesen Dispositionen steckte, und an all die Bilder exotischer Bewegungen und Lebewesen, welche die sichtbare Welt erweiterten – und auch an die wissenschaftliche Ungebührlichkeit, mit der schon Marey seinen Fahrradfahrer nackt auf das Fahrrad schickte. Zuallererst aber diente der wissenschaftliche Film mit seinen Verfahren der neu entstehenden filmischen Avantgarde als filmspezifisches Gegenmittel gegen den drohenden Befall der um sich greifenden kommerziellen, theaterhaften Filmproduktionen beziehungsweise als beispielhaftes Modell für eine Revision der filmischen Sehkultur und Sprache. Es galt, den Film als moderne, ihrer spezifischen Mittel bewusste Kunst durchzusetzen und zu etablieren. Nicht anders als die Nouvelle Vague Jahrzehnte später startete damals die filmische Avantgarde ihre Revision mit einer theoretischen Offensive, anders als jene aber mit einer selbstverständlichen und weitverbreiteten Bezugnahme auf den wissenschaftlichen Film, dessen Potenzial als Lehrstück für den zukünftigen Film 1920 noch kaum ausgeschöpft war. In der Zeitlupe und im Zeitraffer sah die in dieser Zeit aufblühende Filmtheorie genauso wie in der Großaufnahme Elemente einer spezifischen kinematographischen Sprache oder «Dramaturgie» vorrealisiert. Doch diese sich abzeichnende Einsicht in die mögliche Funktion dieser Verfahren war nur der Nebeneffekt einer weit wichtigeren, bestimmenderen Auseinandersetzung, welche die wissenschaftlichen Filme und ihre Verfahren anregten: In ihnen wurde anschaulich, was «Photogénie», dieser spezifische Ausdruck kinematographischen Lebens, auch noch sein konnte: Die durch die Analyse und Transformation der Kamera vielgerühmte photogene Erhöhung der Dinge und ihrer Bewegungen bekam durch die aufgedeckten Bewegungs- und Zeiträume in den wissenschaftlichen Filmen ihr besonderes Bild, ja ein Bewegungsbild, das wie kein anderes eine neue Realität, eine «Surrealität» (im Sinne Apollinaires)[1] oder ein neues «Optisch-Unbewusstes» (im Sinne Benjamins)[2] vor Augen führte, ein Phänomen, das viele nicht mehr losließ. Einerseits setzte in der Praxis eine vom Wissenschaftsfilm inspirierte, vielfältige avantgardistische Tätigkeit ein, die nach der visuellen Attacke und Bereinigung von Dada einige Protagonisten der filmischen Avantgarde auf den Plan rief: Jean Tedesco mit der Gründung seines «laboratoire scientifique», Germaine Dulac, die wie niemand sonst mit ihrer zeitgerafften Erbse missionierte und sie auch in ihre Kurzfilme integrierte, Colette, die immer wieder ihre Texte zum edukativen Film überarbeitete und in diesem Geiste auch gerne selbst einen Tierfilm gedreht hätte, dann Jean Epstein, der später mit den zeitlichen Verfahren eine Alchemie transformatorischer Realitätsbeschwörung betrieb, und schließlich Jean Painlevé, der in der Phase größter avantgardistischer Euphorie sich gar dazu entschloss, selbst wissenschaftliche Filme für Avantgardekinos zu drehen. Andererseits wirkte die theoretische Auseinandersetzung, die den wissenschaftlichen Film in ihre Ziele eingebunden hatte, bei Epstein in besonderer Weise nach: Er sollte aufgrund seiner langjährigen Auseinandersetzung mit den Verfahren des *ralenti* und *accéléré* gar eine Kosmologie oder, wie Epstein sich selbst ausdrückte, ein «Gegenuniversum» relationaler Variabilität entwerfen.

Bewusst habe ich zwei Aspekte vernachlässigt, die an anderer Stelle nachgeholt werden müssten: Der Surrealismus Bretons und vor allem Dalís nahm den wissenschaftlichen Film mit genauso viel Leidenschaft ins Visier. Man denke nur an diesen prominenten Skorpion aus dem Languedoc, der im goldenen Zeitalter bürgerlicher Attitüden ‹sein Unwesen treibt›. Die surrealistische Lesart von wissenschaftlichen Filmen ist allerdings eine denkbar andere und müsste unter ganz anderen Vorzeichen erarbeitet werden. Weit weg vom filmtheoretischen Diskurs über Photogénie lässt sie das Bemühen um gattungsimmanente Fragen und Filmspezifik außen vor, bemüht sich genauso um eine synthetische wie um eine analytische Realitätsaneignung und kümmert sich weniger um kinematographische Bewegung als vielmehr um ein aquatisches *bestiaire*, das sie bei Painlevé so sehr schätzte. Um sich dieser Lesart anzunähern, bedürfte es eines völlig anderen hermeneutischen Instrumentariums, als ich es hier in diesem knapp bemessenen Rahmen entwickeln konnte. Nicht anders verhält es sich mit Jean Painlevé, mit diesem besonderen, ja, ‹umgekehrten› Fall avantgardisierter Wissenschaftlichkeit. Mit dem in dieser Arbeit freigelegten Geflecht avantgardisierter Bezugnahmen auf den wissenschaftlichen Film ist es nun

---

1   Vgl. Anm. 248 auf S. 146.
2   Vgl. Anm. 147 auf S. 114.

auch möglich, Painlevés populärwissenschaftliches Werk in einen weiteren Kontext zu stellen.

Eines hat mich im Übrigen nie ganz in Ruhe gelassen und mich auch dazu gedrängt, die Aufdeckung der vielfältigen avantgardistischen Bezüge zum wissenschaftlichen Film trotz der so andersartigen theoretischen Verbindungen bis in die Winkel surrealistischer Aneignung voranzutreiben: Es ist die Frage nach dem *Stellenwert* des wissenschaftlichen Films im von mir aufgezeigten avantgardistischen Diskurs. Vielleicht könnte man ja so weit gehen und sagen: Was die Chronophotographie Mareys und Muybridges für den Futurismus, das war der wissenschaftliche Film für den Avantgardefilm, nämlich das theoretische und praktische Modell für einen wissenschaftlichen Avantgardismus der Bewegung.

Anhänge

Die Übersetzungen der Texte Vuillermoz', Epsteins, Dulacs, Bazins und Painlevés aus dem Französischen ins Deutsche und des Textes Dalís aus dem Katalanischen ins Deutsche stammen mit Ausnahme von Epstein (Ralph Eue zusammen mit Peter Nau und Nicole Brenez) und Dulac (Marijke van Nispen tot Sevenaer) von mir. In Eues, Naus und Brenez' ansonsten vorzüglicher Übersetzung erlaube ich mir, neben einer genaueren Übersetzung des Titels auch auf Deutsch denselben Artikelsprung der Franzosen von *le génie* zu *la photogénie* nachzuvollziehen und ihn in die Übersetzung einzubauen (also zu «*die* Photogénie»).[1] In der Übersetzung Van Nispen tot Sevenaers korrigiere ich einige Flüchtigkeitsfehler. Die Originaltexte Epsteins und Dulacs sind jeweils in französischen Sammelbänden ihrer theoretischen Texte auch im deutschsprachigen Raum gut zugänglich. Dies ist bei den Texten Vuillermoz', Dalís, Bazins und Painlevés nicht der Fall. Aus diesem Grund seien die Übersetzungen begleitet von den Originaltexten.

Anhang 1 Émile Vuillermoz: «Die Kinematographie der Mikroben (Dr. Comandon)» [1922][2]

Die École des Arts et Métiers ist sicherlich nicht ein ideales Kinotheater. Die rudimentäre Installation seiner Hörsäle, die aufdringlichen Kronleuchter, die sich vor die improvisierte Leinwand drängen und die Projektionsqualität würden wohl den Ansprüchen derjeniger, die die bescheideneren Spielfilmstätten der Vorstadt gewohnt sind, nicht genügen. Und doch, die Zuschauer, die in diesen Tagen das Glück hatten, unter diesen prekären Bedingungen der Vorführung der Filme Dr. Comandons beizuwohnen, werden von diesem Abend einen denkwürdigen Eindruck gewinnen, den selbst die aufwändigsten mondänen Melodramen frankoamerikanischer Film-Dramaturgen kaum wieder verdrängen werden.

  Dr. Comandon hat ein Mittel gefunden, um die Manifestationen des Films, wie sie sich im Zauber, der Aktion, der Suggestion und des Traums zeigen, mit der wissenschaftlichen Genauigkeit des «Dokumentarfilms» zu

---

1 Den Hinweis, der mich dazu bewog, verdanke ich Margrit Tröhler. *Merci beaucoup.*
2 VUILLERMOZ, La cinématographie des microbes, S. 109f. Übers. aus dem Franz. v. Ch. H. [Erstveröffentlichung unter dem Titel «La cinématographie des microbes (Le docteur Comandon)», in: *Le Temps*, 09.11.1922].

verbinden. Seine Filme folgen einem Drehbuch von unvorstellbarer Strahl-
kraft und Vielfalt. Indem er sich dem Organismus der Pflanzen, der Tiere
und der Menschen widmet, hat er die immerwährende Tragödie «gedreht»,
wie sie sich unter den Teilchen in einer lebenden Zelle in Tausend Episo-
den abspielt. Und diese Entwicklungen, diese Kämpfe, diese Umklamme-
rungen, diese Vereinigungen, diese Teilungen und diese Bewegungen von
Massen bilden ein Spektakel von ungeahnter theatraler Qualität.

Der Autor kommentierte sein Werk selbst, und dies mit einer Beschei-
denheit, die die ach so zahlreichen und sich breitmachenden Analphabeten
der Leinwand für gewöhnlich nicht kennen. Sein Bemühen währt schon
einige Zeit. Es ist jetzt schon beinahe fünfzehn Jahre her, als der vielver-
sprechende Biologe des Institut Pasteur die Idee hatte, gleichzeitig das Ultramikroskop und den Kinematographen für das Studium der Mikroben zu
verwenden. Die Schwierigkeiten waren groß. Um klare Ansichten dieser
Aufgusstierchen zu erhalten, deren Größe kaum einen Tausendstel Millimeter überschreitet, war es notwendig, sie in einen Lichtfluss zu tauchen.
Aber das Licht tötet sie. Zahlreiche Vorkehrungen mussten getroffen werden, um die Beleuchtung dieser Phantasmagorie in zweckmäßiger Weise
zu steuern. Die erreichten Resultate sind ausgezeichnet. Dank des Ultramikroskops – das auf dem «globalen» Prinzip der lateralen Beleuchtung der
Kleinstteilchen beruht – erlaubt der Film eine Vergrößerung zwischen 400
und 1000 Durchmessern. Die Projektion auf die Leinwand multipliziert diese Vergrößerung noch einmal bis zu 50'000 Durchmessern. Auf dieser Stufe
nimmt ein Sandkorn von einem Millimeter die Größe eines Wolkenkratzers
von zwanzig Etagen an, und die beweglichen Bakterien, die kaum größer
als ein Mikron sind, erscheinen so korpulent wie Sardinen. Dank dieses
wunderbaren Vergrößerungsglases hindert uns nichts mehr, am wunder-
vollen Spektakel, das uns das Theater der Natur bietet, teilzuhaben.

Was für ein Zauber! Kaum durchdringt der Lichtstrahl eine Lungenzel-
le, eine Arterie, Kapillargefäße oder ein Schleimhautfragment, komponiert
das Gewimmel des Lebens Harmonien, Übereinstimmungen von Linien,
Volumen und Bewegungen von außerordentlicher Schönheit. Hier ist eine
seltsame und atemberaubende Landschaft, ein sublunarer Horizont; ein
breiter Strom durchquert die Ebene, ungestüme Fluten rollend und Wrack-
teile mit sich reißend, die wie Edelsteine funkeln. Zuflüsse münden ein,
vergrößern den Strom. Kleine Inseln versperren den Weg. Kleine Wellen
fließen, umzingeln das Riff, streifen die Ufer und dringen mit einer sanften
Lebendigkeit in die engen Kanäle ein. Das alles erinnert an ein Rieseln von
Karfunkelsteinen, deren Reichtum unerschöpflich erscheint. Was ist das für
ein sagenhafter Fluss, der Perlen und Rubine mit sich führt, was ist das für
eine verwunschene Kaskade, wie von einem Zauberstab befreit? Es ist ein

feiner Blutstrahl, der eine Arterie durchquert und darin eine Gruppe von Blutkörperchen, die zu ihrer wohltuenden Aufgabe eilen.

Da sind niellierte[3] oder getriebene Silberplättchen zu sehen, mit feinsten Schattierungen, sanften Reliefs, da sind prächtige Stoffe, mit Lamé durchwirkt, gesprenkelt, moiriert, deren Filigrane aber lebendig sind und deren Bewegung das Muster der Linien geschickt verändert: Tatsächlich sind dies Zellen der Kanadischen Wasserpest[4], von Pollenschläuchen oder gar von Darmfragmenten einer Maus! Welch wundervolle Offenbarungen für unsere Vertreter der angewandten Kunst! Welch fruchtbare Anregungen für Schöpfer von Seidenstoffen oder für Goldschmiede!

Der Kreislauf des Saftes in bestimmten Pflanzen gehorcht eigenartigen Rhythmen. Seine Atome bewegen sich mit der Nonchalance eines Spaziergängers, mal drehen sie sich innerhalb der Grenzen eines Hofs, Schüler oder Gefangenen gleich, mal schlendern sie einem großen Boulevard entlang, wo sie sich ausbreiten wie eine Menge von sonntäglichen Spaziergängern. Dieses Kaleidoskop kreiert einen Reichtum von Kontouren, Reliefs, Akzenten, Schraffuren und von ornamentalen Motiven, deren Neuheit die Künstler, die die Weisheit haben, die Natur zu ihrem Lehrmeister zu erklären, nicht gleichgültig lassen wird.

Was für ein Zauber, und was für ein Drama! Diese Atome in Bewegung sind keine inerten Staubkörner. Das sind lebende Wesen, denen die monströse Vergrößerung der Leinwand eine wirkliche Persönlichkeit verleiht. Sie sind als Zuschauer nicht nur gezwungen, sich für die tragische Aktivität dieser Mikroben zu interessieren, die sich Ihnen präsentieren in der Form von Schlangen, Drachen und albtraumartigen Fischen – vielgliedrigen und apokalyptischen Tieren, bewaffnet mit Haken, Zangen und Stacheln, sich schnell fortbewegend mithilfe von Wimpernhärchen, schraubenförmigen Bewegungen oder wellenförmigen Membranen –, sondern Sie nehmen auch jedes rote Blutkörperchen für sich wahr oder jeden Leukozyt wie eine kleine Persönlichkeit, wenn er mutig seine Rolle spielt in der schrecklichen Schlacht, die das organische Leben bestimmt.

Diese Filme sind Kriegsfilme. Vorzüglich ausgerüstet geben sich die Spirochäten oder die Trypanosomen den wilden Attacken hin. Die Parasiten aller Gattungen beweisen eine unglaubliche Schlagkraft. Man muss sie sehen, wie sie wütend die unglücklichen Blutkörperchen wegdrängen,

---

3   Das Niellieren ist eine jahrhundertealte Goldschmiedetechnik im Umgang mit Silber und Gold. Dabei wird das «Niello», eine schwärzliche Silber-, Blei-, Kupfer- und Schwefelmischung auf dem Edelmetall eingeschmolzen, wo es eine feste Verbindung mit dem Untergrund eingeht. Anm. v. Ch. H.

4   Die «Kanadische Wasserpest» ist eine in Teichen und Seen lebende Schlingpflanze. Anm. v. Ch. H.

die sich ratlos drehen, sich unter dem Schock deformieren, ihre Elastizität wiedererlangen mit einer zarten Starrsinnigkeit, aber auch wie sie manchmal durchbohrt sind, zerrissen, *hämolysiert* [kursiv i. O.], das heißt, befreit von ihrem Hämoglobin, das durch die schreckliche Wunde ausgetreten ist, die der Angreifer ihnen soeben zugefügt hat. Man sieht sie mitten ins Herz getroffen darnieder sinken. Der Vibrio durchschlägt sie mit frischem Elan, wie eine Maschinengewehrkugel. Man wohnt ihrer Agonie bei.

Und da jeder Zuschauer weiß, dass er selbst das weite Feld des Gemetzels ist, von dem er hier einen winzigen Ausschnitt wahrnimmt, und da er weiß, dass genau in diesem Moment in seinem Blut und in seinen Geweben eine riesige Schlacht im Gange ist, deren Ausgang er zwar nicht bemerkt, die aber für seine Existenz bestimmend ist, verfolgt er mit äußerstem Interesse diese bewegende Strategie. Bis anhin war es lediglich die äußere Welt, jetzt sind es auch die erregendsten Geheimnisse unseres inneren Lebens, auf das sich das Fenster dieser Leinwand öffnet. Ihrer angesichtig nähern wir uns mit einer leidenschaftlichen Neugier.

Aber hier wechselt der Kampf sein Gesicht. Die roten Blutkörperchen haben sich vor ihren wilden Angreifern derart schwach und derart entwaffnet gezeigt, dass ihre Niederlage zuerst unausweichlich erschien. Doch mit der Ankunft der Verstärkungen wendet sich das Blatt. Eine weiße Armee kommt der roten Armee zu Hilfe. Die Leukozyten sichten die Gefahr und stürzen sich ins Gemenge. Man sieht, wie sie aus allen vier Ecken der Leinwand herbeieilen und sich durch die schon kämpfenden Bataillone Bahn brechen, flink die Hindernisse umgehen, geschickt Querwege einschlagen, energiegeladen, mutig, «blass aber resolut». Sie haben einen Feind gesichtet, einem zerdrückten Getreidekorn gleich, das Katastrophen auslösen kann. Sie werfen sich auf ihn und «stellen» ihn wie eine Meute, die ein Wildschwein umzingelt hat. Sie werden ihn nicht mehr loslassen. Sie klammern sich an ihm fest, erwürgen ihn, ersticken ihn, schleppen ihn fort und lösen ihre Umklammerung nur, um einen neuen Feind zu fangen und ihren Bestand an Gefangenen zu vergrößern. Die Höhepunkte der Phagozytose[5] nehmen im Kino eine außergewöhnlich dramatische Bedeutung an und geben uns den optimistischen und beruhigenden Eindruck einer wohlwollenden Bereitschaft der Natur, die in uns Elitetruppen unterhält, die nicht müde werden, die gefährlichen Angriffe auf unsere Gesundheit zurückzuschlagen.

Was für ein Drama, und schließlich was für ein Ballett! Es gibt keinen bewegenderen Rhythmus als denjenigen, dessen Enthüllung wir hier beiwohnen. Da ist auch der Rhythmus des Lebens, diese gemessene und langsame

---

5   Durch weiße Blutkörperchen (Phagozyten) bewirkte Auflösung und Unschädlichmachung von Fremdstoffen im Organismus. Anm. v. Ch. H.

Choreographie, dieser heilige Tanz, dieser religiöse Marsch unserer Zellen, die in uns den Geboten einer mysteriösen musikalischen Disziplin gehorchen. Und die Musik, man hört sie, man erahnt sie in diesen großartigen Balanceakten, in diesen Volten und Tanzfolgen des Protoplasmas, die genauso harmonisch und genauso regelmäßig anmuten wie der Reigen der Sterne.

Müsste ich nicht die Verletzung wissenschaftlicher Grundsätze fürchten, würde ich nicht zögern, Dr. Comandon zu bitten, gewisse Teile seiner Filme mit einem symphonischen Kommentar zu versehen. Weder ihm noch Paul Dukas stünde es schlecht an, wenn zum Beispiel das wunderbare und beinahe flüsternde Rieseln der Blutkörperchen im Lungengewebe und das fulminante Orchester, das die Kaskaden der Juwelen in *Ariane et Barbe-Bleue*[6] umschreibt, zueinander finden würden. Und ich kenne keine noblere, grandiosere und verführerischere Pavane[7] als diejenige, die die zwei vitalen Elemente einer Zelle während ihrer Teilung tanzen. Die Zentrosomen[8] teilen sich nur langsam und richten sich mit einem gewissen zeremoniellen Ernst auf die zwei Extremitäten der Zelle aus. Sie bilden ihre *Aster*[9]. Die Aufwicklungen der spiralförmigen Chromosomen fügen sich harmonisch ein und teilen sich dann mit einer perfekten Symmetrie. Die Fragmente, immer gleich in der Anzahl, nehmen die Form eines Vs an und falten sich in Fächer auf, jede Gruppe scheint die kleinsten Gesten seines Gegenübers zu kopieren. Sie formen geometrische Figuren, Spindeln und Sterne, immer ihre Bewegungen auf diejenigen der gegenüberliegenden Gruppe ausrichtend. Sie gehen vorwärts, gehen zurück, drehen und schreiten gemessenen Schrittes voran: fast meint man sie zu sehen, wie sie sich einander grüßen am Ende des Tanzes. Man kann sich die elastische und präzise Schönheit nicht vorstellen, die von der «Mitose» einer lebenden Zelle vom Blut eines Molches oder von der Teilung einer Eizelle des Seeigels ausgeht, wenn sie ihre langsame Quadrille[10] vollziehen. Wenn Terpsichore[11] Adelsbriefe nötig hätte, würde sie sie im vollendeten Stil unseres organischen Lebens und

6   Vuillermoz verweist hier auf die Oper *Ariane et Barbe-Bleu* von Paul Dukas aus dem Jahre 1907. Ihr Text fußt auf Maurice Maeterlincks gleichnahmigem Bühnenwerk (1901). Anm. v. Ch. H.

7   Die «Pavane» ist ein Schreittanz spanisch-italienischer Herkunft aus dem 16. und 17. Jahrhundert. Anm. v. Ch. H.

8   Die «Zentrosomen» (oder «Zentralkörperchen») sind Zellorganellen, die bei der Teilung von tierischen Zellen die Mitosespindel und ihre Mikrotubuli organisieren. Sie bilden die Pole, nach denen die Chromosomen bei der Zellteilung streben. Anm. v. Ch. H.

9   Die «Aster» bezeichnet hier in Anlehnung an den sternförmigen Korbblütler die Form der Kernteilungs- oder Mitosespindel. Kursiv im Original. Anm. v. Ch. H.

10   Die «Quadrille» ist eine unter Napoleon I. beliebte Form des sich gegeneinander bewegenden Gruppentanzes («Contredanse»), wie er auf Hochzeiten und Bällen praktiziert wurde. Anm. v. Ch. H.

11   Als eine der neun Musen (und wie ihre Schwestern Tochter des Zeus und der Mnemosyne) repräsentiert Terpsichore die Chorlyrik und den Tanz. Anm. v. Ch. H.

unserer zellulären Abläufe finden. Alle primären vitalen Prinzipien lassen sich auf den Tanz zurückführen. Die Natur ist wie eine Ballettlehrerin. Ihre Technik ist die gleiche.

Das Kino, seiner Ignoranz und seiner schlechten Gewohnheiten zum Trotz, sieht jeden Tag, wie sich die Zahl seiner Feinde verringert. Man beginnt seine außergewöhnliche Zukunft vorauszuahnen. Aber keine kinegraphische Komposition wird ihm glühendere und aufrichtigere Verehrer unter den Künstlern und den Wissenschaftlern beschehren als die lyrischen Tragödien, die uns Dr. Comandon gezeigt hat: in einem kleinen Tropfen Wasser und unter dem Diktat von Spirillen[12] und Vibrionen[13], dieser machtvollen dramatischen Autoren, dieser genialen Tänzer und unvergleichlichen Regisseure!

La cinématographie des microbes (le Docteur Comandon)

L'École des Arts et Métiers n'est assurément pas un palace cinématographique idéal. L'installation rudimentaire de ses amphithéâtres, l'indiscrétion de ses lustres qui cachent l'écran improvisé, la qualité de sa projection scandaliseraient les habitués des plus modestes établissements de banlieue où l'on passe des cinéromans. Et pourtant, les spectateurs qui eurent, ces jours derniers, la bonne fortune d'assister, dans ces conditions précaires, à la présentation des films du docteur Comandon garderont de cette soirée une impression qu'effaceront malaisément les plus ambitieux mélodrames mondains des dramaturges franco-américains de la manivelle.

Le docteur Comandon a trouvé le moyen d'associer étroitement les déductions de la féerie, de l'action, de la suggestion et du rêve à l'exactitude scientifique du «documentaire». Il a choisi un scénario d'une puissance et d'une variété inimaginables. Se penchant sur l'organisme des plantes, des animaux et des hommes, il a «tourné» la tragédie éternelle, en milles épisodes que jouent, dans une cellule vivante, les infiniment petits. Et ces évolutions, ces luttes, ces étreintes, ces unions, ces séparations et ces mouvements de foules constituent un spectacle d'une qualité théâtrale insoupçonnée.

Avec une modestie qu'ignorent les analphabètes de l'écran, si nombreux et si encombrants, l'auteur lui-même commentait son œuvre. Son effort est ancien. Il y a près de quinze ans que l'éminent biologiste de l'institut Pasteur a eu l'idée d'utiliser simultanément l'ultra-microscope e le cinématographe pour l'étude des microbes. Les difficultés étaient grandes. Pour obtenir des visions nettes de ces infusoires dont la taille ne dépasse guère un millième de millimètre, il était nécessaire de les baigner dans un torrent de lumière. Mais la lumière les tue. Il fallut donc

---

12 «Spirillen» sind wendelförmige Bakterien der Gattung Spirillum. Anm. v. Ch. H.
13 «Vibrionen» sind gekrümmte, stabförmige Bakterien der Gattung Vibrio. Die bekannteste Art ist der Choleraerreger Vibrio Cholerae. Anm. v. Ch. H.

user de précautions infinies pour régler utilement l'éclairage de cette fantasmago-
rie. Les résultats obtenus sont excellents. Le film grâce à l'ultramicroscope – qui
repose sur le principe «planétaire» de l'éclairage latéral des corpuscules – permet
d'obtenir un grossissement de 400 à 1000 diamètres. La projection sur l'écran porte
ce grossissement au-delà de 50'000 diamètres. À cette échelle, un grain de sable
d'un millimètre prend la taille d'un gratte-ciel de vingt étages et les sveltes bacté-
ries qui n'ont qu'un micron de tour de taille apparaissent aussi corpulentes que des
sardines. Grâce à cette lorgnette miraculeuse, nous pouvons suivre commodément
le merveilleux spectacle que nous offre le théâtre de la nature.

C'est une féerie. Dès que le rayon lumineux traverse une cellule pulmonaire,
une artère, des vaisseaux capillaires ou un fragment de muqueuse, le grouillement
de la vie compose des harmonies, des accord de lignes, de volumes et de mouvements d'une extraordinaire beauté. Voici un paysage étrange et hallucinant, un
horizon sublunaire; un large fleuve traverse la plaine, roulant des flots tumultueux
et entraînant des épaves qui scintillent comme des pierres précieuses. Des affluents
viennent grossir le torrent. Des îlots en brisent la course. Les petites vagues glissent,
contournent les récifs, frôlent les berges, s'insinuent dans les canaux étroits avec
une souple vivacité. C'est un ruissellement d'escarboucles dont la richesse paraît
inépuisable. Quel est ce fleuve de légende qui charrie des perles et des rubis, quelle
est cette cascade enchantée libérée par la baguette d'un magicien? Un filet de sang
qui traverse une artère et dont les globules se hâtent vers leur bienfaisante besogne.

Voici des plaques d'argent niellé ou martelé, aux ombres fines, aux reliefs
adoucis, voici des étoffes somptueuses, lamées, jaspées, moirées, mais dont les fili-
granes sont vivants et dont le mouvement déplace savamment les lignes: ce sont des
cellules d'élodées du Canada ou des tubes polliniques ou des fragments d'intestins
de souris! Quelles splendides révélations pour nos artistes décorateurs! Quelles
indications fécondes pour des dessinateurs de soieries ou des orfèvres!

La circulation de la sève dans certains végétaux obéit à des rythmes étranges.
Ses atomes se déplacent avec une nonchalance de promeneurs, tournant sans fin
dans les limites d'un préau, comme des collégiens ou des prisonniers, ou musant
le long d'un vaste boulevard où ils se répandent comme la foule des flâneurs domi-
nicaux. Ce kaléidoscope crée une richesse de contours, de reliefs, de pointillés, de
hachures et de motifs ornementaux dont la nouveauté ne laissera pas indifférents
les artists qui ont la sagesse de prendre la nature comme professeur de dessin.

C'est une féerie et c'est un drame. Ces atomes en mouvement ne sont pas des
poussières inertes. Ce sont des êtres vivants à qui le monstrueux grossissement de
l'écran prête une véritable personnalité. Non seulement vous êtes forcés de vous inté-
resser à la tragique activité de ces microbes qui se présentent à vous sous la forme de
serpents, de dragons, de poissons de cauchemar – bêtes tentaculaires et apocalyptiques
armées de crocs, de pinces et de dards, progressant rapidement à l'aide de cils vibra-
tiles, de mouvements hélicoïdaux ou de membranes ondulantes –, mais vous aperce-

vez distinctement chaque globule rouge ou chaque leucocyte comme un petit person-
nage jouant courageusement son rôle dans la terrible bataille qu'est la vie organique.

Ces films sont des films de guerre. Formidablement armés, les spirochètes ou
les trypanosomes se livrent à des attaques furieuses. Les parasites de toute espèce
font preuve d'une combativité incroyable. Il faut les voir bousculer avec rage les
infortunés globules qui tournent, désemparés, se déforment sous le choc, reprennent
leur élasticité avec une douce obstination, mais sont parfois transpercés, déchirés,
hémolysés, c'est-à-dire vidés de leur hémoglobine, qui s'est écoulée par l'affreuse
blessure que vient de leur faire l'assaillant. On les voit frappés en plein cœur par
un vibrion qui a pris son élan et les traverse comme une balle de mitrailleuse. On
assiste à leur agonie. Et comme chaque spectateur sait qu'il est lui-même le vaste
champ de carnage dont il aperçoit ici un minuscule secteur, comme il sait qu'en ce
moment précis se livre dans son sang et dans ses tissus une formidable bataille dont
il ignore l'issue mais dont dépend son existence, il suit avec l'intérêt le plus sincère
cette émouvante stratégie. L'écran était jusqu'ici une baie ouverte sur le monde ex-
térieur: c'est, maintenant, sur les mystères les plus troublants de notre vie intérieure
que cette fenêtre s'ouvre. Et nous nous en approchons avec une curiosité passionnée.

Mais voici que le combat change de face. Les globules rouges se sont montrés si
faibles et si désarmés en présence de leurs féroces agresseurs que leur défaite semblait
inévitable. Tout est remis en question par l'arrivée des renforts. Une armée blanche
vient au secours de l'armée rouge. Les leucocytes aperçoivent le péril et se précipitent
dans la mêlée. On les voit accourir des quatre coins de l'écran, se frayant un passage
à travers les bataillons déjà engagés dans la lutte, contournant rapidement les obstacles, prenant adroitement les chemins de traverse, énergiques, courageux, «pâles
mais résolus». Ils ont vu un ennemi, ce grain d'amidon écrasé qui peut déterminer
des catastrophes. Ils se jettent sur lui et le «coiffent» comme une meute qui a cerné
un sanglier. Ils ne le lâcheront plus. Ils se cramponnent à lui, l'étranglent, l'étouf-
fent, l'entraînent et ne desserrent leur étreinte que pour capturer un nouvel ennemi
et grossir l'effectif de leurs prisonniers. Les péripéties de la phagocytose prennent au
cinéma un intérêt dramatique prodigieux, et nous donnent l'impression optimiste
et rassurante d'une disposition bienveillante de la nature qui entretient en nous des
troupes d'élite pour repousser les assauts dangereux des ennemis de notre santé.

C'est un drame et c'est aussi un ballet. Il n'y a pas de rythme plus émouvant
que celui dont nous avons ici la révélation. C'est le rythme même de la vie, cette chorégraphie grave et lente, cette danse sacrée, cette marche religieuse de nos cellules qui
obéissent en nous aux injonctions d'une mystérieuse discipline musicale. La musique,
on l'entend, on la devine sous ses magnifiques balancements, sous ces voltes et contre-
danses du protoplasme aussi harmonieuses et aussi régulières que la ronde des astres.

Si je ne craignais de blesser les susceptibilités scientifiques du docteur Comandon, je n'hésiterais pas à le prier d'enrichir certaines parties de ses films d'un
commentaire symphonique. Il ne serait indigne ni de lui, ni de Paul Dukas de

rapprocher, par exemple, du ruissellement merveilleux et chatoyant des globules sanguins dans le tissu pulmonaire, l'éblouissante page orchestrale qui décrit les cascades de pierreries dans A r i a n e   et   B a r b e - B l e u e. Et je ne connais pas de pavane plus noble, plus grandiose et plus saisissante que celle que dansent les deux éléments vitaux d'une cellule en voie de division. Les centrosomes se séparent lente-ment et se dirigent avec une sorte de gravité cérémonieuse vers les deux extrémités de la cellule. Ils entraînent leur a s t e r. Les enroulements des spirèmes se disposent harmonieusement, puis se divisent avec une parfaite symétrie. Ces fragments, tou-jours égaux en nombre, prennent la forme d'un V et se déploient en éventail, chaque groupe semblant copier les moindres gestes de son vis-à-vis. Ils forment des figures géométriques, des fuseaux, des étoiles, en réglant toujours leurs mouvements sur ceux du groupe opposé. Ils avancent, reculent, tournent et se promènent en mesure: on s'attend à les voir se saluer à la fin de la danse. On n'imagine pas la beauté souple et précise du lent quadrille qui se déroule au cours de la «mitose» d'une cellule vivante de sang de triton ou de la segmentation d'un œuf d'oursin. Si Terpsi-chore avait besoin de lettres de noblesse, elle les trouverait dans le style de notre vie organique et de notre activité cellulaire. Tous les principes vitaux primordiaux sont ramenés à la danse. La technique de la nature est celle d'une maîtresse de ballet.

Le cinéma, en dépit de son ignorance et de ses mauvaises habitudes, voit di-minuer, chaque jour, le nombre de ses ennemis. On commence à pressentir son avenir prodigieux. Mais aucune composition cinégraphique ne lui attirera d'amis plus fervents et plus sincères, aussi bien parmi les artistes que parmi les savants, que les tragédies lyriques recueillies par le docteur Comandon, dans une gouttelette d'eau, sous la dictée des spirilles et des vibrions qui sont de puissants auteurs dra-matiques, des danseurs de génie et d'incomparables metteurs en scène!

Anhang 2 Jean Epstein: Abschnitte aus «Der Kine-matograph, vom Ätna her betrachtet» [1926][14]

[…] Das Kino setzt überall Gott ein. Ich selbst habe erlebt, wie in Nancy, in einem mit dreihundert Personen besetzten Saal, ein lautes Raunen auf-brauste, als die Leinwand das Keimen eines Weizenkorns sichtbar machte. So plötzlich, wie sich darin das wahre Gesicht des Lebens und des Todes offenbarte, entriss es den Menschen in eine geradezu religiöse Bestürzung. Welche Kirchen aber, wenn wir sie denn zu errichten wüssten, wären in der

---

14   EPSTEIN, Der Ätna, S. 44–52 (Übers. aus dem Franz. v. Nicole Brenez, Ralph Eue und Peter Nau [man beachte in der ursprünglichen Übersetzung des Titels den Austausch der syntak-tischen Positionen von «Kinematograph» und «Ätna»! Ch. H.]). Die französische Original-version ist zu finden in: EPSTEIN, *Écrits sur le cinéma*, Bd. I, S. 133–140 [Erstveröffentlichung unter dem Titel *Le Cinématographe vu de l'Etna* bei Les Écrivains réunis, Paris 1926].

Lage, diesem Schauspiel, in dem das Leben selbst sich offenbart, Herberge zu bieten? Unvermutet, wie zum ersten Mal, sämtliche Dinge unter ihrem göttlichen Blickwinkel zu entdecken, mit ihrem symbolischen Profil, ihren unerschöpflichen Analogien, einem Ausdruck persönlichen Lebens, darin besteht die große Freude des Kinos – zweifellos vergleichbar den Schauspielen der Antike oder den Mysterienspielen des Mittelalters, die gleichermaßen Ehrfurcht einflößten und zum Vergnügen einluden. Im Wasser wachsen Kristalle, schön wie die Venus, geboren wie sie, voller Anmut, Symmetrie und geheimsten inneren Zusammenhängen, Spiele des Himmels, so fallen Welten – von woher? – in einen Raum aus Licht. Ebenso die Gedanken und die Worte. Alles Leben ist durchzogen von Merkzeichen. Bei Steinen, wie sie wachsen und sich vereinigen, finden sich schöne und regelmäßige Gesten, sodass es scheint, als wären teure Erinnerungen einander begegnet, Engel der Unterwasserwelt, Organe der Wollust, geheime Medusen tanzen. Insekten erscheinen groß wie Panzer, grausam wie die Intelligenz, einander verschlingend. Ach, ich fürchte, dass die Futuristen, von unbändiger Lust getrieben, die wahren Dramen durch falsche zu ersetzen, sich darüber hermachen werden, wie sie es schon häufig getan haben: Die Luftfahrt für das innere Feuer und die geweihten Hostien gehen im Weltkrieg auf. Ich fürchte, dass sie den Kristallen und Medusen des Kinos mit einem Schauspielerdrama beikommen wollen. [...]

Sinn und Zweck des Aufnahmegeräts besteht darin, wie Apollinaire es genannt hat, einer Über-Realität zur Erscheinung zu verhelfen (was nicht das Geringste mit dem zu tun hat, was heute als Surrealismus bezeichnet wird), insofern wir es bei ihm mit einem Auge zu tun haben, das mit analytischen, außermenschlichen Fähigkeiten begabt ist. Es ist ein Auge ohne Vorurteile, ohne Moral, unabhängig von zufälligen Einflüssen; eines, das in einem Gesicht oder in Bewegungen Züge zu sehen versteht, die wir, belastet durch Sympathien und Antipathien, Gewohnheiten und Erwägungen, gar nicht mehr zu sehen in der Lage sind. Allein diese Feststellung genügt, um jeden Vergleich zwischen Theater und Kino hinfällig werden zu lassen. Die beiden Ausdrucksweisen sind von ihrem Kern her verschieden. Die andere primäre Eigenschaft des kinematographischen Objektivs besteht in seiner analytischen Kraft. Ja, die Kunst der Kinematographie wird hier entschieden werden. [...]

Zum räumlichen Relief steuert das Kino auch noch das zeitliche Relief bei. Was dieses zeitliche Element betrifft, so ist das Kino zu erstaunlichen Verkürzungen in der Lage – man denke nur daran, welch wundervolle Blicke auf das Leben der Pflanzen und Kristalle sich dadurch eröffneten –, nie allerdings sind sie bislang für dramatische Zwecke genutzt worden. So wie ich eben sagte, dass ein Zeichner, der sich der dritten räumlichen Dimension nicht zu bedienen weiß, ein schlechter Zeichner sei, so muss ich jetzt sagen, dass ein Gestalter des Kinos, der nicht mit der zeitlichen Perspektive zu spielen versteht, ein schlechter Filmemacher ist.

Andererseits ist das Kino eine Sprache, und wie alle Sprachen ist es animistisch; das heißt, es verleiht sämtlichen Objekten, die es zeigt, den Anschein von Leben. [...]

Ich würde sogar so weit gehen, zu sagen, dass das Kino polytheistisch und theogen ist. Die Leben, die es erschafft, indem es die Objekte aus dem Schatten der Gleichgültigkeit ins Licht des dramatischen Interesses rückt, haben mit dem menschlichen Leben nicht viel gemein. Vielmehr sind jene Leben wie das Leben der Amulette, der Zauberbeutel, der drohenden und tabuisierten Gegenstände bestimmter primitiver Religionen. Ich glaube, wenn wir verstehen wollen, wie ein Tier, eine Pflanze oder ein Stein Respekt, Furcht oder Schrecken – diese drei grundsätzlich geheiligten Gefühle – auslösen können, dann müssen wir sie auf der Leinwand beobachten, wie sie, fremd der menschlichen Sensibilität, ihr geheimnisvolles, stilles Leben leben.

So bringt das Kino den Dingen und Wesen, wie erstarrt oder gefroren sie auch erscheinen mögen, das größte Geschenk dar, das sich angesichts des Todes denken lässt: das Leben. Und es gewährt dieses Leben mitsamt seiner höchsten Ausformung – der Persönlichkeit.

Persönlichkeit übersteigt Intelligenz. Persönlichkeit ist die sichtbare Seele der Dinge und Menschen, das, worin ihre Herkunft offensichtlich, ihre Vergangenheit bewusst, ihre Zukunft schon gegenwärtig ist. Alle Erscheinungsformen der Welt, die vom Kino erwählt wurden, um sie zum Leben zu erwecken, können dieser Wahl nur gerecht werden, insofern ihnen Persönlichkeit eignet. Dies ist die zweite, nähere Bestimmung der Photogénie. Ich schlage Ihnen deshalb vor, zu sagen: Nur die beweglichen und persönlichen Aspekte der Dinge, Wesen und Seelen können photogen sein, das heißt, sind dazu begabt, durch filmische Reproduktion einen höheren moralischen Wert zu erlangen. [...]

Anhang 3 Germaine Dulac: «Von der Empfindung zur Linie» [1927][15]

[...] Aber bald wurde mir klar, dass der Ausdruckswert eines Gesichts weniger dem Charakter seiner Züge als der mathematisch messbaren Dauer der Reaktionen, die in ihnen verzeichnet sind, innewohnt, mit einem

---

15 GRAMANN et al., *Dulac*, S. 58 f. (von Ch. H. leicht überarbeitete Übers. aus dem Franz. v. Marijke van Nispen tot Sevenaer). Die französische Originalversion ist zu finden in: DULAC, *Écrits*, S. 87 f. [Erstveröffentlichung unter dem Titel «Du sentiment à la ligne» in: *Schémas*, erste und einzige Nr., Februar 1927].

Wort, dass ein Muskel, der sich entspannt oder unter dem Eindruck eines Schocks verkrampft, seine volle Bedeutung nur durch die kurze oder lange Dauer der ausgeführten Bewegung erreicht.

Wenn nun die kontrahierende oder vollkommen entspannende Bewegung eines seiner Muskeln in der Zurücknahme oder der Steigerung einen abstrakten Gedanken hervorrufen kann, ohne dass das Gesicht in seiner Gesamtheit sich bewegen muss, hängt dann nicht das visuelle Drama von dem Rhythmus ab, der sich in die Entwicklung einer Bewegung mischt? Da legt sich eine Hand auf eine andere Hand. Bewegung. Dramatische Linie, ähnlich der geometrischen Linie, die einen Punkt mit dem anderen verbindet. *Handlung.*[16] Da vollführt diese Hand ihre Geste, langsam oder schnell, *der Rhythmus verleiht der Bewegung ihre innere Bedeutung.* Furcht, Zweifel, Unbefangenheit, Entschiedenheit. Liebe, Hass.

Unterschiedliche Rhythmen in ein und derselben Bewegung. Betrachten wir kinematographisch die Stadien, die ein Getreidekorn im Keimen durchläuft, nachdem es in die Erde gesteckt wurde. In einer Einstellung, ohne Veränderung in der Zeit, werden wir die Anschauung einer reinen Bewegung haben, die sich nach der Logik einer dynamischen Kraft entfaltet, wobei die Rhythmen, die von den Schwierigkeiten einer vollständigen Entwicklung hervorgerufen werden, ihr spürbares und anschauliches Thema mit dem handgreiflichen Thema vermischen.

Das Korn schwillt an, schiebt die Erdkrumen beiseite. In die Höhe, in die Tiefe verfolgt es seinen Weg. Hier werden die Wurzeln länger, verzweigen sich, klammern sich mühsam fest; dort erhebt sich der Stiel, gierig nach Luft und Licht, in unbewusstem, leichtem Atemholen. Der aufgerichtete Stiel will die Sonne erreichen, er streckt sich ihr leidenschaftlich entgegen, die Wurzeln gewinnen Halt, die Ähre gelangt zur Reife. Die Bewegung ändert die Richtung. Die Zeit der Vertikale ist abgeschlossen. Das ist der Höhepunkt der Bewegung in anderen Einstellungen. Wenn äußere Einflüsse das glückliche Wachstum stören, wenn der der Sonne beraubte Stiel vergebens seine warme und lebenspendende Quelle sucht, wird sich die Angst der Pflanze durch abgehackte Rhythmen übertragen, die die Bedeutung der Bewegung verändern. Wurzel und Stil werden eine Harmonie geschaffen haben. Die Bewegung und ihre Rhythmen, in schon geklärter Form, werden die Emotion bestimmt haben, *die rein visuelle Emotion.*

Blumen oder Blätter. Wachstum, Fülle des Lebens, Tod. Unruhe, Freude, Schmerz. Blumen und Blätter verschwinden. Der Geist der Bewegung und des Rhythmus allein bleibt.

16 Herv. i. O.

Ob ein Muskel in einem Gesicht spielt, ob eine Hand sich auf eine andere Hand legt, ob eine Pflanze von der Sonne angezogen wächst, ob sich Kristalle überlagern, ob sich die Zelle eines Lebewesens entwickelt, auf dem Grund dieser mechanischen Manifestationen einer Bewegung finden wir einen spürbaren und anschaulichen Impuls, die Lebenskraft, die der Rhythmus ausdrückt und vermittelt. So kommt die Emotion zustande.

Von den Pflanzen, den Mineralien zur Linie, zu Volumen, zu weniger genauen Formen, zum integralen Kino ist der Schritt schnell getan, da ja allein die Bewegung und ihre Rhythmen Empfindungen und Gefühle erzeugen. Wenn ein Reifen sich dreht, einen Raum durchrollt und verschwindet, wie von der Kraft und dem Maß seiner Bewegung aus unserem Blickfeld getrieben, schaffen wir einen spürbaren Eindruck, sofern die Rhythmen der Geschwindigkeit auf eine klare Inspiration hin abgestimmt sind.

Das Thema Emotion ist nicht ausschließlich mit der Evokation eindeutiger Tatsachen verbunden, sondern mit jeder Äußerung, Manifestation, die das Lebewesen in seinem doppelten Leben, dem physischen und dem moralischen, erreicht. Da setzt sich das Kino dafür ein, Geschichten zu erzählen, Ereignisse zu verherrlichen, andere zum größten Vergnügen der Massen zu erdichten, aber ich bezweifle, dass es damit seinen Zweck erfüllt. Der Film fängt Bewegung ein. Sicher, die Ortsveränderung eines Menschen, um von einem Punkt zum anderen zu gelangen, ist Bewegung; wie die Projektion desselben Wesens in Raum und Zeit und auch seine moralische Entwicklung. Aber schon das Werden eines Getreidekorns erscheint uns von einer vollkommeneren, genaueren kinematographischen Konzeption zu sein, da es der mechanischen Bewegung einer logischen Veränderung den ersten Platz einräumt und durch seine einzigartige Erscheinung ein neues Drama des Geistes und der Sinne erschafft.

Man behandelt die Anhänger des integralen Films als Utopisten. Warum? Was mich angeht, so stelle ich nicht die Notwendigkeit von affektiven Werten bei der Konzeption eines Werks in Frage. Der schöpferische Wille muss über eine spürbare Linie das Empfindungsvermögen der Masse berühren. Aber wogegen ich kämpfe, das ist die enge Vorstellung, die man sich im Allgemeinen von der Bewegung macht. Bewegung ist nicht nur Ortsveränderung, sondern auch und vor allem, Entwicklung, Verwandlung. Also, warum sie in ihrer reinsten Form von der Leinwand verbannen, einer Form, die besser vielleicht als andere in sich das Geheimnis einer neuen Kunst birgt. Linien, Räume, Oberflächen, Licht, in ihrer fortdauernden Metamorphose angeschaut, sind fähig, uns zu fesseln wie das Wachstum der Pflanze, sofern wir nur verstehen, sie in einer Konstruktion zu gestalten, die den Bedürfnissen unserer Einbildungskraft und unserer Nerven zu entsprechen vermag; denn die Bewegung und die Rhythmen bleiben in jedem Fall, selbst in einer noch handgreiflicheren und bedeutungsvolleren Verkörperung, das innere und einzigartige Wesen des filmischen Ausdrucks.

Ich rufe die Vorstellung einer Tänzerin hervor! Einer Frau? Nein. Einer Linie, die sich in harmonischen Rhythmen bewegt. Ich rufe auf Schleiern eine Lichtprojektion hervor. Deutlicher Stoff! Nein. Fließende Rhythmen. Warum das Vergnügen, das die Bewegung im Theater erzeugt, im Kino verachten? Harmonie der Linien. Harmonie des Lichts.

Linien, Oberflächen, Räume, die sich ohne Beschwörungskünste direkt in der Logik ihrer Formen entwickeln, jedes allzu menschlichen Sinnes entkleidet, um sich leichter zur Abstraktion emporzuschwingen und den Gefühlen und Träumen mehr Raum zu geben: DAS INTEGRALE KINO.[17]

Anhang 4   Salvador Dalí, Lluis Montanyà und Sebastià Gasch: «Kino» [1928][18]

Wer das Kino in die schönen Künste einbinden will, tut ihm einen Bärendienst. Zum Glück ist der Film noch etwas anderes. Der Film ist nicht eine neue Erscheinung der schönen Kunst. Der Film ist, ganz einfach, eine Industrie. Und eine Industrie in enormer Bewegung. Die äußerst schnelle Perfektionierung des Films entsteht jenseits aller persönlichen, genialen, künstlerischen Intervention. Die Perfektionierung des Kinos gehorcht einem klar und strikt industriellen und anonymen Prozess. Seine antikünstlerische Schönheit und Poesie ist ein Ergebnis der mit anderen Industrien absolut parallelen Standardisierung: das Auto, das Flugzeug, das Grammophon, etc., etc.

Der Kunstfilm ist dabei, mit allen Keimen der künstlerischen Fäulnis, den reinen und eben erst geborenen Puls des Kinos zu infizieren.

Herr Canons verdankt sein Leben dem Kino, genau wegen dieser Filme, wo die künstlerischen Filtrationen seinen unbestechlichen Grund der Vulgarität zu bewegen vermögen.

Das Beste, was das Kino hervorgebracht hat, ist der komische Film, anonym und äußerst schnell, aus zwei Rollen, der die Massen intensiv bewegt und gerade wegen der faulen Eigenschaften als Gipfel der Absurdität und Kunstlosigkeit gilt. Diese Filme sind die intensivsten, fröhlichsten, reinsten, agilsten, spritzigsten, unterhaltsamsten, schönsten und vollkommensten Filme, die hervorgebracht worden sind. 100 m eines dieser Filme kompensieren, mehrfach, die ganze Langeweile des hybriden, langsamen,

---

17   Herv. i. O.
18   DALÍ/MONTANYÀ/GASCH, Cinema, S. 91. Übers. aus dem Katalanischen v. Ch. H. [Erstveröffentlichung unter dem Titel «Cinema» in: *L'Amic de les Arts*, Nr. 23, 31.03.1928, S. 175].

stumpfen und substanzlosen Humors, der dem Theater und der Literatur mit einem absoluten Fehlen von Intensität gewidmet wird.

Die kinematographische künstlerische Fäulnis eines Murnau, Gance, Fritz Lang – das einzige Kino, das der Herr Canons akzeptiert – stößt auf großes Interesse, einzig und allein weil es Kino ist. All das, was kinemato-graphisch realisiert worden ist und werden wird, wird einzig und allein deswegen wunderbar bleiben, weil es gefilmt und in dieser so realen und zugleich so irrealen Weise erreicht wurde, die das Kino erst ausmacht.

Jenseits dieser einen oder zwei Filmrollen des äußert schnellen und beinahe anonymen komischen Films empfehlen wir auch noch die großen Produktionen der großen Cineasten Harry Langdon, Charlie Chaplin, Buster Keaton und die tausend Konstellationen, die sie umkreisen, sofort gefolgt von Adolphe Menjou als Symbol einer der reinsten Nuancen des Kinos von heute.

In einer vergleichbaren Größenordnung sehen wir den Dokumentar-film, vom Typ der *Fox Newsreels*, und die wissenschaftlichen Filme, mit ih-rer unbeschreiblichen Emotion: Wachstum von Pflanzen, Fortpflanzungs-prozesse, Mikroskopie, Naturgeschichte, Unterwasservegetation, etc., etc.

Diese Filme lassen in ihrer Suggestivkraft, nach unserer Auffassung, auch die besten Intentionen der formidablen Versuche des reinen oder abso-luten Films eines Man Ray, Chomette, Léger und ihrer Nachfolger hinter sich.

Cinema

Es fa un flac servei al cinema en voler incorporar-lo a les Belles Arts. Sortosament el cinema és, encara, una altra cosa. El cinema no és una nova Bella Art. El ci-nema és, simplement, una indústria. I una indústria en una enorme activitat. El perfeccionament rapidíssim del cinema es produeix fora de tota intervenció perso-nal, genial, artística. El perfeccionament del cinema obeeix a un procés netament i estrictament industrial i anònim. Les seves bellesa i poesia antiartístiques són un resultat d'estandardització absolutament parallel al de les altres indústries: l'auto, l'avió, el fonógraf, etc., etc.

El film artístic està infestant, amb tots els gèrmens de la putrefacció artística, la pulsació pura i recent nascuda del cinema.

El senyor Canons perdona la vida al cinema, precisament a causa d'aquests films on les filtracions artístiques aconsegueixen de commoure el seu fons insubor-nable de cursileria.

El millor que ha produït el cinema és la pellícula còmica, anònima i rapidís-sima, de dos rotllos, que commou intensament les multituds i que precisament és considerada pels putrefactes com el comble de l'absurditat i de la manca d'art. Aquests films són els més intensos, alegres, purs, àgils, aguts, devertits, bells i per-fectes que han estat produïts. 100 m d'un d'aquests films compensen, amb escreix,

*tot l'avorriment de l'humorisme híbrid, lent, groller i insubstancial servit pel teatre
i la literatura amb una manca absoluta d'intensitat.*

*La putrefacció artística cinematogràfica dels Murnau, Gance, Fritz Lang –
l'únic cinema que accepta el senyor Canons – té un gran interès pel sol fet d'ésser
cinema. Tot allò que ha estat realitzat cinematogràficament, per equivocat que si-
gui, serà encara meravellós pel sol fet d'ésser filmat, d'ésser aconseguit d'aquesta
manera tan real i tan irreal alhora que és el cinema.*

*Fora d'aquest film còmic, rapidíssim i gairebé anònim, d'una o dues bobi-
nes, recomanem encara les grans produccions dels grans cineastes Harry Langdon,
Charlie Chaplin, Buster Keaton i les mil constellacions que els volten. Immedia-
tament després, Adolphe Menjou com a símbol d'un dels matisos més purs del
cinema d'avui.*

*En un mateix ordre, anotem la pel·lícula documentària, tipus N o t i c i a r i
F o x, i els films científics, d'una emoció inenarrable: creixement de plantes, pro-
cessos de fecundació, microscopi, història natural, vegetació submarina, etc., etc.*

*Aquests films depassen en suggestió, al nostre entendre, les millors intenci-
ons de les formidables temptatives de film pur o absolut de Man Ray, Chomette,
Léger i seguidors.*

Anhang 5 André Bazin: «Schönheit des Zufalls – Der wissenschaftliche Film» [1947][19]

Das Festival, über das man am wenigsten gesprochen, für das man am wenigsten Werbung gemacht und am wenigsten Millionen und Champagner-
flaschen mobilisiert haben wird, wird auch, ohne Zweifel, das beste des
Jahres gewesen sein. Es spielte sich in Paris in einem kleinen Saal mit 250
Plätzen ab, im Musée de l'Homme, in dem die Internationale Vereinigung
des wissenschaftlichen Films ihre drei Tage dauernde Tagung abhielt.

Im Übrigen fürchte ich, dass man Jean Painlevé 1948 verpflichten
wird, seine Filme eine Etage tiefer zu zeigen, im großen Saal des Palais de
Chaillot. Denn es beginnt sich herumzusprechen, dass die Mikroben die
besten Schauspieler der Welt sind. Das nächste Jahr wird man sie um Au-
togramme bitten. Schon bei den letzten Veranstaltungen ist man sich fast in
die Haare geraten, um sich noch zusätzlich in den kleinen Saal einzufädeln.
Wir anderen, die armen Kritiker, wir hatten uns dorthin *in corpore* begeben.
Es ist schon selten genug, dass wir zu unserem Vergnügen ins Kino gehen.

---

19 BAZIN, Beauté du hasard, S. 10. Übers. aus dem Franz. v. Ch. H. [Erstveröffentlichung
    unter dem Titel «Beauté du hasard. Le film scientifique» in: *L'Écran français*, Nr. 121,
    21.10.1947, S. 10].

Ich kann wohl sehen, dass Sie von mir eine Definition des wissenschaftlichen Films erwarten. So muss ich Ihnen, mich auf das Programm stützend, antworten, dass sich sein Gebiet von der Ausrottung der Tse-Tse-Fliege und der Gesichtschirurgie von schwerverletzten Kriegsverwundeten über die Sinuskurve des Wechselstroms und die Biologie der Mikroorganismen des Süßwassers bis hin zum Gebrauch des zirkulären Webstuhls und den Unterwasserlandschaften von Cousteau ausdehnt. Ganz zu schweigen von den Geschichten und Gesten des Affen Coco, der Zellteilung von Heuschreckensamenzellen und dem technischen Betrieb des Radars. Gerade Jean Painlevé wird ihm diesen Eklektizismus nicht absprechen, mischt er doch tückischerweise den bewundernswerten poetischen Dokumentarfilm von Arne Sucksdorff MENSCHEN IN DER STADT[20] in sein Programm, unter welch trügerischem, aber sehr sympathischem Vorwand auch immer.

Tatsächlich sind die Grenzen des «wissenschaftlichen Films» in kongruenter Weise gleich unbestimmt wie diejenigen des «Dokumentarfilms», im Rahmen dessen man ihn als einen einfach technischeren, spezialisierteren oder didaktischeren Bereich betrachten kann. Aber schließlich, was soll's! Wesentlich ist nicht, dass man sie definiert, die «wissenschaftlichen» Filme, sondern dass man sie realisiert. Unter ihnen gibt es dennoch eine ‹reine› Form, die die Bezeichnung «wissenschaftlicher Film» absolut verdient: Ich spreche von den Filmen, in denen das Kino aufdeckt, was kein anderer Untersuchungsvorgang, nicht einmal das Auge, wahrnehmen könnte. Auf diese Art nämlich entdeckte Painlevé, der für seinen *Pasteur* Hefen in extremem Zeitraffer gefilmt hatte, bei der Projektion, dass sie sich nicht genau so reproduzierten, wie man es im Allgemeinen glaubte. Diese Operation war schlichtweg zu langsam, um am Mikroskop vom Auge in ihren sukzessiven Phasen zusammengerechnet zu werden.

Ein anderes sehr spezialisiertes Genre ist der chirurgische Film. Dank ihm können die außerordentlichsten oder delikatesten Operationen, ausgeführt durch die Großen der Chirurgenzunft, für Tausende von zukünftigen Medizinern hundertmal wiederholt werden. Sie haben wirklich immer einen großen Erfolg im Musée de l'Homme. Da ist keiner, der sich eingestehen wollte, das Gezeigte nicht «einstecken» zu können und sich ganz

---

20 Der schwedische Photograph und Dokumentarfilmer Arne Sucksdorff (1917–2001) realisierte MÄNNISKOR I STAD (S, 1947 [LE RYTHME DE LA VILLE, MENSCHEN IN DER STADT, SYMPHONY OF A CITY]) im Auftrag der Svensk Filmindustri und der Fremdenverkehrsagentur vermutlich im Jahre 1946. Sein dokumentarisches Werk, das sich ähnlich wie bei Flaherty sonst durch eine Nähe zur Natur und einen starken Gestaltungswillen auszeichnet, erfuhr mit dieser 20-minütigen, impressionistischen Studie über Stockholm und seine Menschen einen einmaligen Schwenker hin zu einer Lebensumgebung, vor der er zeitlebens floh. Gerade diesem Film aber war es vergönnt, dem Dreißigjährigen den Boden für eine internationale Karriere zu bereiten und 1949 auch einen Oscar für die Kategorie «Best Short Subject» zu gewinnen (KNIGHT, Arne Sucksdorff, S. 233 f.) [Anm. v. Ch. H.].

einfach zur rechten Zeit zurückzuziehen; nach fünf Minuten sieht man sie fallen, wie die Fliegen, und immer wieder Jean Painlevé mit seiner Flasche Cognac. Man hat dieses Jahr inbesondere einen bewundernswerten amerikanischen Film der Wiederherstellungschirurgie bemerkt, in dem man den Chirurgen buchstäblich aus einer komplett zerstörten Gesichtsfläche ein Gesicht aufbauen sah, und einen erstaunlichen russischen Film über die Verpflanzung des Dickdarms als künstliche Speiseröhre.

Unglücklicherweise fehlt mir der Platz, um Ihnen über die Neigungen des Affen Coco zur euklidischen Geometrie und zu Darwins Theorien zu erzählen. Und ich versichere Ihnen, das ist schade. Aber es gibt einen anderen Aspekt des wissenschaftlichen Films, den ich nicht vernachlässigen könnte, bevor ich schließe.

Als Muybridge oder Marey die ersten Filme wissenschaftlicher Recherche realisierten, erfanden sie nicht nur die Technik des Kinos, sie schufen gleichzeitig die reinste Form seiner Ästhetik. In ihr ist das Wunder, das unerschöpfliche Paradox des wissenschaftlichen Films zu suchen. Ausgerechnet am äußersten Ende der von Interesse und Zweck bestimmten Forschung, im absoluten Verbot von ästhetischen Intentionen als solchen, entwickelt sich die kinematographische Schönheit zu einer übernatürlichen Anmut. Welches «Imaginations»-Kino hätte die fabulöse Niederfahrt der Bronchoskopie zu ihren Höllenschlunden entwerfen und realisieren können, in der alle Gesetze der «Dramatisierung» der Farbe in den sinistren und bläulichen Reflexen eines sichtbar tödlichen Krebses natürlicherweise enthalten sind? Welche optischen Trickaufnahmen wären in der Lage gewesen, das feenhafte Ballett dieser sich wie in einem Kaleidoskop unter dem Okular wundersam anordnenden, mikroskopischen Süßwassertierchen hervorzubringen? Welcher vom Rausch ergriffene Maler, welcher geniale Choreograph, welcher Poet könnte sich diese Anordnungen vorstellen, diese Formen und diese Bilder? Nur die Kamera besaß den Schlüssel zu diesem Universum, wo die vollkommenste Schönheit sich ebenso mit der Natur wie mit dem Zufall vereinigt: das heißt mit allem, was eine bestimmte traditionelle Ästhetik für das Gegenteil von Kunst hält. Eine derartige Existenz hatten allein die Surrealisten vorausgeahnt, die im fast unpersönlichen Automatismus ihrer Imagination das Geheimnis einer Bilder-Fabrik suchten. Aber Tanguy, Salvador Dalí oder Buñuel sind lediglich in einen losen Kontakt getreten mit diesem surrealistischen Drama, in dem der leider zu früh verstorbene Doktor de Martel, um eine komplizierte Trepanation vorzunehmen, zunächst auf einem rasierten und nackten Hinterkopf, einer Eierschale gleich, die Skizze eines Gesichtes zeichnet und eingräbt. Wer das nicht gesehen hat, ignoriert, wie weit das Kino gehen kann.[21]

---

21 Der chirurgische Film Trépanation pour crise d'épilepsie bravais-jacksonienne des Chirurgen Thierry de Martel, auf den sich Bazin hier bezieht, wurde nach den Wirren

Hier drängt sich die Einsicht auf, dass die äußerst geschickte Trepanation zwei gleichzeitige, unkommunizierbare und absolute Postulate hervorbringen konnte: das Leben eines Mannes zu retten und die Enthirnungsmaschine des Père Ubu[22] aufzuzeichnen, und dass Jean Painlevé im französischen Kino ein singulärer und privilegierter Platz bestimmt ist.[23] Sein VAMPIR zum Beispiel ist sowohl ein zoologisches Dokument als auch die Erfüllung der durch Murnau in seinem NOSFERATU illustrierten, großen Mythologie des Blutes. Es ist leider nicht sicher, ob diese fulminante kinematographische Wahrheit gemeinhin ausgehalten werden kann. Sie birgt

des Kriegs im Herbst 1945 von der illustren und interdisziplinären Troika Dr. Claoué/ Jean Painlevé/Georges Franju anlässlich des 7. Congrès pour la documentation photographique et cinématographique dans les sciences im Musée de l'Homme und im Palais de Chaillot gezeigt. Das Institut du cinéma scientifique (ICS), als dessen Präsident seit seiner Gründung 1930 Jean Painlevé und als dessen Generalsekretär von 1945–1953 Georges Franju amteten, war verantwortlich für die kinematographische Programmation dieses Kongresses. Das Programm stand im Zeichen eines Neuaufbruchs und einer Hommage an den Chirurgen Dr. de Martel, der sich beim Einmarsch der deutschen Truppen in Paris das Leben genommen hatte. Der Kongress, sich alljährlich wiederholend, sollte im Laufe der Zeit die Bezeichnung «Congrès du cinéma scientifique» oder «Congrès de l'ICS» bekommen (HAMERY, Diss., *Jean Painlevé*, S. 203). – De Martels filmisches Dokument einer chirurgischen Trepanation sollte nicht nur bei Bazin, sondern auch bei Franju Spuren hinterlassen, ja, sich gar in das Gedächtnis des Mitbegründers der Cinémathèque eingraben. Unter den Fittichen des älteren und einflussreicheren Painlevé, während seiner Zeit beim ICS, mauserte sich Franju mit LE SANG DES BÊTES (F 1949, Text des Kommentars: Jean Painlevé) vom illustren Filmkurator zum begnadeten Dokumentarfilmer und mit LES YEUX SANS VISAGES (F 1959) zum Meister des fiktionalen Grauens. Dr. de Martel bzw. sein im Film sichtbarer Assistent und ihre Methode der chirurgischen Perforation am Kopf fanden ihr Vermächtnis in der Figur des kühlen und alles andere als verrückten Chirurgs Dr. Genessier (Pierre Brasseur) und in Franjus Theorie des Horrors, die nicht etwa im Fantastischen, sondern vielmehr im Ungewöhnlichen (*l'insolite*) der Realität, seiner Surrealität und in der Destabilisierung des Zuschauers fußt. Franju beschreibt das Zuschauerereignis, das De Martels Film auszulösen vermag, in mehreren Schilderungen. Hier lediglich ein Ausschnitt der vielleicht komischsten: «[…], mais sitôt qu'on voit le crâne qui fout le camp, le malade sourit! […] Et le chirurgien qui était le présentateur, le docteur D […] disait: ‹Il sourit car le cerveau est indolore! […]» (Georges Franju: «Le comble de l'insolite». In: KOLLEKTIV, *Georges Franju, cinéaste*, S. 101). Vgl. auch das Kap. V (Gérard Leblanc: «Chirurgie de la peur», S. 103–110) desselben Katalogbüchleins und die Kap. «*Le Sang des bêtes*: Franju et Painlevé en confluence (1949)» u. «Pléthore sanguine» in: HAMERY, Diss., *Jean Painlevé*, S. 240f. u. S. 247f. [Anm. u. Ch. H.].

22 Bazin bezieht sich hier auf das legendäre Theaterstück *Ubu-roi* des von den Surrealisten so sehr verehrten Alfred Jarry. Die Uraufführung fand am 10.12.1896 im Pariser Théâtre de l'Œuvre unter der Leitung von André Lugné-Poe statt. Die Aufführung geriet zum Skandal. Im Stück nimmt die «Enthirnungsmaschine» (oder «Gehirnauspressmaschine», wie auch übersetzt wurde), *La Machine à Décerveler*, eine Rolle ein, die den dunklen Bereich menschlicher Abgründe maschinell in ein Grausames und Obszönes verkehrt (vgl. JARRY, *Œvres complètes*, Bd. I, S. 351–428) [Anm. v. Ch. H.].

23 Vielleicht spielt Bazin auch auf Jean Painlevés, für Dr. Claoué realisierten, chirurgischen Film an (CHIRURGIE RÉPARATRICE ET CORRECTRICE DU DOCTEUR CLAOUÉ, F 1930, Regie: Jean Painlevé, Kamera: André Raymond, 35 mm, sw, stumm, 18 Min. [?]). Vgl. die etwas differierenden Angaben in HAMERY, Diss., *Jean Painlevé*, S. 473, u. BELLOWS/ MCDOUGALL/BERG, *Jean Painlevé*, S. 185 [Anm. v. Ch. H.].

in sich zu viel Skandalöses auf Kosten der geläufigen Ideen über Kunst und über Wissenschaft. Vielleicht hat das Publikum der Quartierkinos deswegen – als ob es einer frevelhaften Entweihung beiwohnen würde – gegen die Jazzmusik protestiert, welche die kleinen submarinen Dramen von Assassins d'eau douce[24] umspielt und kommentiert. In dem Maße freilich, wie selbst die Weisheit der Nationen auch nicht immer zur Erkenntnis gelangt, wenn Extreme sich berühren.

Beauté du hasard
Le film scientifique

Le Festival dont on aura le moins parlé, celui autour duquel on aura fait le moins de publicité, mobilisé le moins de millions et de bouteilles de champagne aura été aussi, sans conteste, le meilleur de l'année. Il s'est déroulé à Paris dans une petite salle de 250 places, au Musée de l'Homme, où l'Association internationale du Cinéma scientifique a tenu trois jours durant ses assises.

Je crains du reste que Jean Painlevé ne soit, en 1948, obligé de montrer ses films à l'étage en dessous, dans la grande salle du Palais de Chaillot. Car ça commence à se savoir que les microbes sont les meilleurs acteurs du monde. L'an prochain on leur demandera des autographes. Déjà on s'est quasiment battu aux dernières séances pour s'insérer en supplément dans la petite salle. Nous autres, pauvres critiques, nous nous y étions rendus en corps. Il est si rare que nous allions au cinéma pour notre plaisir.

Je vois bien que vous attendez de moi une définition du film scientifique. Je serai obligé de vous répondre, en me fiant au programme, qu'il étend son domaine de la destruction de la mouche tsé-tsé à la chirurgie de la face chez les grands blessés de guerre, de la sinusoïde du courant alternatif à la biologie des animalcules d'eau

---

24 Ich finde eine Bestätigung und eine Erklärung dieses Phänomens im Buch von Edgar Morin, *Der Mensch und das Kino*: «Ombredane hat sich einer einfachen, aber erschöpfenden Erfahrung hingegeben, indem er den Kampf der Larven von Assassins d'eau douce mit zwei aufeinanderfolgenden Vertonungen projiziert hat. In der ersten, mit Jazzmusik, interpretierten die kongolesischen Eingeborenen die Sequenz als nettes, ausgelassenes Spiel. In der zweiten, als ihr eigener ritueller Gesang der abgeschnittenen Köpfe anschwoll, erkannten sie das Töten und die Zerstörung, gar suggerierend, dass die siegreichen Larven zu sich selbst zurückkehrten, den abgeschnittenen Kopf ihrer Opfer tragend.» E. Morin bemerkt also berechtigterweise, dass die Musik eine sehr bestimmte Untertitel-Rolle spielt, dass sie dem Bild seine Bedeutung gibt. Dennoch zeugt der, durch den Painlevé-Film ausgelöste Skandal in den kommerziellen Sälen noch von einem anderen Phänomen: demjenigen der Konditionierung des Publikums durch die Genres. Der wissenschaftliche Dokumentarfilm verlangt für den durchschnittlichen französischen Zuschauer nach einer sogenannt ‹seriösen Musik› [Anm. v. André Bazin].
    Die Angaben zu Painlevés Assassins d'eau douce (F 1947) sind in der Filmografie zu sichten [Anm. v. Ch. H.].

douce, de l'utilisation du métier circulaire aux paysages sous-marins de Cousteau. Et j'oublierai, ce faisant, les faits et gestes du singe Coco, la division des cellules spermatiques de sauterelles et le fonctionnement du radar. Ce n'est pas Jean Painlevé qui contestera cet éclectisme puisqu'il a malicieusement mêlé à son programme l'admirable documentaire poétique de Arne Sucksdorff LE RYTHME DE LA VILLE, sous je ne sais quel fallacieux mais bien sympathique prétexte.

À la vérité les limites du «film scientifique» sont homothétiquement aussi indécises que celles du «documentaire», dont on peut le considérer comme une branche simplement plus technique, plus spécialisée ou plus didactique. Mais, après tout, qu'importe! L'essentiel n'est pas qu'on les définisse, les films «scientifiques», mais qu'on les réalise. Parmi eux il est pourtant une variété «pure» qui mérite absolument le nom de «film scientifique»: je veux parler de ceux où le cinéma révèle ce que nul autre procédé d'investigation, pas même l'œil, ne pouvait apercevoir. C'est ainsi que Painlevé, filmant pour son PASTEUR des levures avec une extrême accélération, découvrit, à la projection, qu'elles ne se reproduisaient pas exactement comme on le croyait généralement. C'est que cette opération était trop lente pour que l'œil puisse, au microscope, faire la sommation de ses phases successives.

Un autre genre bien spécialisé, c'est le film chirurgical. Grâce à lui, les opérations les plus exceptionnelles ou les plus délicates, pratiquées par les grands chirurgiens, peuvent être cent fois répétées pour des milliers de futurs médecins. Je dois dire qu'elles ont toujours un gros succès au Musée de l'Homme. Nul ne voulant admettre qu'il ne «tiendra pas le coup» et se retirer tout simplement à temps, on voit au bout de cinq minutes des spectateurs tomber comme des mouches et Jean Painlevé en est régulièrement de sa bouteille de cognac. On a particulièrement remarqué, cette année, un admirable film américain de chirurgie esthétique où l'on voyait littéralement refaire un visage à une face complètement broyée, et un film russe étonnant sur la greffe du gros intestin en guise d'œsophage artificiel.

La place me manque malheureusement pour vous parler des dispositions du singe Coco pour la géométrie euclidienne et les théories de Darwin. Et je vous assure que c'est dommage. Mais il y a un autre aspect du film scientifique que je ne saurais négliger avant de conclure.

Lorsque Muybridge ou Marey réalisaient les premiers films d'investigations scientifiques, ils n'inventaient pas seulement la technique du cinéma, ils créaient du même coup le plus pur de son esthétique. Car c'est là le miracle du film scientifique, son inépuisable paradoxe. C'est à l'extrême pointe de la recherche intéressée, utilitaire, dans la proscription la plus absolue des intentions esthétiques comme telles, que la beauté cinématographique se développe par surcroît comme une grâce surnaturelle. Quel cinéma «d'imagination» eût pu concevoir et réaliser la fabuleuse descente aux enfers de la bronchoscopie, où toutes les lois de la «dramatisation» de la couleur sont naturellement impliquées dans les sinistres reflets bleuâtres dégagés par un cancer visiblement mortel? Quels trucages optiques eussent été capables de faire naître le ballet féerique de ces animalcules d'eau douce s'ordonnant par miracle sous l'oculaire comme en un kaléidoscope? Quel chorégraphe de génie, quel peintre en délire, quel poète pouvait imaginer ces ordonnances, ces formes et ces images? La caméra seule possédait le sésame de cet univers où la suprême beauté s'identifie tout à la fois à la nature et au hasard: c'est-à-dire à tout ce qu'une certaine esthétique traditionnelle considère comme le contraire de l'art. Les surréalistes seuls en avaient pressenti l'existence, qui cherchaient dans l'automatisme presque impersonnel de leur imagination le secret d'une usine à images. Mais Tanguy, Salvador Dali ou Bunuel n'ont jamais approché que de loin ce drame surréaliste où le regretté docteur de Martel, pour pratiquer une trépanation compliquée, dessine et creuse au préalable sur une nuque rasée et nue comme une coquille d'oeuf l'esquisse d'un visage. Qui n'a pas vu cela ignore jusqu'où peut aller le cinéma.

C'est pour avoir bien compris que la plus habile trépanation pouvait réaliser deux postulats simultanés, incommunicables et absolus, à savoir: sauver la vie d'un homme et figurer la machine à décerveler du père Ubu, que Jean Painlevé occupe dans le cinéma français une place singulière et privilégiée. Son Vampire *par exemple est tout à la fois un document zoologique et l'accomplissement de la grande mythologie sanguinaire illustrée par Murnau dans son* Nosfératu. *Il n'est malheuresement pas certain que cette éblouissante vérité cinématographique puisse être communément supportée. Elle recèle trop de scandale aux prix des idées courantes sur l'art et sur la science. C'est peut-être pourquoi le public des cinémas de quartier a protesté, comme devant une profanation sacrilège, contre la musique de jazz qui commente les petis drames sous-marins d'*Assassins d'eau douce[25]. *Tant il est vrai que la sagesse des nations ne sait pas toujours reconnaître quand les extrêmes se touchent.*

---

25 Je trouve une confirmation et une explication de ce phénomène dans le livre d'Edgar Morin, *Le Cinéma ou l'homme imaginaire* (p. 181): «Ombredane s'est livré à une expérience simple mais exhaustive en projetant le combat des larves d'Assassins d'eau douce avec deux sonorisations successives. A la première, musique de jazz, les indigènes congolais interprétèrent la séquence comme un jeu aimable, batifolant. A la seconde, où s'élevait leur propre chant rituel des têtes coupées, ils reconnurent le meurtre et la destruction, suggérant même que les larves victorieuses rentraient chez elles, emportant la tête coupée de leurs victimes.» E. Morin remarque donc à juste titre que la musique joue un rôle très précis de sous-titres, qu'elle donne la signification de l'image. Toutefois le scandale soulevé dans les salles commerciales par le film de Painlevé témoigne encore d'un autre phénomène: celui du conditionnement du public par les genres. Le documentaire scientifique appelant pour le spectateur moyen français une musique dite «serieuse».

Anhang 6 Jean Painlevé: «Formen und Bewegungen im Dokumentarfilm» [1948][26]

Von den äußerst schlichten und genau studierten Tatsachen eingegeben und der Natur ohne Kunstgriff entnommen, birgt das Kino immer eine reine Poesie und eine unvergleichliche malerische Schönheit, welche die stammelnden Farben der aktuellen Verfahren allerdings schlecht zur Geltung bringen – wir werden uns wohl davon nur die erste Skizze zurückbehalten. Lassen Sie uns allerdings betonen, dass dort, wo die Willkür noch erträglich ist, das Farbkino auch wünschenswert ist: Ein Marienkäfer in Farbe ist schöner als ein Marienkäfer in Schwarzweiß, auch wenn sein Rot nicht sein wirkliches Rot ist. Und der Tag wird bald kommen, an dem man die delikaten Variationen der Farben des Oktopus mit Freude erkennen wird, das Irisieren der Kristalle, wenn man das Licht polarisiert, oder das zarte, in Zeitraffer gefilmte Verwelken der Rosen.

Aber schon diese erste Skizze kann ihren Zauber verbreiten, und wenn man ihn nur bei den Pflanzen und Tieren vermuten würde, so würde er doch genauso in den leblosen Körpern existieren. Denn die Formen der physikalischen und chemischen Phänomene sind genauso harmonisch oder fremdartig wie die anatomischen Strukturen und Entwicklungen. Harmonie, sei sie statisch oder dynamisch, existiert nicht nur aufgrund von Symmetrie. Gar häufig manifestiert sie sich an einer einzelnen Stelle. Wogegen die Fremdartigkeit (wovon die Exotik nur eine unter mehreren Formen ist) einem schon in einer einfachen Reise um die Welt zufällt, wenn ungewöhnliche Vergrößerungen unter Zuhilfenahme von künstlicher Beleuchtung erreicht werden. Man erreicht sogar das Fantastische, auch ohne spezielle technische Mittel wie Röntgenstrahlen oder dergleichen zu verwenden. (Erinnern wir uns an den Schädel einer Verlobten im Röntgenfilm, wie er sich über Blumenskelette beugt.)

Wenn es im Umgang mit der gewöhnlichen Technik genügt, sich vom Geschehen leiten zu lassen und das Objektiv zum richtigen Zeitpunkt darauf auszurichten, um ein bewegendes Dokument zu erhalten, kann man mit den Spezialtechniken des Zeitraffers oder der Zeitlupe nicht im Voraus wissen, was dabei herauskommen wird: Das ist wirklich Entdeckung pur. Mit dem Gebrauch von Filmmaterial, das im Unterschied zum Auge bei bestimmten Lichteinstrahlungen andere Empfindlichkeiten aufweist, sind dies die einzigen Methoden, mit denen das Kino sich vollständig als Instrument der Forschung erweist. Die Rhythmusvariationen zwischen der Aufnahme und der Projektion bringen auf der Leinwand erstaunliche Dynamiken hervor.

---

26 PAINLEVÉ, Formes et mouvements. Übers. aus dem Franz. von Ch.H. [unveröffentlichtes Schreibmaschinenmanuskript eines Vortrags, vom Autor 1948 gehalten]. In der Originalversion ist der Text unter dem Titel «Formes et mouvements dans le documentaire» im Painlevé-Archiv (vgl. LESDOCS) und in Hamerys Dissertation (HAMERY, Diss., *Jean Painlevé*, S. 430 f.) zugänglich.

Eine Aufnahme mit 2000 Bildern pro Sekunde, projiziert in der normalen Geschwindigkeit von 24 Bildern pro Sekunde, zeigte in einer Schweißung Fontänen von Teilchen, die auf die in Fusion begriffene Materie in Parabeln zurückfielen oder auf hyperbolischem Wege definitiv entschwanden. Das gleiche Phänomen kann man im Film von M. Bernard LYOT[27] über die Korona der Sonne beobachten. Dort aber wurde der Film im Gegenteil sehr langsam aufgenommen, das heißt, man sah auf der Leinwand einen Film in einem mindestens 200-fachen Zeitraffer, der die Millimeter der ersten Filmaufnahme in der zweiten in Hunderte von Tausenden von Kilometern verwandelte.

Es ist offensichtlich, dass die für das Kino so spezifische Bewegung den Formen eine Anmut oder erstaunliche Macht verleiht. Wenn der Haarstern, eine Art Seestern mit sehr zierlichen Armen, schon in der Ruhestellung bezaubernd anzusehen ist, entwickelt sich sein Zauber doch erst, wenn er sich dem Tanz auf Zehenspitzen widmet. Und der unwirtliche Panzer des Seeigels mit all seinen Stacheln wird majestätisch und unheimlich, wenn man bei ihm die Vergrößerung des Mikroskops anwendet. Die Stacheln verwandeln sich in mehr oder weniger geneigte dorische Säulen, und in der Mitte seiner baufälligen Tempel sieht man Schlangen, die Pedicellarien, sich hin und her bewegen, vom Seeigel gebildete kleine Organe, wie sie unser Körper in Form von Nägeln auszubilden gewohnt ist. Diese Organellen, gelenkige Stängel im Spiel mit den Auswüchsen des Panzers und überragt von einem Kopf, sind unaufhörlich in Bewegung. Die Köpfe setzen sich aus drei Klauen zusammen. Bei bestimmten sind die Klauen lang, fein und gelocht, wie textile Spitze, bei anderen sind sie von der Form eines Kleeblatts und reinigen die Kannelüren der Stacheln, bei anderen wiederum, immer noch um den Mund herum, sind sie mächtig, aneinandergesetzt und bringen die Nahrung zum Mund des Seeigels, bei anderen schließlich sind sie mit Giftdrüsen ausgestattet und zuäußerst mit Injektionsnadeln bestückt, womit sich der Seeigel verteidigt.

Die Bewegung kann den leblosen Objekten von der Bewegung des Aufnahmeapparats selbst eingeschrieben werden. Diese strapazierten und überraschenden Körper, errechnet und konstruiert, als ob sie das Resultat einer von einem festen Körper verursachten Teilung eines anderen festen, vierdimensionalen Körpers wären, können sich mithilfe des Kameraobjektivs fortbewegen. Was für eine Reise ist da zu machen entlang dieses Körpers … Luciano EMER hat eine Animation von dieser Art realisiert, als er mit seiner Kamera den «Garten der Lüste» von BOSCH durchforschte.

In einem Film über den Radar haben wir dem außerordentlichen gespenstischen Spaziergang der Signale beigewohnt, die vom später kinematographisierten Bildschirm der elektronischen Röhre empfangen worden waren.

27 Herv. i. O.

Und der Mord durch die Pilze... Es handelt sich nicht um eine Vergiftung, was ein banaler Vorgang wäre, sondern um den Film von Dr. COMANDON,[28] in dem man winzige Würmer sieht, wie sie mit einem Lasso gefangen beziehungsweise von einer Schlinge erwürgt werden, die Pilzfäden ausgebildet haben, um ihnen anschließend wahrhaftige Würgbirnen[29] einzutreiben und sie auszusaugen. Und dann dieser absolut allgemeine Vorgang: die Zellteilung, mit ihrem immer wieder sich gleichenden Protokoll, und die vorgängige Ausstoßung der Hälfte der Chromosomen – zuerst die Hälfte an der Zahl, dann in einer Sekunde die Teilung und mit ihr die Hälfte an Volumen. Die verzögerte Aufnahme zeigt auf der Leinwand unvergessliche Beschleunigungen einer produktiven Welt, Katapult-Kräfte gar, die sich konzentrieren, bevor sie sich entladen in der befreienden Wallung der zwei kleinen Kugeln, die sich dann ihrerseits anschicken, die Tochterzellen zu bilden und dabei die Chromosomen, wie sie, ihren immer noch geheimnisvollen Vorgang weiterführend, beschließen, sich in den rekonstruierten Bau neuer Zellkerne einzufügen. Zu jeder Sekunde der Erde, mit einer unberechenbaren Zahl von Zellen – einer Zahl, wie man sie bräuchte, wenn man in Zentimetern die Entfernungen der Gestirne aufschreiben wollte –, läuft die unabänderliche Rechenoperation ab. Dieses Protokoll wird allerdings nicht immer respektiert... Anarchische Zellen begnügen sich damit, ohne Verzug ihren Kern in zwei zu teilen und sich dabei nicht zu trennen; stattdessen wachsen sie einfach nur, immer mehr Zellkerne umfassend. In Zeitraffer dann scheinen die Krebszellen mit Flügeln zu schlagen, als ob sie Möwen wären.

Diese Linien und Rhythmen – seien sie einfach oder kompliziert – schreiben sich ein wie eine Form des Ewigen. Dem Menschen diese Schöpfungskraft der Natur zu überbringen, ist eine wirkliche Mission des Kinos. Denn nur in ihm erfährt diese Kraft ihren zwingenden Ausdruck, ihren Kosmos.

---

28   CHAMPIGNONS PRÉDATEURS (F, nach 1929, Regie: Dr. Jean Comandon, 35 mm, s/w, stumm mit Zwischentiteln, 8,5 Min.); hg. im Bonusmaterial der DVD *Jean Painlevé, compilation no 2* (Paris: Les Documents Cinématographiques 2005). Vergleicht man die Eckdaten der DVD-Produktion mit den Angaben von Thévenard und Tassel, dann muss es sich hierbei um eine Zusammenstellung von rund 1000 m wissenschaftlichen Filmmaterials handeln, das Comandon im Institut Pasteur – Annexe de Garches (S.-et-O.) hergestellt hatte (vgl. THÉVENARD/TASSEL, *Le Cinéma Scientifique*, S. 49) [Anm. v. Ch. H.].

29   Mit «Würgbirnen» (*poires d'angoisse*) sind hier mittelalterliche Folterwerkzeuge in Form einer metallenen Birne gemeint, die mit einem Schlüssel-Schrauben-Mechanismus gespreizt und in Körperöffnungen des Opfers eingeführt wurden. Ohne Schlüssel ließen sie sich nicht mehr entfernen [Anm. v. Ch. H.].

Formes et mouvements dans le documentaire

Lorsqu'il est inspiré par les faits les plus simples, les plus dépouillés, puisés sans artifice dans la Nature, le cinéma contient toujours une poésie pure et une beauté picturale inégalable que les bafouillantes couleurs des procédés actuels mettent cependant mal en valeur – aussi n'en retiendrons-nous que le dessin. Soulignons cependant que dans ce qu'on peut supporter d'arbitraire, le cinéma en couleur est souhaitable: Une coccinelle en couleur est plus belle qu'une coccinelle en noir et blanc même si son rouge n'est pas le rouge réel. Et le jour viendra bientôt où l'on pourra interpréter heureusement la délicate variation des couleurs de la pieuvre, l'irisation des cristaux lorsqu'on polarise la lumière, ou la douce fanaison des roses, filmée en accéléré.

Mais déjà le dessin seul suffit à ravir et si on le remarque facilement chez les plantes et les animaux, il existe autant dans les corps inertes. Les figures de phénomènes physiques et chimiques sont aussi harmonieuses ou étranges que les structures et les évolutions anatomiques. L'harmonie, statique ou dynamique, n'est pas seulement à base de symétrie. Bien souvent en tout cas, elle gagne à être soulignée par un point singulier. Quant à l'étrangeté (dont l'exotisme n'est qu'une des formes), on l'obtient dans un simple voyage autour du monde, familier par l'emploi d'éclairages, de grossissements inhabituels. On atteint même le fantastique sans aller jusqu'à employer des moyens techniques spéciaux comme les rayons X. (Rappelons-nous le film de radioscopie où l'on voyait le squelette de la tête d'une fiancée se pencher sur des squelettes de fleurs.)

Si avec la technique ordinaire, il suffit de savoir se laisser guider et braquer l'objectif au bon moment pour obtenir un document émouvant, avec les techniques spéciales d'accéléré ou de ralenti, on ne peut savoir à l'avance ce qui va en résulter: c'est vraiment de la découverte. Ce sont, avec l'utilisation de pellicules différemment sensibles que l'œil à certaines radiations, les seules méthodes où le cinéma se justifie pleinement comme instrument de recherche. Ces variations de rythmes entre la prise de vue et la projection amènent sur l'écran des dynamismes étonnants. Une prise de vue à 2000 images par seconde, projetée à la vitesse normale de 24 images par seconde, montrait dans une soudure des jets de matière qui retombait en parabole sur la matière en fusion ou s'enfuyait définitivement suivant une branche d'hyperbole. Et l'on peut constater le même phénomène dans le film de M. Bernard LYOT sur la couronne solaire. Mais là, le film fut pris au contraire très lentement et c'était un accéléré d'au moins 200 fois que l'on voyait sur l'écran: les millimètres dans la première prise de vue représentant des centaines de milliers de kilomètres dans la deuxième prise de vue.

Il est évident que le mouvement, spécifique du cinéma, ajoute une grâce ou une puissance étonnante aux formes. Si la comatule, sorte d'étoile de mer aux bras très déliés, est déjà ravissante à voir au repos, sa grâce se développe lorsqu'elle se *livre à la danse sur les pointes. L'inhospitalière carapace de l'oursin, avec tous ses piquants, devient majestuese et inquiétante lorsqu'on y applique le grossissement du microscope. Les piquants se transforment en colonnes doriques plus ou moins penchées et au milieu de ces temples croulants on voit s'agiter des serpents, les pédicellaires, petits organes formés par l'oursin comme les ongles sont formés de notre substance. Ces organites, formés d'une tige articulée avec les excroissances de la carapace, et surmontée d'une tête, ne cessent de s'agiter. Les têtes sont formées de trois mâchoires. Chez certains, les mâchoires sont longues, fines et ajourées, comme de la dentelle, chez d'autres elles sont en forme de feuille de trèfle et nettoient les canelures des piquants, chez d'autres encore autour de la bouche, elles sont puissantes, jointives, et portent la nourriture vers la bouche de l'oursin, chez d'autres enfin, elles sont munies de glandes à venin et extréminées par des dents d'injections, moyen de défense de l'oursin.*

Pour des objets inertes, le mouvement peut être donné par le mouvement de l'appareil de prise de vue lui-même. Ces volumes torturés et inattendus, calculés et construits comme étant le résultat d'une coupe d'un solide à quatre dimensions par un autre solide, peuvent se parcourir par l'objectif de la caméra. Quel voyage à faire le long de ce volume... Luciano EMER a réalisé une animation de cet ordre en explorant la peinture de BOSCH «Le Paradis Perdu».

Dans un film sur le radar, nous avons assisté à l'extraordinaire promenade fantômatique des signaux recueillis par l'écran du tube électronique cinématographié.

Et l'assassinat par les champignons... Il ne s'agit pas d'empoisonnement, procédé banal, mais du film du Docteur COMANDON, où l'on voit de minuscules vers pris au lasso, étranglés par le collet formé par des filaments de champignon qui leur enfoncent ensuite de véritables poires d'angoisse pour les sucer. Et ce processus absolument général, lui: la division cellulaire, avec son protocole indéfiniment semblable, l'expulsion préalable de la moitié des chromosomes; d'abord la moitié en nombre, puis dans une seconde division, la moitié en volume. La prise de vue lente montre sur l'écran d'inoubliables accélérés d'un monde en gésine, de forces catapultueuses se concentrant avant le bouillonnement libérateur des deux petites boules qui vont former les cellules filles et où, continuant leur processus encore mystérieux les chromosomes vont s'intégrer en la reconstruction de nouveaux noyaux. À chaque seconde de la Terre, en un nombre incalculable de cellules, un nombre comme il en faudrait si l'on voulait écrire en centimètres les distances des astres, se déclenche l'immuable opération. Pas toujours respecté, ce protocole pourtant... Des cellules anarchiques se contentent de couper leur noyau en deux, sans histoires, et ne se séparent pas; elles se contentent de croître avec de plus en plus de noyaux. À l'accéléré, les cellules cancéreuses ont l'air de battre des ailes comme les mouettes.

Simples ou compliqués, les lignes et les rythmes s'enregistrent comme une forme d'éternel. C'est une mission du cinéma que de transmettre à l'homme cette évocation de la Nature dans ce qu'elle a de plus inéluctable, de plus cosmique.

Bibliografie

Die Bibliografie ist grundsätzlich alphabetisch (nicht thematisch) geordnet.

Diejenige Literatur, die sich als Primär- oder Sekundärliteratur im engeren Sinn dem Verhältnis von Wissenschaftsfilm und Avantgarde/Cinéma pur (*) oder dem Wissenschaftsfilm im Allgemeinen (**) widmet, ist allerdings thematisch mit Sternen gekennzeichnet. Falls sich nur ein Teil der gekennzeichneten Publikation mit einer der oben genannten Thematik beschäftigt, sind die entsprechenden Seiten angegeben.

Im Fall der filmtheoretischen Schriften von Louis Delluc (DELLUC, *Écrits cinématographiques*) und Jean Epstein (EPSTEIN, *Écrits sur le cinéma* und EPSTEIN, *Schriften zum Kino*), die in Sammelbänden zugänglich sind, sind in der Bibliografie einzelne, für unser Thema relevante Publikationen im Interesse eines schnellen bibliografischen Überblicks mit allen notwendigen Angaben separat aufgeführt.

ABEL, Richard: *French Cinema. The First Wave 1915–1929*. New Jersey: Princeton University Press 1984.

ABEL, Richard: *French Film Theory and Criticism: A History/Anthology*. 2 Bde (Vol. I: 1907–1929, Vol. II: 1929–1939). New Jersey: Princeton University Press 1988.

ABEL, Richard: «The Emergence of Photogénie». In: DERS., *French Film Theory and Criticism*, Bd. I, S. 107–111.

AGAMBEN, Giorgio: *Das Offene. Der Mensch und das Tier.* Reihe: «edition suhrkamp». Frankfurt a. M.: Suhrkamp 2003 [Erstveröffentlichung unter dem Titel *L'aperto. L'uomo e l'animale* bei: Bollati Boringhieri, Turin 2002].

AGEL, Henri: *Jean Grémillon*, Reihe: «Cinéma classique/Série Les Cinéastes», Paris: Lherminier 1984 [Erstveröffentlichung bei: Segher, Paris 1969].

ALBERA, François: *L'Avant-garde au cinéma*. Ohne Angabe des Ortes: Armand Colin 2005.

ALDERSEY-WILLIAMS, Hugh: *Zoomorphic. New Animal Architecture*. Kat. der Ausst. im Victoria and Albert Museum London 2003.

ALPERS, Svetlana: *Kunst als Beschreibung. Holländische Malerei des 17. Jahrhunderts.* Mit einem Vorwort v. Wolfgang Kemp. Köln: DuMont 1998 [Erstveröffentlichung unter dem Titel *The Art of Describing. Dutch Art in the Seventeenth Century* bei: University of Chicaco Press, Chicago 1983].

AMAD, Paula: «‹Cinema's sanctuary›: From predocumentary to documentary film in Albert Kahn's *Archives de la Planète* (1908–1931)». In: *Film History*, Bd. 13, Nr. 2, 2001.

* AMAD, Paula: «‹These Spectacles Are Never Forgotten›: Memory and Reception in Colette's Film Criticism». In: *Camera Obscura*, 59, Bd. 20, Nr. 2, 2005, S. 119–163 (vgl. http://cameraobscura.dukejournals.org/content/vol20/issue2_59/#ARTICLES, 16.06.08).

APOLLINAIRE, Guillaume: *Les Mamelles de Tirésias. Drame surréaliste en deux actes et un prologue. Die Brüste des Tiresias. Surrealistisches Drama in zwei Akten und ein Prolog.* Französisch/Deutsch. Übers. und hg. v. Renate Kroll. Stuttgart: Reclam 1987.

APOLLINAIRE, Guillaume: *Les Peintres Cubistes: Méditations esthétiques*. Paris: Eugène Figuère 1913.

* ARNHEIM, Rudolf: *Film als Kunst.* München: Hanser 1974 (darin inbes. die Konzeption «Die Fliege als Schauspieler», S. 108) [Erstveröffentlichung bei: Ernst Rowohlt, Berlin 1932].

** ARNOLD, Jean Michel: «La grammaire cinématographique: une invention des scientifiques». In: MARTINET, *Le cinéma et la science*, S. 210–217.

ARNOLD, Loy, FARIN, Michael u. SCHMID, Hans: *Nosferatu. Eine Symphonie des Grauens.* München: Belleville 2000.

ARTAUD, Antonin: «La vieillesse précoce du cinéma». In: *Les cahiers jaunes*, Nr. 4, 1933, S. 25.

ARTAUD, Antonin: *Oeuvres Complètes.* Paris: Gallimard 1961 (im Zusammenhang mit der Querelle Artaud/Dulac v.a.: Bd. III mit «La Coquille et le Clergyman [Scénario de film]. Cinéma et Réalité» (1927) im Kap. «Scenarii» und mit anderen Texten im Kap. «À propos du cinéma»; vgl. VIRMAUX, *Artaud/Dulac*).

ASENDORF, Christoph: *Ströme und Strahlen. Das langsame Verschwinden der Materie um 1900.* Reihe: «Werkbund-Archiv», Bd. 18. Giessen: Anabas 1989.

AUMONT, Jacques (Hg.): *Jean Epstein. Cinéaste, poète, philosophe.* Beiträge zur Tagung des Collège d'histoire de l'art cinématographique. Paris: Cinémathèque française 1998.

AUMONT, Jacques: *Les théories des cinéastes.* Ohne Angabe des Ortes: Armand Colin 2005.

BACHELARD, Gaston: *Die Bildung des wissenschaftlichen Geistes. Beitrag zu einer Psychoanalyse der objektiven Erkenntnis.* Übers. v. Michael Bischoff, mit einer Einleitung v. Wolf Lepenies. Frankfurt a. M.: Suhrkamp 1987 [Erstveröffentlichung unter dem Titel *La Formation de l'esprit scientifique. Contribution à une psychoanalyse de la connaissance objective* bei: Librairie Philosophique J. Vrin, Paris 1938].

BAKER, Steve: *The Postmodern Animal.* London: Reaktion Books 2000.

BALÁZS, Béla: *Schriften zum Film. Bd. I: Der sichtbare Mensch, Kritiken und Aufsätze 1922–1926.* Berlin: Henschel 1982.

* BANDA, Daniel u. MOURE, José (Hg.): *Le cinéma: naissance d'un art. Premiers écrits (1895–1920).* Paris: Flammarion 2008.

BARDÈCHE, Maurice u. BRASILLACH, Robert: *Histoire du Cinéma.* Paris: Denoël et Steele 1935.

* BARON, Jacques: «Crustacés». In: *Documents*, Nr. 6, November 1929, S. 332 [mit zwei Abb. aus Jean Painlevés Filmen *Crabes* und *Crevettes* auf S. 331].

BAXANDALL, Michael: *Ursachen der Bilder. Über das historische Erklären von Kunst.* Mit einer Einführung v. Oskar Bätschmann. Berlin: Dietrich Reimer 1990 [Erstveröffentlichung unter dem Titel *Patterns of Intention* bei: Yale University Press, New Haven 1985].

* BAZIN, André: «Beauté du hasard. Le film scientifique». In: DERS.: *Le cinéma français de la Libération à la Nouvelle Vague (1945–1958)*, hg. v. Jean Narboni. Reihe: Petite bibliothèque des Cahiers du cinéma. Paris: Cahiers du cinéma 1998 [1983], S. 317–321 [Erstveröffentlichung in: *L'Écran français*, Nr. 121, 21.10.1947, S. 10]; die zweite Hälfte des Textes veröffentlicht unter dem Titel «À propos de Jean Painlevé». In: DERS.: *Qu'est-ce que le cinéma.* Reihe: «Collections ‹7e Art›». Bd. I «Ontologie et Langage». Paris: Éditions du Cerf 1958, S. 37–39 (mit einer Fotografie v. Jean Painlevé: «Fantastique du macrocinéma – *Assassins d'eau douce* [larve de dytique]»); unter dem Titel «Science Film: Accidental Beauty» in englischer Übers. in: BELLOWS/MCDOUGALL/BERG, *Jean Painlevé*, S. 144–147; unter dem Titel «Schönheit des Zufalls – Der

wissenschaftliche Film» aus dem Französ. übers. v. Ch. H. als Anhang 5 in dieser Arbeit.

BAZIN, André: «Ontologie des fotografischen Bildes». In: DERS.: *Was ist Film?*. Hg. v. Robert Fischer. Übers. aus dem Franz. v. Robert Fischer und Anna Düpee. Berlin: Alexander 2004 [unter dem Titel «L'ontologie de l'image photographique» in: DERS.: *Qu'est-ce que le cinéma? Ontologie et langage*. Bd. 1, Reihe: «7e Art». Paris: Les Éditions du Cerf 1958, S. 16–18; Erstveröffentlichung in: DERS.: *Les problèmes de la peinture*. Hg. v. Gaston Diehl. Paris: Confluences 1945].

BAZIN, André: «Schneiden verboten!». In: DERS.: *Was ist Film?*. Hg. v. Robert Fischer. Berlin: Alexander 2004, S. 75–89 [Erstveröffentlichung unter dem Titel «Montage interdit». In: *Cahiers du cinéma*, Nr. 65, Dezember 1956, S. 32–36 (hier noch ohne die Absätze zu CRIN BLANC aus: «Le réel et l'imaginaire». In: *Cahiers du cinéma*, Nr. 25, Juli 1953, S. 52–55); Erstveröffentlichung als Buchkapitel in DERS.: *Qu'est-ce que le cinéma?*, Paris: Les Editions du Cerf 1975].

* BELLOWS, Andy Masaki u. MCDOUGALL, Marina; mit BERG, Brigitte (Hg.): *Science is Fiction. The Films of Jean Painlevé*. Cambridge Mass./London: The MIT Press und San Francisco: Brico Press 2000

BENJAMIN, Walter: *Das Kunstwerk im Zeitalter seiner technischen Reproduzierbarkeit. Drei Studien zur Kunstsoziologie*. Reihe: «Edition Suhrkamp 28». Frankfurt a. M.: Suhrkamp 1977 [Erstveröffentlichung in einer franz. Übersetzung in der *Zeitschrift für Sozialforschung*, 5. Jahrgang, 1936].

BERG, Brigitte: «Contradictory Forces: Jean Painlevé, 1902–1989». In: BELLOWS/MCDOUGALL/BERG, *Jean Painlevé*, S. 3–47.

* BERG, Brigitte: «Jean Painlevé et l'avant-garde». In: BRENEZ/LEBRAT, *Jeune, dure et pure!*, S. 111–113.

BERGSON, Henri: «Die Wahrnehmung der Veränderung. Vorträge an der Universität Oxford am 26. und 27. Mai 1911». In: DERS.: *Denken und schöpferisches Werden. Aufsätze und Vorträge*. Übers. v. Leonore Kottje. Meisenheim am Glan: Westkulturverlag/Anton Hain 1948 [Erstveröffentlichung unter dem Titel *La pensée et le mouvant. Essais et conférences* bei Alcan, Paris 1934].

BERGSON, Henri: *Materie und Gedächtnis: eine Abhandlung über die Beziehung zwischen Körper und Geist*. Mit einer Einleitung von Erik Oger. Reprint der deutschen Übers. v. Julius Frankenberger in der Ausgabe v. 1919. Hamburg: Meiner 1991 [Erstveröffentlichung unter dem Titel *Matière et Mémoire* bei Alcan, Paris 1896].

BERGSON, Henri: *Schöpferische Entwicklung*. Zürich: Coron o.J. [nach 1964; Erstveröffentlichung unter dem Titel *L'Évolution créatrice* bei Alcan, Paris 1907; deutsche Erstveröffentlichung bei Eugen Diederichs, Jena 1912; für dieses Buch erhält Bergson 1927 den Nobelpreis für Literatur].

BEYME (VON), Klaus: *Das Zeitalter der Avantgarden. Kunst und Gesellschaft 1905–1955*. München: C. H. Beck 2005.

BINET, René: *Natur und Kunst*. Mit Beiträgen v. Robert Proctor und Olaf Breidbach. München etc.: Prestel 2007 [Erstveröffentlichung unter dem Titel *Esquisses décoratives* (4 Teile) bei Librairie Centrale des Beaux-Arts, Paris 1902–1903].

BLÜMLINGER, Christa u. WULFF, Constantin (Hg.): *Schreiben Bilder Sprechen. Texte zum essayistischen Film*. Wien: Sonderzahl 1992.

BÖHM, Gottfried: *Der Maler Max Weiler: das Geistige in der Natur*. Wien: Springer 2001.

BÖHM, Gottfried: «Jenseits der Sprache? Anmerkungen zur Logik der Bilder». In: MAAR/BURDA, *Iconic Turn*, S. 28–43.

BOUHOURS, Jean-Michel: «Das Unbewusste im Film». In: SPIES, *Die surrealistische Revolution*, S. 403–407 [Erstveröffentlichung unter dem Titel «La mécanique cinématographique de l'inconscient». In: SPIES, Werner (Hg.): *La Révolution Surréaliste*. Kat. der Ausst. im Centre Georges Pompidou, Paris 2002].

BOUHOURS, Jean-Michel u. DE HAAS, Patrick (Hg.): *Man Ray, directeur du mauvais movies*. Paris: Centre Georges Pompidou 1997.

BOUSQUET, Henri (Hg.): *Catalogue Pathé des Années 1896 à 1914*. Bd. 1912/1913/1914. Bures-sur-Yvette: Édition Henri Bousquet 1995.

BOUVIER, M. u. LEUTRAT, J.-L.: *Nosferatu*. Paris: Gallimard 1981.

BOZZI, Paola: «Rhapsody in Blue. Vilém Flusser und der Vampyroteuthis infernalis». In: *Flusser Studies*, 01.11.2005, S. 1–20 (auch auf: www.flusserstudies.net/pag/01/bozzi-rhapsody-blue01.pdf, 27.06.2008).

BRANNIGAN, Erin: «‹La Loïe› as Pre-Cinematic Performance – Descriptive Continuity of Movement». In: *Senses of Cinema*, Nr. 28, Sept./Okt., 2003 (http://www.sensesofcinema.com/contents/03/28/la_Loïe.html, 21.10.2009).

* BRAUN, Marta: «Marey, Modern Art and Modernism» (Kap. 7). In: DIES., *Picturing Time*, S. 264–318.

BRAUN, Marta: *Picturing Time. The Work of Etienne-Jules Marey (1830–1904)*. Chicago und London: The University of Chicago Press 1992.

BREDEKAMP, Horst: *Antikensehnsucht und Maschinenglauben. Die Geschichte der Kunstkammer und die Zukunft der Kunstgeschichte*. Reihe: «kleine kulturwissenschaftliche Bibliothek». Berlin: Klaus Wagenbach 1993.

BREDEKAMP, Horst: *Darwins Korallen. Die frühen Evolutionsdiagramme und die Traditon der Naturgeschichte*. Berlin: Wagenbach 2005.

BREDEKAMP, Horst u. BRONS, Franziska: «Fotografie als Medium der Wissenschaft. Kunstgeschichte, Biologie und das Elend der Illustration». In: MAAR/BURDA, *Iconic Turn*, S. 365–381.

BREDEKAMP, Horst, BRÜNING, Jochen u. WEBER, Cornelia (Hg.): *Theater der Natur und Kunst –Theatrum naturae et artis. Wunderkammern des Wissens an der Humboldt-Universität zu Berlin*. Kat. der Ausst. im Martin-Gropius-Bau Berlin. Berlin: Henschel 2001 (Webseite der Ausst.: www2.hu-berlin.de/hzk/theatrum/, 23.03.2010).

BREIDBACH, Olaf: *Ernst Haeckel. Bildwelten der Natur*. München etc.: Prestel 2006.

BRENEZ, Nicole: «Ultra-modern. Jean Epstein – das Kino im Dienst der Kräfte von Transgression und Revolte». In: EPSTEIN, *Schriften zum Kino*, S. 143–154.

BRENEZ, Nicole u. LEBRAT, Christian (Hg.): *Jeune, dure et pure! Une histoire du cinéma d'avantgarde et expérimental en France*. Paris: Cinémathèque française und Mailand: Edizioni Gabriele Mazzota 2001.

BRINCKMANN, Christine Noll: «‹Abstraktion› und ‹Einfühlung› im deutschen Avantgardefilm der 1920er-Jahre». In: DIES.: *Die anthropomorphe Kamera und andere Schriften zur filmischen Narration*. Reihe: «Zürcher Filmstudien 3». Zürich: Chronos 1997, S. 246–275.

BRINCKMANN, Christine Noll: «Brumes d'automne». In: GIMMI, Karin, u.a.: *SvM. Die Festschrift. Für Stanislaus von Moos*. Zürich: gta 2005, S. 22–33.

* BRUNIUS, Jacques-Bernard: *En marge du cinéma français*. Präsentation/Anmerkungen/Kommentare v. Jean-Pierre Pagliano. Reihe: «Ciné-

ma vivant», hg. v. Freddy Buache. Lausanne: L'Age d'Homme 1987, S. 75 f. [Erstveröffentlichung unter demselben Buchtitel in der Reihe «Ombres blanches» bei Arcanes, Paris 1954; Manuskript schon 1947 fertiggestellt; Anmerkungen zu Bull, Painlevé und Dr. Comandon].

BRYSON, Norman: «Das unvollendete Projekt des Surrealismus». In: CU-RIGER, Bice (Hg.): *Hypermental. Wahnhafte Wirklichkeit 1950–2000 von Salvador Dalí bis Jeff Koons.* Kat. der Ausst. im Kunsthaus Zürich 2000, S. 15–19.

** BULL, Lucien: *La Cinématographie.* Paris: Armand Collin 1928.

BURCH, Noël: «A Primitive Mode of Representation?». In: ELSAESSER, Thomas und BARKER, Adam (Hg.): *Early Cinema. Space Frame Narrative.* London: British Film Institute 1990, S. 220–227.

BURCH, Noël: *La Lucarne de l'infini. Naissance du langage cinématographique.* Paris: Éditions Nathan 1990.

* BURCH, Noël: «Primitivism and the Avant-Gardes: A Dialectic Approach». In: ROSEN, Philip (Hg.): *Narrative, Apparatus, Ideology – A Film Theory Reader.* New York: Columbia University Press 1986, S. 483–506.

BURT, Jonathan: *Animals in Film.* London: Reaktion Books 2002.

** CALCAGNO, Frédérique Tristan: *Rhétorique du film scientifique: le cas du film animalier français des années 50 à nos jours.* Dissertation, Université Michel Montaigne Bordeaux 3, 2002.

CANALES, Jimena: «Einstein, Bergson, and the Experiment that Failed: Intellectual Cooperation at the League of Nations». In: *Modern Language Notes*, Nr. 120, 2005, S. 1168–1191 (online auf: http://dash.harvard.edu/handle/1/3210598, [04.06.2011]).

CARROLL, Noël: *Theorizing the Moving Image.* Cambridge etc.: Cambridge University Press 1996.

* CASSOU, Jean: «L'art sous-marin». In: *Art et Décoration*, 01.05.1931, S. 143–150 [über Unterwasserfilme von Jean Painlevé, Ch. H.].

CASTRO, Teresa: «*Les Archives de la Planète.* A cinematographic atlas». In: *Jump Cut*, Nr. 48, 2006 (zit. n. der Onlineausgabe unter: www.ejumpcut.org/archive/jc48.2006/KahnAtlas/index.html, 04.06.2011).

* CENDRARS, Blaise: «La fin du monde filmée par l'Ange N. D.». In: DERS.: *Œuvres complètes.* Bd. II. Paris: Denoël 1961 (darin inbes. 6. Kap. «Cinéma accéléré et cinéma ralenti», S. 41–46) [Erstveröffentlichung als Büchlein bei Éditions de la Sirène, Paris 1919; geschr. 1917; mit einer Farbkomposition v. Fernand Léger].

* CHRISTOLOVA, Lena: «Germaine Dulac: La cinégraphie intégrale». Internetpublikation 2005 auf www.fluctuating-images.de/de/node/158 (01.01.2010).

CLAIR, Jean (Hg.): *Cosmos. From Romanticism to the Avant-garde.* Kat. der Ausst. im Montreal Museum of Fine Arts (Jean-Noël Desmarais Pavilion). München: Prestel 1999.

CLAIR, Jean (Hg.): *L'âme au corps, arts et sciences, 1793–1993.* Kat. der Ausst. in den Galeries nationales du Grand Palais Paris, Paris: Gallimard und Electa 1993/1994.

CLAIR, René: *Cinéma d'hier, cinéma d'aujourd'hui.* Paris: Gallimard 1970.

CLAIR, René: «Deux notes». In: *Les Ca. du mois*, Nr. 16/17, 1925.

CLAIR, René: *Vom Stummfilm zum Tonfilm. Kritische Notizen zur Entwicklungsgeschichte des Films 1920–1950.* Übers. v. Eva Fehsenbecker. München: C. H. Beck 1952 [Erstveröffentlichung unter dem Titel *Réflexion faite. Notes pour servir à l'histoire de l'art cinématographique de 1920 à 1950* bei Éditions N. R. F., Paris 1951].

CLÉBERT, Jean-Paul: *Dictionnaire du Surréalisme.* Paris: Seuil 1996.

* COLETTE: «Cinéma. Magie des films d'enseignement». In: COLETTE, *Colette et le cinéma*, S. 366–370 [Erstveröffentlichung in: *Le Figaro*, 15.06.1924].

COLETTE: *Colette et le cinéma*. Hg. v. Alain und Odette Virmaux mit Alain Brunet. Vorwort v. Claude Pichois. Paris: Fayard 2004 [neue und erweiterte Ausgabe in zwei Teilen: 1. Teil «Dialoges, scénarios, soustitres», 2. Teil «Lettres, critiques, chroniques, entretiens, témoignages» aus den Jahren 1914–1939, 1946–1950 und 1954; Erstveröffentlichung unter dem Titel *Colette au cinéma*, Paris: Flammarion 1975].

* COLETTE: «Extrait de ‹Regardez!›». In: COLETTE, *Colette et le cinéma*, S. 373–376 [Erstveröffentlichung in: *Le Petit Parisien*, 20.03.1941; ein ähnlicher Abschnitt in COLETTE: «Extrait de ‹Printemps›». In: COLETTE, *Colette et le cinéma*, S. 376 f. [Manuskript in der BnF, ca. 1941].

* COLETTE: «Fleurs». In: DIES.: *Prisons et Paradis*. Paris: Ferenczi 1950, S. 165–171 [Erstveröffentlichung 1932 im gleichen Verlag].

COLMAN, Felicity J.: «Cinema, mouvement-image-recognition-time». In: STIVALE, Charles J. (Hg.): *Gilles Deleuze. Key Concepts*. Montreal/Kingston: McGill-Queen's University Press 2005, S. 141–156.

** COMANDON, Jean: «Le cinématographe et les sciences de la nature». In: FESCOURT, *Le Cinéma*, S. 313–322.

** CURTIS, Scott: «Between Observation and Spectatorship: Medicine, Movies and Mass Culture in Imperial Germany». In: KREIMEIER, Klaus und LIGENSA, Annemone (Hg.): *Film 1900: Technology, Perception, Culture*. Eastleigh und Bloomington: John Libbey und Indiana University Press 2009, S. 87–98.

** CURTIS, Scott: «Die kinematographische Methode. Das ‹Bewegte Bild›

und die Brown'sche Bewegung». In: *Montage AV*, 14/2, 2005, S. 23–43.

* CURTIS, Scott: *Managing Modernity: Art, Science and Early Cinema in Germany*. New York: Columbia University Press 2012.

* DAGOGNET, François: *Etienne-Jules Marey. A Passion for the Trace*. New York: Zone Books 1992 [inbes. Kap. 3: «Repercussions and the Culture Industry», S. 131–173; Erstveröffentlichung unter dem Titel *Etienne-Jules Marey. La Passion de la trace* bei Éditions Hazan, Paris 1987].

DALÍ, Salvador: «Art Film, Antiartistic Film». In: GALE, *Dalí & Film*, S. 72–74 [übernommen aus: DALÍ, Salvador: *The Collected Writings of Salvador Dalí*, hg. und übers. v. Haim Finkelstein, Cambridge University Press 1998, S. 53–57; Erstveröffentlichung unter dem Titel: «Film-arte, film-antiartístico». In: *La Gaceta Literaria*, 15.12.1927, S. 4].

* DALÍ, Salvador: «Photography, Pure Creation of the Mind». In: *Salvador Dalí: The Early Years*. Kat. der Ausst. in der Hayward Gallery. London 1994, S. 216 [Erstveröffentlichung unter dem Titel: «La fotografía, pura creacio de l'esperit». In: *L'Amic de les arts*, 30.09.1927, S. 90 f].

* DALÍ, Salvador, MONTANYÀ, Lluis und GASCH, Sebastià: «Cinema». In: DALÍ, Salvador: *L'alliberament dels dits. Obra Catalana Completa*. Präsentiert und hg. v. Fèlix Fanés. Barcelona: Quaderns Crema/Fundació Gala-Salvador Dalí 1995, S. 91 [Erstveröffentlichung in: *L'Amic de les Arts*, Nr. 23, 31.03.1928, S. 175]; Übers. aus dem Katalanischen ins Deutsche v. Ch. H. als Anhang 4 in dieser Arbeit.

DALLE VACCHE, Angela (Hg.): *The Visual Turn: Classical Film Theory and Art History*. Reihe: «Rutgers depth of field series». New Brunswick etc.: Rutgers University Press 2003.

** DAVIES, Gail: *Networks of Nature: Stories of Natural History Film making* *from the BBC*. Dissertation, University College London, 1998.

DECKER, Christoph: «Grenzgebiete filmischer Referenzialität. Zur Konzeption des Dokumentarfilms bei Bill Nichols». In: *Montage AV*, 3/1, 1994.

DELEUZE, Gilles: *Das Bewegungs-Bild. Kino 1*. Reihe: «Suhrkamp Taschenbuch Wissenschaft», 1288. Frankfurt a. M.: Suhrkamp 1997 [Erstveröffentlichung unter dem Titel *Cinéma 1. L'image-mouvement* bei: Les Éditions de Minuit, Paris 1983].

DELEUZE, Gilles: *Das Zeit-Bild. Kino 2*. Reihe: «Suhrkamp Taschenbuch Wissenschaft, 1289. Frankfurt a. M.: Suhrkamp 1997 [Erstveröffentlichung unter dem Titel *Cinéma 2. L'image-temps* bei: Les Éditions de Minuit, Paris 1985].

DELEUZE, Gilles: *Henri Bergson zur Einführung*. Hg. u. übers. v. Martin Weinmann. Reihe: «Zur Einführung», 236. Hamburg: Junius 2001 [Erstveröffentlichung unter dem Titel *Le Bergsonisme* bei: Presses Universitaires de France, Paris 1966].

DELLUC, Gilles: *Louis Delluc, 1890–1924. L'éveilleur du cinéma français au temps des années folles*. Paris/Périgueux: Les Indépendants du 1er siècle/Pilote 24 édition 2002.

DELLUC, Louis: *Écrits cinématographiques*. Hg. v. Pierre Lherminier. Gesamtausgabe in 3 (beziehungsweise 4) Bd. (I «Le Cinéma et les Cinéastes» / II «Cinéma et Cie» / IIbis «Le Cinéma au quotidien» / III «Drames de Cinéma. Scénarios et projets de film»), Paris: Cinémathèque française 1985–1990.

* DELLUC, Louis: «Éditorial». In: *Cinéa-Ciné-pour-tous*, 02.12.1921, S. 10.

DELLUC, Louis: «Photogénie» [I]. In: DERS.: *Écrits cinématographiques*. Bd. II/2, S. 275 [Erstveröffentlichung in: *Paris Midi*, 29.06.1918; abgesehen von den letzten drei Absätzen floss dieser Artikel in die Kapitel «Photo-

graphie» und «Photogénie» seines zwei Jahre später erschienenen Buches *Photogénie* ein (s. u. DELLUC, Photogénie II), Ch. H.].

* DELLUC, Louis: «Photogénie» [II]. In: DERS.: *Écrits cinématographiques*. Bd. I, S. 29–77 [inbes. S. 33 u. 34; Erstveröffentlichung unter dem Buchtitel *Photogénie* bei Éditions de Brunoff, Paris 1920; die Kapitel «Photographie» und «Photogénie» – und mit ihnen die Verweise auf den wissenschaftlichen Film auf S. 33 u. 34 – gehen auf den Artikel «Photogénie» aus dem Jahr 1918 (DELLUC, Photogénie I, s. o.) zurück; dieselben Textstellen auf Deutsch in: DELLUC, Photographie, S. 90 u. 91; Ch. H.].

DELLUC, Louis: «Photogénie» [III]. In: DERS.: *Écrits cinématographiques*. Bd. II, S. 273–275 [Erstveröffentlichung in: *Comoedia illustré*, Juli/August 1920].

* DELLUC, Louis: «Photographie». In: FREUNDE DER DEUTSCHEN KINEMATHEK: *Stationen der Moderne im Film*. Bd. 2. Übers. ins Deutsche v. Nils Thomas Lindquist. S. 90–92 [Man beachte, dass diese Übers. unter dem Titel «Photographie» neben den beiden Kap. «Photographie» und «Photogénie» aus *Photogénie* (1920) (beziehungsweise neben den entsprechenden Textstellen aus dem Artikel in *Paris Midi* von 1918) ohne dies erkenntlich zu machen auch noch die zweite (beziehungsweise die dritte) Textquelle mit dem Titel «Photogénie» aus *Comoedia illustré* (1920) dazusetzt, die ursprünglich, und auch in den gesammelten Schriften, immer getrennt von den anderen Texten erschienen ist; Ch. H.].

** DELMEULLE, Frédéric: *Contributions à l'histoire du cinéma documentaire en France. Le cas de L'Encyclopédie Gaumont (1909–1929)*. Dissertation, Paris 3/Sorbonne Nouvelle, 1999.

DE PASTRE (Hg.): *Filmer la science, comprendre la vie. Le cinéma de Jean Comandon*. Paris: CNC 2012.

DE ROUBAIX, Paul: «Le milieu subaquatique et le cinéma scientifique français». In: MARTINET, *Le cinéma et la science*, S. 148–165.

* DESNOS, Robert: «‹Mouvements accélérés›, ‹Une Belle Journée›, ‹Kean ou Désordre et génie›, ‹Le Dernier des hommes›, ‹L'Affiche›». In: DERS.: *Les Rayons et les ombres. Cinéma.* Hg. v. Marie-Claire Dumas. Paris: Gallimard 1992, S. 67f. [Erstveröffentlichung in: *Journal Littéraire*, 18.04.1925; über einen Film mit Seifenblasendurchschuss in Zeitlupe von Lucien Bull (*Mouvements ralentis*) u. vegetabile Zeitrafferfilme ohne Angabe zur Urheberschaft (*Mouvements accélérés*); Ch. H.].

* DESNOS, Robert: «‹Quel malaise nous avons éprouvé …›». In: DERS.: *Les Rayons et les ombres. Cinéma.* Hg. v. Marie-Claire Dumas. Paris: Gallimard 1992, S. 63f. [Erstveröffentlichung in: *Journal Littéraire*, 04.04.1925; Anmerkungen über wissenschaftliche Filme von Lucien Bull; Ch. H.].

* DESNOS, Robert: «‹Records 37›, découpage pour le film documentaire réalisé par J.-B. Brunius et Jean Tarride». In: DERS.: *Les Rayons et les ombres. Cinéma.* Hg. v. Marie-Claire Dumas. Paris: Gallimard 1992, S. 243–284 [1937 realisierter Drehbuchentwurf eines nicht realisierten Films; s. insbesondere S. 277 mit der Planung einer Painlevé-Sequenz; Ch. H.].

DIAMANT-BERGER, Henri: *Il était une fois le cinéma …* Paris: Jean-Claude Simoën 1977.

DIDI-HUBERMAN, Georges: *Phasmes. Essays über Erscheinungen von Photographien, Spielzeug, mystischen Texten, Bildausschnitten, Insekten, Tintenflecken, Traumerzählungen, Alltäglichkeiten, Skulpturen, Filmbildern …* Übers. aus dem Französischen v. Christoph Hollender. Köln: DuMont 2001 [Erstveröffentlichung unter dem Titel: *Phasmes. Essays sur l'apparition* bei: Éditions de Minuit, Paris 1998].

* DIDI-HUBERMAN, George u. MANNONI, Laurent (Hg.): *Mouvements de l'air. Etienne-Jules Marey, photographe des fluides.* Kat. d. Ausst. im Musée d'Orsay, Paris. Reihe: «Art et artistes». Paris: Gallimard/Réunion des musées nationaux 2004.

DOANE, Mary Ann: *The Emergence of Cinematic Time. Modernity, Contingency, The Archive.* Cambridge (Mass.) u. London: Harvard University Press 2002.

DÖGE, Frank Ulrich: *Pro- und antifaschistischer Neorealismus. Internationale Rezeptionsgeschichte, literarische Bezüge und Produktionsgeschichte von «La nave bianca» und «Roma città aperta», die frühen Filme von Roberto Rossellini und Francesco De Robertis.* Dissertation, Freie Universität Berlin 2004 (auch auf: www.diss.fu-berlin.de/2004/283/index.html, 02.02.2010).

** DO O'GOMES, Isabelle: «L'oeuvre de Jean Comandon». In: MARTINET, *Le cinéma et la science*, S. 78–85.

** DO O'GOMES, Isabelle: «Un laboratoire de prises de vues scientifiques à l'usine Pathé de Vincennes 1910–1926». In: *Pathé, premier empire du cinéma.* Kat. der Ausst. im Centre Georges Pompidou Paris 1994, S. 140f.

DUCHAMP, Marcel: *Die Schriften, I. Zu Lebzeiten veröffentlichte Texte.* Übers., kommentiert und hg. v. Serge Stauffer. Zürich: Ruff 1994.

* DULAC, Germaine: «Das Kino der Avantgarde – Die Werke des avantgardistischen Films. Ihre Bestimmung im Verhältnis zum Publikum und zur Filmindustrie». In: GRAMANN et al., *Dulac*, S. 70–81, insbes. S. 76 [Erstveröffentlichung

1932 unter dem Titel «Le Cinéma d'avant-garde – Les Œuvres d'avant-garde cinématographique. Leur destin devant le public et l'industrie du film», in: FESCOURT, Le Cinéma].

DULAC, Germaine: Écrits sur le cinéma (1919–1937). Hg. v. Prosper Hillairet. Reihe: «Classiques de l'Avantgarde». Paris: Éditions Paris Expérimental 1994.

* DULAC, Germaine: «Von der Empfindung zur Linie». Übers. aus dem Franz. v. Marijke van Nispen tot Sevenaer. In: GRAMANN et al., Dulac, S. 58–61 [Erstveröffentlichung unter dem Titel «Du sentiment à la ligne» in: Schémas, 1. und einzige Nr., Februar 1927; auch in: DULAC, Écrits, S. 87–89]; Auszüge aus dieser Übers. im Anhang 3 dieser Arbeit.

DUROZOI, Gérard: Histoire du mouvement surréaliste. Paris: Hazan 1997.

ECO, Umberto: Das offene Kunstwerk. Frankfurt a. M.: Suhrkamp 1973 [Erstveröffentlichung unter dem Titel: Opera aperta bei Bompiani, Mailand 1962].

EINSTEIN, Albert: Mein Weltbild. Frankfurt a. M. u. a.: Ullstein 1965.

EINSTEIN, Albert: «Über die von der molekularkinetischen Theorie der Wärme geforderte Bewegung von in ruhenden Flüssigkeiten suspendierten Teilchen». In: Annalen der Physik, Bd. 17, 1905, S. 549–560.

ELSAESSER, Thomas: «Dada/Cinéma?». In: KUENZLI, Dada and Surrealist Film, S. 13–28.

ELUARD, Paul: Les animaux et leurs hommes, les hommes et leurs animaux. Avec cinq dessins d'André Lhote. Paris: Au Sans Pareil 1920.

* EPSTEIN, Jean: «Bonjour Cinéma». Kollektive Übers. In: EPSTEIN, Schriften zum Kino, S. 28–36 [insbes. S. 29 u. 36; die kollektive Übers. ins Deutsche lässt den Schluss weg, u. a. das Kap. «Grossissement»; vollst. Originaltext in: EPSTEIN, Écrits sur le cinéma, Bd. I, S. 81–104; Erstveröffentlichung unter dem Buchtitel Bonjour Cinéma bei: Éditions de la Sirène, Paris 1921; Ch. H.].

EPSTEIN, Jean: Bonjour Cinéma. Reihe: «Collection des Tracts». Paris: Éditions de la Sirène 1921 (wiederaufgelegt bei Maeght, Paris 1993).

EPSTEIN, Jean: Bonjour Cinéma und andere Schriften zum Kino. Hg. v. Nicole Brenez und Ralph Eue. Reihe: «FilmmuseumSynemaPublikationen», Bd. 7. Wien: Synema – Gesellschaft für Film und Medien 2008.

* EPSTEIN, Jean: «Der Ätna, vom Kinematographen her betrachtet». In: DERS., Schriften zum Kino, S. 43–54 [insbes. S. 44 f., S. 47 u. im Kap. «Über einige Eigenschaften des Photogénies» die S. 51; man beachte in dieser Übersetzung des Titels den Austausch der syntaktischen Positionen von «Kinematograph» und «Ätna»! Die kollektive Übers. ins Deutsche lässt wiederum den Schluss weg, vollst. Originaltext unter dem Titel «Le Cinématographe vu de l'Etna» in: EPSTEIN, Écrits sur le cinéma, Bd. I, S. 131–152; dort die entsprechenden Stellen: S. 133–134, S. 136 u. im Kap. «De quelques conditions de la photogénie» die S. 139; Erstveröffentlichung unter dem Buchtitel Le Cinématographe vu de l'Etna bei Les Écrivains Réunis, Paris 1926; zum Kap. «Über einige Eigenschaften des Photogénies» s. in der Bibliographie unter «EPSTEIN, Eigenschaften des Photogénies»; Ch. H.]; Auszüge aus dieser kollektiven Übers. in Anhang 2 dieser Arbeit.

* EPSTEIN, Jean: «Des mondes tombent dans un espace de lumière …». In: AUMONT, Jean Epstein (Tagung), S. 9 [Separate Veröffentlichung (!) eines Teils aus Le Cinématographe vu de l'Etna (1926) in: Photo-Ciné, Februar/März 1928; auch in: EPSTEIN, Écrits sur le cinéma, Bd. I, S. 133; Ch. H.].

EPSTEIN, Jean: *Écrits sur le cinéma 1921–1953*. 2 Bde. Hg. v. Pierre Lherminier. Mit einem Vorwort v. Henri Langlois und einer Einführung v. Pierre Leprohon. Reihe: «Cinéma Club». Paris: Seghers 1974/1975.

EPSTEIN, Jean: «L'Élement photogénique». In: *Cinéa-Ciné-pour-tous*, Nr. 12, 01.05.1924, S. 7 [später eingearbeitet in *Le Cinématographe vu de l'Etna* (EPSTEIN, *Écrits sur le cinéma*, Bd. I, S. 144–151), Ch. H.].

* EPSTEIN, Jean: «Le Cinéma du Diable». In: EPSTEIN, *Écrits sur le cinéma*, Bd. I, S. 335–410 [inbes. in den Kap. «L'hérésie moniste», S. 386, u. «L'hérésie panthéiste», S. 389; Erstveröffentlichung unter dem Buchtitel *Le Cinéma du Diable* bei: J. Melot, Paris 1947].

* EPSTEIN, Jean: «Le Monde fluide de l'écran». In: EPSTEIN, *Écrits sur le cinéma*, Bd. II, S. 145–158 [inbes. in Kap. «Diversification du temps», S. 149; Erstveröffentlichung in: *Les Temps modernes*, Nr. 56, Juni 1950; Ch. H.].

EPSTEIN, Jean: «Photogénie des Unwägbaren». In: DERS., *Schriften zum Kino*, S. 75–79 [französischer Originaltext unter dem Titel «Photogénie de l'impondérable» in: EPSTEIN, *Écrits sur le cinéma*, Bd. I, S. 249–253; Erstveröffentlichung unter dem Broschürentitel *Photogénie de l'impondérable* bei Éditions Corymbe, Paris 1935].

* EPSTEIN, Jean: «Über einige Eigenschaften des Photogénies». Kap. in: DERS.: «Der Ätna, vom Kinematographen her betrachtet», in: DERS., *Schriften zum Kino*, S. 48–54; inbes. S. 51 [Erstveröffentlichung unter dem Titel «De quelques conditions de la photogénie» in: *Cinéa-Ciné-pour-tous*, Nr. 19, 15.08.1924 (vgl. ABEL, *French Film Theory and Criticism*, S. 314); dieser Artikel, der später in *Le Cinématographe vu de l'Etna* eingearbeitet wurde (EPSTEIN, *Écrits sur le cinéma*, Bd. I, S. 137–142), entspricht dem Text, der den Vorträgen zugrundelag, die Epstein in den Jahren 1923 und 1924 an verschiedenen Orten hielt: 1923 am Salon d'Automne; am 1. Dezember 1923 bei der Groupe Paris-Nancy in Nancy; am 7. Januar 1924 im Pathé-Palace in Montpellier; am 15. Juni 1924 bei der Groupe d'études philosophiques et scientifiques an der Sorbonne (Angaben aus: EPSTEIN, *Écrits sur le cinéma*, Bd. I, S. 137); Ch. H.].

ÉSPACE EDF ELECTRA (Hg.): *De l'homme et des insectes. Jean-Henri Fabre 1823–1915*. Kat. der Ausst. im Éspace EDF Electra (Paris). Paris: Somogy Éditions d'Art 2003.

FABRE, Jean-Henri: *La Vie des Insects. Morceaux choisis. Extraits des Souvenirs Entomologiques*. Paris: Librairie Ch. Delagrave 1910.

FABRE, Jean-Henri: *Souvenirs Entomologiques. Études sur l'Instinct et les Moeurs des Insectes*. Édition définitive illustrée. 10 Bde. Bd. 11 mit Biographie über Fabres Leben v. Dr. G. V. Legros [1913]. Paris: Librairie Ch. Delagrave 1919–1923.

FAHLE, Oliver: *Jenseits des Bildes: Poetik des französischen Films der 1920er-Jahre*. Mainz: Bender 2000 (Dissertation der Bauhausuniversität Weimar 1999).

FAHLE, Oliver u. ENGEL, Lorenz (Hg.): *Der Film bei Deleuze*. Abdruck der Beiträge am filmwissenschaftlichen Kolloquium «Der Film bei Deleuze/Le cinéma selon Deleuze» an der Hochschule für Architektur und Bauwesen Weimar (3.–7. Oktober 1995), zweisprachig. Weimar: Verlag der Bauhaus-Universität und Paris: Presses de la Sorbonne Nouvelle 1995.

FANÉS, Félix: «Mannequins, Mermaids and the Bottoms of the Sea. Salvador Dalí and the New York World's Fair of 1939». In: AGUER, Montse

(Hg.): *Salvador Dalí. Dream of Venus*. Barcelona: Fundació La Caixa/ Fundació Gala Salvador Dalí 1999, S. 9–117.

* FAURE, Élie: «De la cinéplastique». In: BANDA/MOURE, *Le cinéma: naissance d'un art*, S. 495–503 [insbes. S. 499; Erstveröffentlichung in: *La Grande Revue*, Nr. 11, November 1920, S. 57–72; Ch. H.].

FAYET, Roger (Hg.): *Unter Wasser. Kunst im Submarinen*. Kat. der Ausst. im Museum Bellerive Zürich 2001.

FEININGER, Andreas: *Das Antlitz der Natur*. München/Zürich: Knaur 1957 [Erstveröffentlichung unter dem Titel *The Anatomy of Nature* bei: Dover, New York 1956].

FELIX, Jürgen (Hg.): *Moderne Film Theorie*. Mainz: Bender 2003 [darin: Lorenz Engell/Oliver Fahle: «Film-Philosophie» – Filmanalyse v. «Winterschläfer», S. 222–245 und Joachim Paech: «Intermedialität des Films» – Filmanalyse v. PASSION, S. 287–316; Ch. H.].

* FESCOURT, Henri (Hg.): *Le Cinéma. Des origines à nos jours*. Paris: Éditions du Cygne 1932 [mit Beiträgen v. Dr. Jean Comandon («Le cinématographe et les sciences de la nature»), Germaine Dulac («Le cinéma d'avant-garde»), Joé Hamman («De la photogénie dans ses rapports avec les objets, les êtres et la nature»), u. a.].

FEYERABEND, Paul: *Die Vernichtung der Vielfalt. Ein Bericht*. Übers. aus dem Englischen v. Volker Böhnigk und Rainer Noske. Wien: Passagen 2005 [Erstveröffentlichung unter dem Titel *Conquest of Abundance: A Tale of Abstraction versus the Richness of Being* bei: University Of Chicago Press, Chicago 2001].

FLACH, Sabine u. VÖHRINGER, Margarete (Hg.): *Ultravision. Zum Wissenschaftsverständnis der Avantgarde*. Paderborn: Fink 2010.

FLAGMEIER, Renate: «Loïe Fuller. Die Sichtbarmachung des Unsichtbaren». In: NEYER, *Absolut modern sein*, S. 179–189.

FLUSSER, Vilém u. BEC, Louis: *Vampyroteuthis infernalis. Eine Abhandlung samt Befund des Institut Scientifique de Recherche Paranaturaliste*. Göttingen: European Photography 2002 [Erstveröffentlichung 1987 im gleichen Verlag].

FORSTER, Kurt W. et al. (Hg.): *Metamorph*. Kat. der 9. Internationalen Architekturausstellung in Venedig «La Biennale di Venezia» unter der Direktion v. Kurt W. Forster. New York: Rizzoli 2004.

* FREUD, Sigmund: «Die Symbolik im Traum». In: DERS.: *Vorlesungen zur Einführung in die Psychoanalyse. Und Neue Folge*. Studienausgabe Bd. I. Frankfurt a. M.: S. Fischer Verlag 1969, S. 159–177 [in Bezug auf aquatische surrealistische Bilder insbes. S. 165 u. 167; Erstveröffentlichung bei: H. Heller, Leipzig und Wien 1916; Ch. H.].

FREUNDE DER DEUTSCHEN KINEMATHEK (Hg.): *Stationen der Moderne im Film*, red. v. Helma Schleif. 2 Bde (Bd. 1: *Film und Foto: eine Ausstellung des Deutschen Werkbunds. Stuttgart 1929: Rekonstruktion des Filmprogramms*. 1988. Bd. 2: *Texte. Manifeste. Pamphlete*. 1989), Berlin: Freunde der Deutschen Kinemathek 1988/1989.

FRY, Edward F. (Hg.): *Der Kubismus*. Köln: DuMont 1966 [Erstveröffentlichung unter dem Titel *Cubism* bei: Thames & Hudson, London 1966].

GALE, Matthew: «*L'Âge d'Or*». In: GALE, *Dalí & Film*, S. 94–103.

GALE, Matthew (Hg.): *Dalí & Film*. Kat. der Ausst. in der Tate Modern London 2007.

GALERIE SUSANNA KULLI (Hg.): *Zeljka Marusic und Andreas Helbling. Do you want a camel or a horse?*. Pressetext der Ausst. in der Galerie Susanna Kulli (gemeinsam mit den Galerien Mark Müller und art-magazin) Zürich 2004.

GANCE, Abel: *Un soleil dans chaque image*. Textsammlung hg. v. Roger Icart. Paris: CNRS/Cinémathèque française 2002.

GAUTHIER, Christophe: *La Passion du Cinéma: Cinéphiles, ciné-clubs et salles spécialisées à Paris de 1920 à 1929*. Hg. v. der Association française de recherche sur l'histoire du cinéma (AFRHC), Paris: AFRHC/École Nationale des Chartes 1999.

** GAYCKEN, Oliver: «‹A Drama Unites Them in a Fight to the Death›: Some Remarks on the Flourishing of a Cinema of Scientific Vernacularization in France, 1909–1914». In: *Historical Journal of Film, Radio and Television*, 22, August 2002, S. 353–374.

* GAYCKEN, Oliver: «Das Privatleben des *Scorpion languedocien*: Ethologie und *L'Âge d'Or* (1930)». In: *Montage AV*, 14/1, 2005, S. 44–51.

** GAYCKEN, Oliver: *Devices of Curiosity: Cinema in the Field of Scientific Visuality*. Dissertation, University of Chicago, Department of English, 2005 (Veröffentlichung geplant unter dem Titel *Devices of Curiosity: Cinema and the Scientific Vernacular*).

GAYCKEN, Oliver: «The Sources of *The Secrets of Nature*: The Popular Science Film at Urban, 1903–1911». In: BURTON, Alan und PORTER, Laraine (Hg.): *Scene-Stealing: Sources for British Cinema Before 1930*. Trowbridge: Flicks Books 2003.

GEIMER, Peter (Hg.): *Ordnungen der Sichtbarkeit: Fotografie in Wissenschaft, Kunst und Technologie*. Reihe: «Suhrkamp Taschenbuch Wissenschaft», 1538. Frankfurt a. M.: Suhrkamp 2002.

GEORGES-MICHEL, Michel: «Henri Bergson spricht zu uns über das Kino». In: *Kintop. Jahrbuch zur Erforschung des frühen Films*, Nr. 12 (Thema: «Theorien zum frühen Kino»), 2003, S. 9–11 [Erstveröffentlichung in: *Le Journal*, 20. Februar 1914].

* GILBERT-LECOMTE, Roger: «L'alchimie de l'œil. Le cinéma, forme de l'esprit». In: *Les cahiers jaunes*, Nr. 4, 1933, S. 26–31.

GILL, Bernhard: *Streitfall Natur. Weltbilder in Technik- und Umweltkonflikten*. Opladen: Westdeutscher Verlag 2003 (zugl. Habilitationsschrift, LMU München).

* GOLL, Ivan: «Exemple de surréalisme: le cinéma». In: PAINLEVÉ, *Painlevé*, S. 44 [Erstveröffentlichung in: *Surréalisme*, Nr. 1 (einzige Nummer). Hg. v. Ivan Goll. Oktober 1924, o. S.; auch in: *Europe. Revue mensuelle*, Nr. 475/476, November/Dezember 1968, S. 113 f.].

GOUDAL, Jean: «Surréalisme et cinéma». In: VIRMAUX, *Les surréalistes et le cinéma*, S. 305–317 [Erstveröffentlichung in: *La Revue hebdomadaire*, Februar 1925; in engl. Übers. unter dem Titel «Surrealism and cinema» in: ABEL, *French Film Theory and Criticism*, Bd. I, S. 353–361].

* GRAFE, Frieda: «Ein Wilderer – Jean Painlevé, 1902–1989». In: *Cinema*, Nr. 42 (Thema: «CineZoo»), 1997, S. 9–19.

GRAMANN, Karola et al. (Hg.): *L'Invitation au Voyage. Germaine Dulac*. Publikation der Retrospektive im Kino im Deutschen Filmmuseum Frankfurt a. M. und des internationalen Symposiums unter dem gleichnamigen Titel daselbst. Hg. v. den Freunden der Deutschen Kinemathek e.V. und von der Kinothek Asta Nielsen e.V. Gleichzeitig als: *Kinemathek*, 39. Jahrgang, Nr. 93, Oktober 2002.

GREENBERG, Clement: «Zu einem neueren Laokoon». In: DERS.: *Die Essenz der Moderne. Ausgewählte Essays und Kritiken*. Hg. v. Karlheinz Lüdeking. Reihe: «Fundus», 133. Amsterdam/Dresden: Verlag der Kunst 1997 [Erstveröffentlichung unter dem Titel «Towards a Newer Laokoon». In: *Partisan Review*, Nr. 4, Juli / August 1940].

* GUNNING, Tom: «An Aesthetic of Astonishment: Early Film and the (In)Credulous Spectator». In: WILLIAMS, Linda (Hg.): *Viewing Positions*. New Brunswick: Rutgers University Press 1995, S. 114–133 [Erstveröffentlichung in: *Art and Text*, 34, Frühling 1989].

GUNNING, Tom: «An Unseen Energy Swallows Space: The Space in Early Film and its Relation to American Avant-Garde Film». In: FELL, John L. (Hg.): *Film Before Griffith*. Berkeley u. a.: University of California Press 1983, S. 355–366.

* GUNNING, Tom: «The Cinema of Attractions: Early Film, Its Spectator and the Avant-Garde». In: ELSAESSER, Thomas und BARKER, Adam (Hg.): *Early Cinema. Space, Frame, Narrative*. London: British Film Institute 1990, S. 56–62 [Erstveröffentlichung in: *Wide Angle*, Bd. 8, Nr. 3 / 4, 1986; unter dem Titel «Das Kino der Attraktionen. Der frühe Film, seine Zuschauer und die Avantgarde» auch auf Deutsch erschienen in: *Meteor*, Nr. 4, Wien 1996].

HADORN, Ernst: *Probleme der Vererbung*. Hg. vom Schweizer Fernsehen und bearbeitet von Pedro Galliker. Bebilderte Abschrift einer sechsteiligen populärwissenschaftlichen Fernsehausstrahlung des Schweizer Fernsehens. Reihe: «Das Buch zum Fernsehen». Basel: Friedrich Reinhardt Verlag 1968.

HAECKEL, Ernst: *Kristallseelen. Studien über das anorganische Leben*. Reprint. Reihe: «Edition Classic». Saarbrücken: Verlag Dr. Müller 2006 [Erstveröffentlichung bei: Alfred Kroner, Leipzig 1917].

HAECKEL, Ernst: *Kunstformen aus dem Meer. Der Radiolarien-Atlas von 1862*. Mit einer Einführung v. Olaf Breidbach. München etc.: Prestel 2005.

HAECKEL, Ernst: *Kunstformen der Natur. Hundert Illustrationstafeln mit beschreibendem Text. Allgemeine Erläuterung und systematische Übersicht*. Reprint. Mit einem Prolog von Prof. Dr. Jochen Martens. Wiesbaden: Marix 2004 [Erstveröffentlichung beim Bibliographischen Institut, Leipzig u. Wien 1904].

* HÄFKER, Hermann: «Die Schönheit der natürlichen Bewegung». In: DIEDERICHS, Helmut H. (Hg.): *Geschichte der Filmtheorie. Kunsttheoretische Texte von Méliès bis Arnheim*. Reihe: «Suhrkamp Taschenbuch Wissenschaft», 1652. Frankfurt a. M.: Suhrkamp 2004, S. 91–101 [Erstveröffentlichung als Kap. 4 in: DERS.: *Kino und Kunst*. M. Gladbach: Volksvereins-Verlag 1913].

* HAMERY, Roxane: *Jean Painlevé (1902–1989). Un cinéaste au service de la science*. Dissertation, Université de Rennes 2, Oktober 2004 [vgl. HAMERY, *Jean Painlevé*].

* HAMERY, Roxane: *Jean Painlevé. Le cinéma au cœur de la vie*. Reihe: «Le Spectaculaire». Rennes: Presses universitaires de Rennes 2008 [vgl. HAMERY, Diss.,*Jean Painlevé*].

HAMMAN, Joé: «De la photogénie dans ses rapports avec les objets, les êtres et la nature». In: FESCOURT, *Le Cinéma*, S. 303–312.

HAMMOND, Paul: *L'Âge d'Or*. Reihe: «BFI Film Classics». London: British Film Institute 1997.

HAMMOND, Paul (Hg.): *The Shadow and its Shadow. Surrealist Writings on Cinema*. Mit einer Einführung v. Hg., London: BFI 1978.

HARRIS, Margaret Haile (Hg.): *Loie Fuller. Magician of Light*. Kat. der Ausst. im Virginia Museum of Fine Arts, Richmond 1979.

HEDIGER, Vinzenz: «‹Mogeln, um besser sehen zu können, ohne deswegen den Zuschauer zu täuschen›. Tierfilme, Vertragsbrüche und die

Justiziabilität von kommunikativen Kontrakten». In: *Montage AV*, 11/2 (Thema: «Pragmatik des Films»), 2002, S. 87–96.

HENDERSON, Linda Dalrymple: *Duchamp in context. Science and Technology in the Large Glass and Related Works*. Princeton: Princeton University Press 1998.

HENDERSON, Linda Dalrymple: «Mystik, Romantik und die vierte Dimension». In: TUCHMAN und FREEMAN, *Das Geistige in der Kunst*, S. 219–237.

HENDERSON, Linda Dalrymple: *The Forth Dimension and Non-Euclidean Geometry in Modern Art*. Cambridge/Mass.: MIT Press 2008 [Erstveröffentlichung bei: Princeton University Press, Princeton 1983].

HENDERSON, Linda Dalrymple: «Theo van Doesburg. ‹Die vierte Dimension› und die Relativitätstheorie in den 1920er-Jahren». In: BAUDSON, Michel (Hg.): *Zeit – Die vierte Dimension in der Kunst*. Kat. der Ausst. in der Kunsthalle Mannheim, Weinheim: Acta Humanoria 1985, S. 195–205.

HEU, Pascal Manuel: *Le Temps du cinéma. Émile Vuillermoz, père de la critique cinématographique 1910–1930*. Paris: L'Harmattan 2003.

HINTERWALDNER, Inge u. BUSCH-HAUS, Markus (Hg.): *The Picture's Image. Wissenschaftliche Visualisierungen als Komposit*. München: Wilhelm Fink Verlag 2006.

HOLLÄNDER, Hans: «Aspekte einer ‹Besichtigung der Moderne›». in: HOLLÄNDER/THOMSEN, *Besichtigung der Moderne*, S. 11–20.

HOLLÄNDER, Hans u. THOMSEN, Christian W. (Hg.): *Besichtigung der Moderne: Bildende Kunst, Architektur, Musik, Literatur, Religion. Aspekte und Perspektiven*. Köln: DuMont 1987.

HOOKE, Robert: *Micrographia: Or some Physiological Descriptions of Minute Bodies made by Magnifying Glasses with Observations and Inquiries there upon*. London: Jo. Martyn and Ja. Allestry – Printers to the Royal Society 1665.

* HORAK, Jan-Christopher: «Auto, Eisenbahn und Stadt – frühes Kino und Avantgarde». In: *Kintop. Jahrbuch zur Erforschung des frühen Films*, Nr. 12 (Thema: «Theorien zum frühen Kino»), 2003, S. 95–119.

** JACQUINOT, Geneviève: *Image et pédagogie. Analyse sémiologique du film à intention didactique*. Paris: Presses universitaires de France 1977.

JARRY, Alfred: *Œvres complètes*. Hg. v. Michel Arrivé, Paris: Gallimard 1972.

JEANCOLAS, Jean-Pierre: «N.V.D. 28, appel à témoins». In: *100 années Lumière, rétrospective de l'œuvre des grands cinéastes français de Louis Lumière jusqu'à nos jours*. Paris: Intermédia 1989.

KACHUR, Lewis: *Displaying the Marvelous: Marcel Duchamp, Salvador Dalí, and Surrealist Exhibition Installations*. Cambridge (Mass.): The MIT Press 2001.

KAHNWEILER, Daniel-Henry: *Der Weg zum Kubismus*, Stuttgart: Gerd Hatje 1958 [Erstveröffentlichung bei Delphin, München 1920].

KANDINSKY, Wassily: *Punkt und Linie zu Fläche. Beitrag zur Analyse der malerischen Elemente*. Mit einem Vorwort von Max Bill. Bern-Bümpliz: Benteli 1973 [Erstveröffentlichung als Band 9 der «Bauhaus-Bücher» 1926].

KARDISH, Laurence: «Francis Picabia. Entr'acte». In: UMLAND, Anne u. SUDHALTER, Adrian (Hg.): *Dada in the Collection of the Museum of Modern Art*. Reihe: «Studies in Modern Art», Nr. 9. New York: MoMA 2008.

KEMP, Martin: *Bilderwissen. Die Anschaulichkeit naturwissenschaftlicher Phänomene*. Übers. u. ergänzt

v. Jürgen Blasius, Köln: DuMont 2003 [eine Sammlung von Kemps Artikeln, die in der Zeitschrift *Nature* im Rahmen der Rubriken «Art and Science», «Science and Image» u. «Science and Culture» u. der «Millennium»-Reihe erschienen waren; Erstveröffentlichung unter dem Titel *Visualizations: The Nature Book of Art and Science*, New York u. a.: Oxford University Press 2000; Ch. H.].

KEMP, Martin: «Structural Intuition and Metamorphic Thinking in Art, Architecture and Science». In: FORSTER, *Metamorph*, S. 30–43.

KEMP, Martin: «Wissen in Bildern. Intuitionen in Kunst und Wissenschaft». In: MAAR/BURDA, *Iconic Turn*, S. 382–406.

KERMABON, Jacques et al. (Hg.): *Jean Epstein. La Chute da la Maison Usher*. Themenheft der Zeitschrift *L'Avant-scène Cinéma*, Nr. 313/314, Oktober 1983.

KESSLER, Frank: «Henri Bergson und die Kinematographie». In: *Kintop. Jahrbuch zur Erforschung des frühen Films*, Nr. 12 (Thema: «Theorien zum frühen Kino»), 2003, S. 12–16.

KESSLER, Frank: «Photogénie und Physiognomie». In: CAMPE, Rüdiger u. SCHNEIDER, Manfred (Hg.): *Geschichten der Physiognomik*. Reihe: «Litterae», Bd. 36. Freiburg. i. Breisgau: Rombach 1996, S. 515–534 [Erstveröffentlichung einer ersten Fassung in den Akten des *Colloque Mots/Images/Sons*, Rouen 1989].

KIPPHOFF, Petra u. ASSHEUER, Thomas: «Ist Wissen von Natur aus schön? Versuchte Nähe: Über das heikle Verhältnis von Wissenschaft und Kunst. Ein ZEIT-Gespräch mit Horst Bredekamp und Jochen Brüning» (anlässlich der Ausst. «Theatrum Naturae et Artis» im Martin-Gropius-Bau Berlin 2001). In: *Die Zeit*, 1. März 2001 (zit. n. der Online-Ausgabe auf: www.zeit.

de/2001/10/200110_bredekamp. xml, 04.06.2011).

KLEE, Paul: *Das bildnerische Denken. Form und Gestaltungslehre*. Bd. I. Hg. und bearb. v. Jürg Spiller. Basel/Stuttgart: Schwabe & Co 1971.

KLEEBERG, Bernhard: *Theophysis. Ernst Haeckels Philosophie des Naturganzen*. Köln etc.: Böhlau 2005 (überarb. Dissertation, Universität Konstanz).

KNIGHT, Arthur: «Sweden's Arne Sucksdorff». In: JACOBS, Lewis (Hg.): *The Documentary Tradition*. 2. Aufl. New York: Norton 1979, S. 233–235 [Erstveröffentlichung in: *The New York Times*, 21.11.1948].

KOLLEKTIV: *Georges Franju, cinéaste*. Paris: Maison de la Villette 1992.

KRACAUER, Siegfried: «Kult der Zerstreuung. Über die Berliner Lichtspielhäuser». In: DERS.: *Das Ornament der Masse*. Essays. Frankfurt a. M.: Suhrkamp 1963, S. 311–317 [Erstveröffentlichung in der *Frankfurter Zeitung*, 04.03.1926].

* KRACAUER, Siegfried: *Theorie des Films: Die Errettung der äußeren Wirklichkeit*. Reihe: «Suhrkamp Taschenbuch Wissenschaft» 546. Frankfurt a. M.: Suhrkamp 1985 [inbes. S. 67; Erstveröffentlichung unter dem Titel *Theory of Film: The Redemption of Physical Reality* bei: Oxford University Press, New York 1960; Ch. H.].

KRANZ, Helene: *Diatomeen im 19. Jahrhundert. Typenplatten und Salonpräparate von Johann Diedrich Möller*. Reihe: «Abhandlungen des Naturwissenschaftlichen Vereins in Hamburg», Nr. 41. Keltern-Weiler: Naturwissenschaftlicher Verein in Hamburg/Goecke & Evers 2009.

KRAUSS, Rosalind E.: *Die Originalität der Avantgarde und andere Mythen der Moderne*. Amsterdam und Dresden: Verlag der Kunst 2000 [Erstveröffentlichung unter dem Titel *The Originality of the Avant-Garde and Other Modernist Myths* bei MIT Press, Cambridge/Mass. 1985].

KUENZLI, Rudolf E. (Hg.): *Dada and Surrealist Film*. Cambridge (Mass.) und London: The MIT Press 1996 [Erstveröffentlichung bei: Willis Locker & Owens, New York 1987].

* KYROU, Ado: *Le surréalisme au cinéma*. Paris: Ramsay 2005 [inbes. das Kap. «L'infiniment petit et le monde humide et mou», S. 33–35; Erstveröffentlichung in der Reihe «Ombres blanches» bei: Arcanes, Paris 1953; Ch. H.].

* LANDECKER, Hannah: «Cellular Features: Microcinematography and Film Theory». In: *Critical Inquiry*, Bd. 31, Nr. 4, 2005, S. 903–937.

** LANDECKER, Hannah: «Microcinematography and the History of Science and Film». In: *Isis*, 97, 2006, S. 121–132 (auch auf: www.journals.uchicago.edu/doi/full/10.1086/501105, 13.06.2008).

LAWDER, Standish D.: *The Cubist Cinema*. New York: New York University Press 1975.

** LEFEBVRE, Thierry: *Cinéma et discours hygiéniste (1890–1930)*. Dissertation an der Sorbonne nouvelle/Paris 3 1996 (vgl. LEFEBVRE, *La chair et le celluloïd*).

** LEFEBVRE, Thierry: «Contribution à l'histoire de la microcinématographie: de François Franck à Comandon». In: *1895*, Nr. 14, Juni 1993, S. 35–46.

* LEFEBVRE, Thierry: «De la science à l'avant-garde. Petit panorama». In: *Images, science, mouvement. Autour de Maray*. Paris: L'Harmattan/Sémia 2003, S. 103–109.

** LEFEBVRE, Thierry: *La chair et le celluloïd. Le cinéma chirurgical du docteur Doyen*. Brionne: Jean Doyen éditeur 2004 (vgl. LEFEBVRE, Diss., *Cinéma et discours hygiéniste*).

* LEFEBVRE, Thierry: «Les métamorphoses de *Nosferatu*». In: *1895*, Nr. 29, Dezember 1999, S. 61–77 (auch online auf der Webseite der *Association française de recherche sur l'histoire du cinéma* [AFRHC]: www.afrhc.fr/articles/artnosf.htm, 16.06.2008).

** LEFEBVRE, Thierry: «Scientia: le cinéma de vulgarisation scientifique au début des années dix». In: *Cinémathèque*, Herbst 1993, S. 84–91.

** LEFEBVRE, Thierry: «Scientific films: Europe». In: ABEL, Richard (Hg.): *Encyclopedia of Early Cinema*, London/New York: Routledge 2005, S. 566–569.

** LEFEBVRE, Thierry: «The Scientia production (1911–1914): scientific popularization through pictures». In: *Griffithiana*, Nr. 47, 1993, S. 137–155.

** LEFEBVRE, Thierry und MANNONI, Laurent: «La collection des films de Lucien Bull (Cinémathèque française)». In: *1895*, Nr. 18 (Thema: «Images du réel. La non-fiction en France [1890–1930]», hg. v. Thierry Lefebvre), Sommer 1995, S. 145–152.

LÉGER, Fernand: «*La Roue*: Its Plastic Quality». Übers. auf dem Franz. v. Alexandra Anderson. In: ABEL, *French Film Theory and Criticism*, Bd. I, S. 271–274 [Erstveröffentlichung unter dem Titel «*La Roue*: Sa valeur plastique» in: *Comoedia*, 16.12.1922].

LÉGER, Fernand: «Painting and Cinema». Übers. aus dem Franz. v. Richard Abel. In: ABEL, *French Film Theory and Criticism*, Bd. I, S. 372 f. [Erstveröffentlichung unter dem Titel «Peinture et cinéma» in: *Cahiers du mois*, Nr. 16/17, 1925].

* LHERMINIER, Pierre (Hg.): *Images, science, mouvement. Autour de Maray*. Mit einem Vorwort von Alain Berthoz. Reihe: «Les temps de l'image». Paris: L'Harmattan/Sémia 2003.

LIPPIT, Akira: *Electric Animal: Toward a Rhetoric of Wildlife*. Minneapolis: University of Minnesota Press 2000.

LISTA, Giovanni: «The Cosmos as Finitude. From Boccioni's Chromogony to Fontana's Spatial Art». In: CLAIR, *Cosmos*, S. 180–184.

MAAR, Christa u. BURDA, Hubert (Hg.): *Iconic Turn. Die neue Macht der Bilder.* Mit Beiträgen v. Gottfried Böhm, Horst Bredekamp, Martin Kemp, Bill Viola u. a. Köln: DuMont 2004.

MAILLARD-CHARY, Claude: *Le Bestiaire des surréalistes.* Paris: Presses de la Sorbonne Nouvelle 1994 (Dissertation an der Sorbonne Nouvelle/ Paris 3).

MANNONI, Laurent: *Etienne-Jules Marey. La mémoire de l'œil.* Paris: Cinémathèque française und Mailand: Mazzotta 1999.

* MAREY, Etienne-Jules: *Le Mouvement.* Paris: G. Masson 1894 [Exemplar der Erstauflage mit Autograph aus den Spezialsammlungen der ETH Zürich; zum Verhältnis von Chronophotographie und Kunst insbes. Kapitel X: «Locomotion de l'Homme au Point de Vue artistique», S. 165–182; Ch. H.].

MAREY, Etienne-Jules: *Le Vol des oiseaux.* Paris: Masson 1890.

** MARTINET, Alexis (Hg.): *Le cinéma et la science.* Hg. v. Institut de cinématographie scientifique (ICS). Paris: Editions CNRS 2002 [1994].

MASSON, André: *Le rebel du surréalisme. Écrits.* Hg. v. F. Will-Levaillant. Paris: Hermann 1976.

** MAURICE, Georges (alias Cirius): «La Science au cinéma: chronique documentaire» (1. Teil). in: *Film-Revue: Organe Hebdomadaire de Cinématographie,* Nr. 3, 10.01.1913, o. S.

** MAURICE, Georges (alias Cirius): «La Science au cinéma: chronique documentaire» (2. Teil), in: *Film-Revue: Organe Hebdomadaire de Cinématographie,* Nr. 4, 17.01.1913, o. S.

McDONALD, Scott: «Up Close and Political. Three Short Ruminations on Ideology in the Nature Film». In: *Film Quarterly,* Bd. 59, Nr. 3, 2006, S. 4–21.

** McKERNAN, Luke: «Putting the World Before You: The Charles Urban Story». In: HIGSON, Andrew (Hg.): *Young and Innocent? The Cinema in Britain, 1896–1930.* Exeter: University of Exeter Press 2002, S. 65–78.

** McKERNAN, Luke: «*Something More than a Mere Picture Show.*» *Charles Urban and the Early Non-Fiction Film in Great Britain and America, 1897–1925.* Dissertation, University of London (Birkbeck College) Juni 2003 (teilweise auch online auf: www.lukemckernan.com/kinemacolor.pdf, 04.05.2011).

MECKES, Oliver u. OTTAWA, Nicole: *Die fantastische Welt des Unsichtbaren. Entdeckungen im Mikrokosmos.* Reihe: «GEO». Hamburg: Gruner & Jahr 2002.

** MEUSY, Jean-Jacques: «La diffusion des films de ‹non-fiction› dans les établissements parisiens». In: *1895,* Nr. 18 (Thema: «Images du réel. La non-fiction en France [1890–1930]», hg. v. Thierry Lefebvre), Sommer 1995, S. 169–199.

MEUSY, Jean-Jacques: «La polyvision, espoir oublié d'un cinéma nouveau». In: *1895,* Nr. 31 (Thema: «Abel Gance, nouveaux regards»), Dezember 2000, S. 153–211 (auch online unter: http://1895.revues.org/document68.html, 08.10.2009).

* MICHAUD, Philippe-Alain: «Croissance des végétaux (1929). La Melencolia de Jean Comandon». In: *1895,* Nr. 18 (Thema: «Images du réel. La non-fiction en France [1890–1930]», hg. v. Thierry Lefebvre), Sommer 1995, S. 265–283.

MIGAYROU, Frédéric u. MENNAN, Zeynep (Hg.): *Architectures non standard.* Kat. der Ausst. im Centre Georges Pompidou. Paris: Centre Georges Pompidou 2003.

MITCHELL, W. T. J.: «The Pictorial Turn». In: *Artforum,* März, 1992.

MOOS (VON), Stanislaus: «Der ‹nackte Mensch› im Stadtlabor, Pipilotti Rist, die Expo 02 und das Kulturganze». In: DERS.: *Nicht Disneyland.*

Und andere Aufsätze über Modernität und Nostalgie. Zürich: Scheidegger & Spiess 2004, S. 145–170.

MORIN, Edgar: *Der Mensch und das Kino. Eine anthropologische Untersuchung.* Übers. aus dem Franz. v. Kurt Leonhard. Stuttgart: Ernst Klett 1958 [Erstveröffentlichung unter dem Titel *Le cinéma ou l'homme imaginaire* bei: Les Éditions de Minuit, Paris 1956].

MOSER, René u. SCHNEIDER, Beat: «Unterwasserwelten». Nach einer Idee v. René Moser. In: *Kino Xenix*, Vorführprogramm des Kino Xenix in Zürich mit einführenden Texten. Juni 2005, S. 1–34.

MUMFORD, Lewis: *Technics and Civilization.* London: Routledge 1934.

* MÜNSTERBERG, Hugo: *Das Lichtspiel: eine psychologische Studie (1916) und andere Schriften zum Kino.* Hg., übers., kommentiert und eingeleitet v. Jörg Schweinitz, Wien: Synema 1996, S. 29–103 [inbes. S. 36; Erstveröffentlichung der Hauptschrift unter dem Titel *The Photoplay: A Psychological Study* bei D. Appleton and Company, New York und London 1916].

NAUBERT-RISER, Constance: «Cosmic Imaginings, from Symbolism to Abstract Art». In: CLAIR, *Cosmos*, S. 218–226.

NEYER, Hans Joachim (Hg.): *Absolut modern sein. Zwischen Fahrrad und Fließband. Culture technique in Frankreich 1889–1937.* Kat. der Ausst. der Neuen Gesellschaft für Bildende Kunst e. V. in der Staatlichen Kunsthalle Berlin, Berlin: Elefanten Press 1986.

NICHOLS, Bill: *Blurred Bounderies. Questions of Meaning in Contemporary Culture.* Bloomington: Indiana University Press 1994.

NICHOLS, Bill: *Introduction to documentary.* Bloomington: Indiana University Press 2001.

NICHOLS, Bill: *Representing Realitiy. Issues and Concepts in Documentary.* Bloomington: Indiana University Press 1991.

NOGUEZ, Dominique: *Eloge du cinéma expérimental.* Paris: Editions Paris Expérimental 1999.

NORDMANN, Charles: *Einstein et l'univers. Une lueur dans le mystère des choses.* Paris: Librairie Hachette 1921.

NOUVIAN, Claire: *The Deep.* München: Knesebeck 2006 [Erstveröffentlichung unter dem Titel *Abysses* bei: Librairie Arthème Fayard, Paris 2006].

ODIN, Roger: *De la fiction.* Reihe: «Editions De Boeck Université». Brüssel: De Boeck & Larcier 2000.

ODIN, Roger: «Dokumentarischer Film, dokumentarisierende Lektüre». In: BLÜMLINGER, Christa (Hg.): *Sprung im Spiegel. Filmisches Wahrnehmen zwischen Fiktion und Wirklichkeit.* Wien: Sonderzahl 1990, S. 125–146 [Erstveröffentlichung unter dem Titel «Film documentaire, lecture documentarisante», in: LYANT, Jean-Charles und ODIN, Roger (Hg.): *Cinémas et réalités*, Saint-Étienne: CIEREC Université de Saint-Étienne 1984].

* PAECH, Joachim: «Der Bewegung einer Linie folgen … Notizen zum Bewegungsbild». In: DERS., *Der Bewegung einer Linie folgen … . Schriften zum Film*, Berlin: Vorwerk 8 2002, S. 133–162.

PAECH, Joachim (Hg.): *Film, Fernsehen, Video und die Künste. Strategien der Intermedialität.* Stuttgart und Weimar: J. B. Metzler 1994.

* PAINLEVÉ, Jean: «À propos d'un ‹nouveau réalisme› chez Fernand Léger». In: *Cahiers d'Art*, Nr. 3 u. 4, 1940, S. 70 f.

* PAINLEVÉ, Jean: «Drame néo-zoologique». In: *Europe. Revue mensuelle*, Nr. 475/476, November/Dezember 1968, S. 123 [Erstveröffentlichung in: *Surréalisme*, Nr. 1 (einzige Nummer), hg. v. Ivan Goll, Oktober 1924,

ohne Seitenangabe; unter dem Titel «Neo-Zoological Drama» ins Englische übers. v. Jeanine Herman in: BELLOWS/MCDOUGALL/BERG, *Jean Painlevé*, S. 116 f.].

* PAINLEVÉ, Jean: «Formes et mouvements dans le documentaire». Unveröffentlichtes dreiseitiges Typoskript eines 1948 gehaltenen Vortrags (in den Documents Cinématographiques Paris). Abgedruckt in: HAMERY, Diss., *Jean Painlevé*, S. 430–432; unter dem Titel «Formen und Bewegungen im Dokumentarfilm» aus dem Französischen ins Deutsche übers. v. Ch. H. als Anhang 6 in dieser Arbeit.

* PAINLEVÉ, Jean: *Jean Painlevé.* Hg. v. Les Documents Cinématographiques. Paris: Les Documents Cinématographiques 1991 [eine Auswahl gesammelter Schriftzeugnisse Jean Painlevés, Ch. H.].

* PAINLEVÉ, Jean: «Les films biologiques». In: *Lumière et Radio*, Nr. 1, September 1929, S. 15 f.

PAINLEVÉ, Jean: *Les poètes du documentaire*. Broschüre. Paris: Les Documents Cinématographiques 1948 [von Painlevé am 5. Februar 1948 vorgestelltes Filmprogramm mit einführenden Texten zu seinen und anderen vorgeführten Filmen, Ch. H.].

PAINLEVÉ, Jean: «Lucien Bull». In: *Hommage à Lucien Bull*. Broschüre. Paris: Les Documents Cinématographiques 1966 [anlässlich einer Veranstaltung zu Ehren Bulls am 16. März 1966 im Conservatoire National des Arts et Métiers Paris, Ch. H.].

PAINLEVÉ, Jean: «Scientific Film». In: BELLOWS/MCDOUGALL/BERG, *Jean Painlevé*, S. 160–169 [Erstveröffentlichung unter dem Titel «Le cinéma scientifique». In: *La Technique cinématographique*, Nr. 160, Dezember 1955].

PAINLEVÉ, Jean: «Scientifiques cinéastes et cinéastes scientifiques». In: *CinémAction*, Nr. 38, April 1986.

PAINLEVÉ, Jean: «The Castration of the Documentary». Übers. v. Jeanine Herman. In: BELLOWS/MCDOUGALL/BERG, *Jean Painlevé*, S. 148–156 [Erstveröffentlichung unter dem Titel «Castration du documentaire». In: *Les Cahiers du cinéma*, März 1953].

* PAINLEVÉ, Jean u. DERRIEN, Denis: *Jean Painlevé au fil de ses films.* Nach einer Idee von Hélène Hazéra. VHS-Kopie der Serie von 8 Dokumentarfilmen. Paris: Les Documents Cinématographiques, Arte und GMT 1988 [Painlevé erläutert chronologisch und erschöpfend sein filmisches Werk in einer Länge von je 26 Minuten, Ch. H.].

PATHÉ, Charles: «De Pathé Frères à Pathé Cinéma». In: *Premier Plan*, Nr. 55, o. J., S. 37.

PHYLETISCHES MUSEUM JENA: *Diatomeen – Formensinn*. Internetauftritt ohne Kat. der Ausst. im Phyletischen Museum der Friedrich-Schiller-Universität Jena in Zusammenarbeit mit Studenten der Bauhaus-Universität Dessau 2009/2010 auf: www.diatomeen-ausstellung.de (23.03.2010).

PIERRE, José: «Le parcours esthétique d'André Breton: une quête permanente de la révélation». In: *André Breton. La beauté convulsive.* Kat. der Ausst. im Musée national d'art moderne Centre Georges Pompidou Paris 1991, S. 18 f.

POPPLE, Simon und TOULMIN, Vanessa (Hg.): *Visual Delights: Essays on the Popular and Projected Image in the 19th Century.* Trowbridge: Flicks Books 2001.

PRODGER, Philip: *Muybridge and the Instantaneous Photography Mouvement.* Mit einem Essay von Tom Gunning. Kat. der Ausst. im Cantor Center for Visual Arts an der Stanford University (2003) und im Cleveland Museum of Art (2004). New York: Oxford University Press 2003.

RICHARDSON, Michael: *Surrealism and Cinema*. Oxford und New York: Berg 2006.

ROSSELL, Deac: *Faszination der Bewegung. Ottomar Anschütz zwischen Photographie und Kino*. Begleitband zur Ausst. «Zur Industrialisierung des Sehens. Lebende Bilder von Ottomar Anschütz» im Filmmuseum Düsseldorf und im Deutschen Filmmuseum Frankfurt a. M. Reihe: «Kintop Schriften», 6. Frankfurt a. M. und Basel: Stroemfeld 2001.

SADOUL, Georges: *Lumière et Méliès*. Hg. v. Bernhard Eisenschitz. Erweiterte Ausgabe. Reihe: «Le cinéma et ses hommes». Paris: Éditions Pierre Lherminier 1985 [Erstveröffentlichungen: *Méliès* 1961, *Lumière* 1964].

SAHLI, Jan: *Filmische Sinneserweiterung. László Moholy-Nagys Filmwerk und Theorie*. Reihe: «Zürcher Filmstudien», 14. Marburg: Schüren 2006 (filmwissenschaftliche Dissertation, Universität Zürich).

SCHAFFNER, Ingrid und SCHAAL, Eric: *Salvador Dalí's «Dream of Venus». The Surrealist Funhouse from the 1939 World's Fair*. New York: Princeton Architectural Press 2002.

SCHAUB, Mirjam: *Gilles Deleuze im Kino. Das Sichtbare und das Sagbare*. München: Wilhelm Fink 2003.

SCHIRRMACHER, Arne: «Looking into (the) Matter. Scientific Artefacts and Atomistic Iconography». Arbeitspapier des Münchner Zentrums für Wissenschafts- und Technikgeschichte, www.mzwtg.mwn.de/arbeitspapiere/arbeitspapier_schirrmacher_2006.pdf (10.02.2008).

SCHMIDT, Gunnar: «Splashes & Flashes. Über High-Speed-Visualisierungen und Wissensformen». In: HINTERWALDNER/BUSCHHAUS, *The Picture's Image*, S. 180–195 (auch auf: www.medienaesthetik.de/medien/highspeed.html, 15.10.2007).

SEWELL, Darrel (Hg.): *Thomas Eakins*. Kat. d. Ausst. im Philadelphia Museum of Art, im Musée d'Orsay und im Metropolitan Museum Philadelphia 2001.

SHORT, Robert: *The Age of Gold. Surrealist Cinema*. Reihe: «Persistence of Vision», Bd. 3. London: Creation Books 2003.

SICARD, Monique (Hg.): *Chercheurs et artistes: entre science et art, ils rêvent le monde*. Paris: Autrement 1995.

SOMMER, Sally: «Loïe Fuller». In: *The Drama Review*, Bd. 19, Nr. 1, März 1975.

* SOUPAULT, Philippe: «Un film décevant: ‹Erotikon› – À propos d'un documentaire». In: DERS.: *Écrits de cinéma*. Hg. v. Alain und Odette Virmaux. Paris: Plon 1979, S. 64 f. [Filmkritik u. a. über LA VIE DES PLANTES (v. Dr. Comandon?); Erstveröffentlichung in: *L'Europe Nouvelle*, Nr. 609, 12.10.1929, S. 1362; Ch. H.].

SPECTOR, Nancy: «The Mechanics of Fluids/Die Dynamik des Fließenden». In: *Parkett*, 48, 1996, S. 83–91.

SPIES, Werner: *Der Surrealismus. Kanon eine Bewegung*. Köln: DuMont 2003.

SPIES, Werner (Hg.): *Die surrealistische Revolution*. Kat. der Ausst. in der Kunstsammlung Nordrhein-Westfalen Düsseldorf. Ostfildern-Ruit: Hatje Cantz Verlag 2002 [Erstveröffentlichung unter dem Titel *La Révolution Surréaliste*. Hg. v. Werner Spiess. Kat. der Ausst. im Centre Georges Pompidou, Paris 2002].

* STADTKINO WIEN: *Das frühe Kino und die Avantgarde, Filmschau und Symposion*. Anlässlich der Veranstaltung vom 8. bis zum 13. März 2002 im Stadtkino Wien Internetpublikation mit Vorträgen v. Christa Blümlinger, Tom Gunning, Jan-Christopher Horak, Joachim Paech u. a. auf: www.sixpackfilm.com/archive/veranstaltung/festivals/earlycinema/earlycinema.html (16.06.2008).

STRAUVEN, Wanda (Hg.): *The Cinema of Attractions Reloaded*. Amsterdam: Amsterdam University Press 2006.

* TESTA, Bart: *Back and Forth. Early Cinema and the Avantgarde*. Toronto: Art Gallery of Ontario 1992 [vornehmlich über die Filmavantgarde der amerikanischen 1960er-Jahre und nicht der Pariser 1920er-Jahre, Ch. H.].

** THÉVENARD, Pierre u. TASSEL, Guy: *Le Cinéma Scientifique Français*. Mit einer Einleitung v. Jean Painlevé. Paris: Edition La Jeune Parque 1948.

THOMPSON, D'Arcy Wentworth: *Über Wachstum und Form*. Hg. v. John Tyler Bonner. Übers. aus dem Englischen v. Ella M. Fountain u. Magdalena Neff. Gekürzte Fassung. Basel u. Stuttgart: Birkhäuser 1973 [Erstveröffentlichung unter dem Titel *On Growth and Form* bei: Cambridge University Press, Cambridge 1917].

THIEL, Christian: «Zur Dynamik von Wissenschaft, Grenzwissenschaften und Pseudowissenschaften in der Moderne». In: HOLLÄNDER/ THOMSEN, *Besichtigung der Moderne*, S. 215–232.

** TOSI, Virgilio: *Cinema Before Cinema. The Origins of Scientific Cinematography*. Übers. aus dem Italienischen v. Sergio Angelini, London: BUFVC 2005 [Erstveröffentlichung unter dem Titel *Il cinema prima di Lumière* bei Edizioni Rai Radiotelevisione Italiana, Turin 1984].

TREBUIL, Christophe: *L'œuvre singulière de Dimitri Kirsanoff*. Mit einem Vorwort v. Jean A. Gili. Paris: L'Harmattan 2003 [mit Angaben zu Kirsanoffs Aufsätzen «Les mystères de la photogénie» (*Cinéa-Ciné-pour-tous*, Nr. 39, 15.07.1925) und «Les problèmes de la photogénie» (*Cinéa-Ciné-pour-tous*, Nr. 62, 01.06.1926); Ch. H.].

TRÖHLER, Margrit: «Die sinnliche Präsenz der Dinge oder: die skeptische Versöhnung mit der Moderne durch den Film». In: KIENING, Christian (Hg.): *Mediale Gegenwärtigkeit*. Reihe: «Medienwandel – Medienwechsel – Medienwissen», Bd. 1. Zürich: Chronos 2007, S. 283–306.

TRÖHLER, Margrit: «Von Weltenkonstellationen und Textgebäuden. Fiktion-Nichtfiktion-Narration in Spiel- und Dokumentarfilm». In: *Montage AV*, 11/2 (Thema: «Pragmatik des Films»), 2002, S. 9–41.

* TRUNIGER, Fred: «*Was uns vom wirklichen Geheimnis trennt, ist eine zehnmilliardstel Sekunde*». *Mögliche Wahrheiten: Essayistische Strategien im wissenschaftlichen Dokumentarfilm*. Lizentiatsarbeit der Universität Zürich 2000.

TUCHMAN, Maurice und FREEMAN, Judi (Hg.): *Das Geistige in der Kunst. Abstrakte Malerei 1890–1985*. Kat. d. Ausst. im Los Angeles County Museum und im Gemeentemuseum Den Haag. Ins Deutsche übersetzte Version. Stuttgart: Urachhaus 1988.

UEXKÜLL, Jakob v. und KRISZAT, Georg: *Streifzüge durch die Umwelten von Tieren und Menschen. Ein Bilderbuch unsichtbarer Welten. Bedeutungslehre*. Hg. v. Thure v. Uexküll und Ilse Grubrich-Simitis. Mit einem Vorwort v. Adolf Portmann und einer Einleitung v. Thure v. Uexküll. Reihe: «Conditio humana. Ergebnisse aus den Wissenschaften vom Menschen». Frankfurt a. M.: S. Fischer 1970 [Erstveröffentlichung in der Reihe «Verständliche Wissenschaft», Bd. 21, bei J. Springer, Berlin 1934].

** URBAN, Charles: *The Cinematograph in Science, Education, and Matters of State*. London: Charles Urban Trading Company 1907 (in Auszügen auch auf: www.charlesurban.com/manifesto.htm, 09.01.2011).

VAIHINGER, Hans: *Die Philosophie des Als Ob. System der theoretischen, prak-*

tischen und religiösen Fiktionen der Menschheit auf Grund eines idealistischen Positivismus. Mit einem Anhang über Kant und Nietzsche. Neu hg. v. Esther von Krosigk, Reihe: «Edition Classic». Saarbrücken: Verlag Dr. Müller 2007 [Erstveröffentlichung bei: Meiner, Leipzig 1927].

VIOLA, Bill: «Das Bild in mir – Videokunst stellt die Welt des Verborgenen dar». In: MAAR/BURDA, Iconic Turn, S. 260–282.

VIRMAUX, Alain u. Odette: Artaud/Dulac. «La Coquille et le Clergyman», essai d'élucidation d'une querelle mythique – «The Seashell and the Clergyman», an attempt to shed light on a mythic incident. Übers. v. Französischen ins Englische v. Tami Williams. Reihe: «Sine qua non». Paris: Éditions Paris Expérimental 1999.

VIRMAUX, Alain u. Odette: «Documentarisme et avant-garde». In: BRENEZ/LEBRAT, Jeune, dure et pure!, S. 104–106.

VIRMAUX, Alain u. Odette: Les surréalistes et le cinéma. Paris: Seghers 1976.

* VUILLERMOZ, Émile: «La cinématographie des microbes (Le docteur Comandon)». In: BRENEZ/LEBRAT, Jeune, dure et pure!, S. 109 f. [Erstveröffentlichung in: Le Temps, 09.11.1922].

* VUILLERMOZ, Émile: «La photogénie des bêtes». In: COLETTE, cinéma, S. 370 f. [Erstveröffentlichung in: Le Temps, 09.07.1927].

WACKERS, Ricarda: Dialog der Künste. Die Zusammenarbeit von Kurt Weill und Yvan Goll, Reihe: «Veröffentlichungen der Kurt-Weill-Gesellschaft Dessau», Bd. 5. Münster etc.: Waxmann 2004 (Dissertation, Univ. des Saarlandes).

WAGNER, Frank: Chironex fleckeri oder Momente in der Schwebe (Mulholland Drive). Kat. der Ausst. mit John Lovett, Alessandro Codagnone, Dorothy Cross, Tyyne Claudia Pollman u. a. in der Neuen Gesellschaft für Bildende Kunst (NGBK) Berlin 2003.

WEBER, Heiko: «Der Monismus als Theorie einer einheitlichen Weltanschauung am Beispiel der Positionen von Ernst Haeckel und August Forel». In: ZICHE, Paul (Hg.): Monismus um 1900. Wissenschaftskultur und Weltanschauung. Reihe: «Ernst-Haeckel-Haus-Studien. Monographien zur Geschichte der Biowissenschaften und Medizin», Bd. 4. Berlin: VWB-Verlag für Wissenschaft und Bildung 2000, S. 81–127.

WILLIAMS, Linda: Figures of Desire. A Theory and Analysis of Surrealist Film. Urbana: University of Illinois Press 1981.

WÖLFFLIN, Heinrich: «Das Erklären von Kunstwerken». In: DERS.: Kleine Schriften (1886–1933). Hg. v. Josef Gantner. Basel: Schwabe 1946 [Erstveröffentlichung bei E. A. Seemann, Leipzig 1921].

WORTHINGTON, Arthur Mason: A Study of Splashes. London u. a.: Longmans, Green and Co. 1908 [in vorzüglicher Auflösung aus dem Bestand der Library of the University of California online auf Internet Archive www.archive.org/details/studyofsplashes00wortrich, 04.05.2011].

ZEILINGER Anton: Einsteins Spuk. Teleportation und weitere Mysterien der Quantenphysik. Übers. aus dem Engl. v. Friedrich Griese. Hamburg: Bertelsmann 2005.

ZEILINGER Anton: «Von Einstein zum Quantencomputer. Philosophische Debatte legte den Grundstein zu einer neuen Informationstechnologie». In: Neue Zürcher Zeitung, 30.06.1999, S. 72.

Internet

ASSOCIATION FRANÇAISE DE RE-
CHERCHE SUR L'HISTOIRE DU
CINÉMA
http://www.afrhc.fr
CHARLES URBAN – MOTION PIC-
TURE PIONEER
http://www.charlesurban.com
DICTIONNAIRE DU CINÉMA FRAN-
ÇAIS DES ANNÉES VINGT
http://dsi.cnrs.fr/AFRHC/erra-
ta33–1.html
LESDOCS – LES DOCUMENTS CINÉ-
MATOGRAPHIQUES/ARCHIVES
PAINLEVÉ (38 avenue des Ternes,
75017 Paris, Direktorin: Brigitte
Berg, Tel.: 01 45 72 27 75)
http://www.lesdocs.com
IAMS – INTERNATIONAL ASSOCIA-
TION FOR MEDIA IN SCIENCE
http://www.iams.org.uk
ICONIC TURN – HUBERT BURDA
STIFTUNG
http://www.iconicturn.de

ICS – L'INSTITUT DE CINÉMATO-
GRAPHIE SCIENTIFIQUE (1 place
Aristide Briand, 92195 Meudon Ce-
dex)
http://www.ics.cnrs.fr
LIGHTCONE – CINÉMA EXPÉRIMEN-
TAL
http://www.lightcone.org
MAREY, ETIENNE-JULES: VIRTUELLE
AUSSTELLUNG DER CINEMA-
THÈQUE FRANÇAISE
http://www.expo-marey.com
VIRTUELLES INSTITUT FÜR BILD-
WISSENSCHAFT
http://www.bildwissenschaft.org
WHO'S WHO OF VICTORIAN CINEMA
http://www.victorian-cinema.net/
intro.htm
WILDFILM HISTORY – 100 YEARS OF
WILDLIFE FILMMAKING
www.wildfilmhistory.org

Abbildungsnachweis

Filmografie (Auswahl)[*]

Mit einigen Ausnahmen beschränkt sich die Auswahl der Filmografie einerseits auf Avantgardefilme der Pariser 1920er-Jahre, die wissenschaftsfilmische Verfahren im Sinne einer avantgardistischen Rezeption von Wissenschaftsfilm in ihren Filmen aufweisen und andererseits auf avantgardistische Wissenschaftsfilme Painlevés. Die Ausnahmen werden gebildet von späteren populärwissenschaftlichen Filmen Painlevés, die allerdings bis zu seinem Tod den Geist der Avantgarde atmen, desweiteren von den in den 1930er-Jahren entstandenen aquatischen Filmen Moholys und Rosselinis, die aquatische und populärwissenschaftliche Bindeglieder darstellen zwischen dem avantgardistischen/dokumentaristischen Geist der Kurzfilme der Zwischenkriegszeit und dem dramatischen/visuell spektakulären Geist der aquatischen Großproduktionen der 1950er-Jahre, und schließlich vom genrefremden Vampirfilm Murnaus, der aber mit seinen populärwissenschaftlichen Einschlüssen als Kultfilm der Pariser Surrealisten hier mitberücksichtigt wird.

* Die Quellen der filmografischen Angaben sind: ARNOLD/FARIN/SCHMID, *Nosferatu*, letzte Seite; BOUHOURS/DE HAAS, *Man Ray*, S. 59 f.; BOUVIER/LEUTRAT, *Nosferatu*, S. 252 f., 256 u. 272; DÖGE, Diss., *Pro- und antifaschistischer Neorealismus*, S. 409 f.; HAMERY, Diss., *Jean Painlevé*, S. 463 f.; EPSTEIN, *Écrits sur le cinéma*, Bd. II, S. 336; GRAMANN et al., *Dulac*, S. 140 f. u. 147; HAMMOND, *L'Âge d'Or*, S. 72 f.; KARDISH, «Entr'acte», S. 250; KERMABON et al., *La Chute de la Maison Usher*, S. 36; MEUSY, La polyvision, S. 187; SAHLI, *Filmische Sinneserweiterung*, S. 192; und die Internet Movie Database (www.imdb.com).

Die großen Abwesenden dieser Filmografie sind die wissenschaftlichen Filme selbst, die von der Pariser Avantgarde gezeigt, rezipiert und diskutiert wurden. Sie hätten genauso Berechtigung, in dieser Filmografie zu erscheinen, nicht zuletzt deswegen, weil sie in den 1920er- und 1930er-Jahren als Kinoereignisse oder gar als Avantgardefilme rezipiert wurden. So hätte zum Beispiel der Zeitrafferfilm von Nancy, den Epstein in *Le Cinématographe vu de l'Etna* (1926) beschreibt, genauso seinen Platz wie viele populärwissenschaftliche Filme der 1910er-Jahre und die populärwissenschaftlichen Filme aus der Produktion von Tedescos Laboratoire scientifique du Vieux-Colombier Ende der 1920er-Jahre. Leider sind diese Filme und ihre Angaben kaum zugänglich. Wir müssen uns also mit dieser Erwähnung begnügen.

Acéra ou le bal des sorcières
(F 1978)
Regie, Kamera und Schnitt: Jean Painlevé und Geneviève Hamon. **Kommentar:** Jean Painlevé, gesprochen vom Autor. **Produktion:** Les Documents Cinématographiques. **Musik:** Pierre Jansen, unter der Leitung von André Girard. **Dreharbeiten:** zwischen 1969 und 1978. **Uraufführung:** 1. Februar 1978 im Palais de la Découverte. **Format:** 35 mm, Farbe, Ton. **Länge:** 13 Min. *Kurzfilm/aquatischer populärwissenschaftlicher Film*

Acéra ou le bal des sorcières
(F, unveröffentlicht)
Experimentelle Variante von Acéra ou le bal des sorcières (1978), mit Negativ- beziehungsweise Umkehreffekt, Farbveränderungen und neuer Montage

Regie, Kamera und Schnitt: Jean Painlevé. Kommentar: keiner. Musik: keine. Dreharbeiten: unbekannt. Format: VHS. Länge: unbestimmt. *Kurzfilm/experimenteller aquatischer populärwissenschaftlicher Film*

L'Âge d'Or

(F 1930)
Regie: Luis Buñuel. Regieassistenz: Jacques-Bernard Brunius und Claude Heymann. Drehbuch: Salvador Dalí u. Luis Buñuel. Kamera: Albert Duverger. Produktion: Vicomtes Charles et Marie-Laure de Noailles. Musik (allesamt Stücke auf Grammophonplatte, ausgewählt von Luis Buñuel): Hebriden-Ouvertüre und Symphonie Nr. 4, genannt die «italienische», v. Mendelssohn Bartholdy; «Ave verum corpus» von Mozart; 5. Symphonie v. Beethoven; «La Mer est plus belle» von Debussy; «Du holdes Vöglein» aus dem zweiten Akt aus Wagners Oper «Siegfried»; «Vorspiel» und «Liebestod» aus Wagners Oper «Tristan und Isolde»; «Gallito» (ein Paso doble); Die Karfreitagstrommeln aus Calanda (Volksbrauch aus Aragón, hier gespielt von zwölf Trommlern der Republikanischen Garde); musikalische Verbindungsstücke: Georges Van Parys. Darstellerinnen/Darsteller (Auswahl): Gaston Modot (der Mann). Lya Lys (junges Mädchen). Uraufführung: 30. Juni 1930 im Kinosaal des Anwesens der Noailles an der Place des États-Unis, Paris 16e (öffentliche Erstaufführung für geladene Gäste: 22. Oktober 1930 im Pariser Panthéon Cinema; französischer Kinostart: 28. November 1930 im Pariser Studio 28). Format: 35 mm, s/w, Ton. Länge: 63 Min. *Surrealistischer Avantgardefilm*

Assassins d'eau douce

(F 1947)
Regie, Kamera und Schnitt: Jean Painlevé. Regieassistenz: Geneviève Hamon. Kommentar: Jean Painlevé, vom Autor gesprochen. Ton: Pierre Bertrand. Produktion: Cinégraphie documentaire (Eigenproduktion). Musik: «Mahogany Hall Stomp» v. Louis Armstrong; «Drop Me Off in Harlem», «Slippery Horn» und «Stompy Jones» v. Duke Ellington; «Wire Brush Stomp» v. Gene Krupa; «Rhythm Spasm» v. Baron Lee; «White Heat» v. Jimmie Lunceford. Dreharbeiten: 1946–1947. Uraufführung: Juni 1947 am Festival mondial du Film et des Beaux-Arts, Brüssel (der Film erhielt daselbst den Schuljugendfilmpreis). Format: 35 mm, s/w, vertont. Länge: 25 Min. *Kurzfilm/aquatischer populärwissenschaftlicher Film*

Caprelles et Pantopodes

(F 1931)
Régie und Schnitt: Jean Painlevé. Regieassistenz: Geneviève Hamon. Kamera: Éli Lotar. Kommentar: Jean Painlevé, gesprochen vom Autor. Produktion: La Cinégraphie documentaire. Musik: Maurice Jaubert und Roland Manuel nach Suiten von Domenico Scarlatti, eingespielt vom Orchestre symphonique de Paris unter der Leitung von Maurice Jaubert. Dreharbeiten: 1929. Uraufführung: 23. Dezember 1930 im Pariser Kino Miracles. Format: 35 mm, s/w, Ton mit Zwischentiteln. Länge: 9 Min. *Kurzfilm/aquatischer populärwissenschaftlicher Film*

La Chute de la Maison Usher

(F 1928)
Regie: Jean Epstein. Regieassistenz: Luis Buñuel. Drehbuch: Jean Epstein nach zwei Novellen von Edgar Allan Poe (*Le Portrait ovale* und *La Chute de la maison Usher*). Kamera: Georges und Jean Lucas. *Zeitlupe*: Hebert. Produktion: Les Films Jean Epstein. Darstellerinnen/Darsteller (Auswahl): Jean Debucourt (Sir Roderick Usher). Marguerite Gance (Madeleine Usher). Dreharbeiten: 1928. Uraufführung: 5. Oktober 1928. Format: 35 mm, s/w, stumm. Länge: 63 Min. *Spielfilm/Drama*

CRISTALLISATION
(F 1928)
Kurzfilm in Dreifachprojektion / wissenschaftlicher Avantgardefilm
Regie: Abel Gance. **Schnitt:** Abel Gance. Nach einem ursprünglich holländischen Kurzfilm – wahrscheinlich einem wissenschaftlichen Film über Flüssigkristalle – mit dem französischen Titel ROYAUME DES CRISTAUX. Verbleib unbekannt.

ENTR'ACTE
(F 1924)
Regie: René Clair. **Drehbuch:** Francis Picabia. **Kamera:** Jimmy Berliet. **Produktion:** Rolf de Maré.
Uraufführung: 4. Dezember 1924, der erste Teil als Auftaktfilm, der zweite Teil als Pausenfilm in der Aufführung von *Relâche* der Ballets Suédois im Pariser Théâtre des Champs-Elysées. Wiederaufgeführt am 21. Januar 1926 als Vorfilm zu LA RUE SANS JOIE von G. W. Papst im Pariser Studio des Ursulines.
Kurzfilm/dadaistischer Avantgardefilm

L'ÉTOILE DE MER
(F 1928)
Regie: Man Ray. **Drehbuch:** Robert Desnos. **Kamera:** Man Ray. **Kamerassistenz:** Jacques-André Boiffard. **Musik:** Desnos sah eine musikalische Begleitung vor; erhalten sind Man Rays Angaben aus den 1940er-Jahren zur musikalischen Begleitung durch Schallplatten («C'est lui», «Los Piconeros», «Saetas de ‹La Niña de los peines›», «Au fond de tes yeux», «Signomi sou zito»; genauere Angaben in BOUHOURS/DE HAAS, *Man Ray*, S. 60).
Darstellerinnen/Darsteller: Alice Prin / Kiki (die Frau), André de la Rivière (der Mann), Robert Desnos (ein anderer Mann).
Uraufführung: Im privaten Rahmen am 13. Mai 1928 im Pariser Studio des Ursulines, anschließend daselbst im öffentlichen Rahmen; des Weiteren am 16. Juni 1928 im Pariser Vieux Colombier.

Format: 35 mm, s/w, stumm. **Länge:** 15 Min.
Kurzfilm/surrealistischer Avantgardefilm

ÉTUDE CINÉGRAPHIQUE SUR UNE ARABESQUE
(F 1929)
Regie: Germaine Dulac. **Kamera:** Germaine Dulac. **Produktion:** Germaine Dulac?
Uraufführung: 1929, Ort unbekannt.
Format: 35 mm, s/w, stumm, ohne Zwischentitel. **Länge:** 7 Min. (bei 18 B/s, Version der Cinémathèque Française, Paris).
Kurzfilm/Avantgardefilm

FANTASIA SOTTOMARINA
(I 1940)
Regie und Sujet: Roberto Rossellini. **Kamera:** Rodolfo Lombardi. **Produktion/Verleih:** Industrie cortometraggi Milano (INCOM) **Musik:** Edoardo Micucci.
Dreharbeiten: Sommer 1938, im Wohnhaus von Marcella De Marchis und Rossellini in Ladispoli bei Rom. **Uraufführung:** 12. April 1940 im Kino Supercinema, Rom.
Format: 35 mm, s/w, Ton. **Länge:** 12 Min.
Kurzfilm/inszenierter aquatischer Dokumentarfilm

GERMINATION D'UN HARICOT
(F 1928)
Regie und Kamera: Germaine Dulac? Dr. Jean Comandon? Jean Tedesco? **Produktion:** Centre de documentation de Boulogne? Laboratoire scientifique du Vieux-Colombier?
Uraufführung: 1928?
Kurzfilm/populärwissenschaftlicher Zeitrafferfilm im Fundus von Germaine Dulac, heute unauffindbar

L'HIPPOCAMPE
(F 1935)
Regie und Schnitt: Jean Painlevé. **Regieassistenz:** Geneviève Hamon. **Kamera:** André Raymond. **Kommentar:** Jean Painlevé, gesprochen von Ben Danou. **Produktion:** La Cinégraphie documen-

taire. **Musik:** Opus 137 von Darius Milhaud.
Dreharbeiten: Zwischen 1931 und 1934, u. a. in der Bucht von Arcachon. **Uraufführung:** Im Mai 1935 in den Pathé-Kinosälen.
Format: 35 mm, s/w, Ton. **Länge:** 15 Min.
Kurzfilm/aquatischer populärwissenschaftlicher Film

LIFE OF THE LOBSTER, auch: **LOBSTERS**
(GB 1936)
Regie: John Mathias und László Moholy-Nagy. **Kamera und Schnitt:** László Moholy-Nagy. **Produktion:** Bury Productions Ltd. **Musik:** Arthur Benjamin/ Muir Mathieson.
Dreharbeiten: England 1935–1936. **Uraufführung:** London 1936.
Format: 35 mm, s/w, Ton. **Länge:** 17 Min.
Kurzfilm/aquatischer Dokumentarfilm

NOSFERATU. EINE SYMPHONIE DES GRAUENS
(D 1922)
Regie: Friedrich Wilhelm Murnau. **Drehbuch:** Henrik Galeen nach dem Roman von Bram Stoker. **Kamera:** Fritz Arno Wagner. **Produktion:** Albin Grau u. Enrico Dieckmann für Prana-Film GmbH, Berlin. **Musik:** Hans Erdmann (1922).
Uraufführung: 15. März 1922 im Berliner Primus-Palast (die Erstaufführung der ersten französischen Fassung [Verleih: Cosmograph] fand unter dem Titel NOSFÉRATU LE VAMPIRE am 16. November 1922 im Pariser Ciné-Opéra, die Erstaufführung der zweiten französischen Fassung mit dem gleichen Titel im Pariser Kino Ciné-latin am 24. Februar 1929 statt).
Format: 35 mm, s/w, stumm. **Länge:** 64 Min. (diese Dauer entspricht der späteren Länge von 1742 m bei 24 B/s, die Originallänge beträgt 1967 m).
Spielfilm, Drama

LE TEMPESTAIRE
(F 1947)
Regie: Jean Epstein. **Drehbuch:** Jean Epstein. **Kamera:** Albert-S. Militon. **Musik:** Yves Baudrier.
Darstellerinnen/Darsteller: Fischer und Leuchtturmwächter von Belle-Île-en-Mer. **Drehort:** Die französische Atlantikinsel Belle-Île. **Produktion:** Nino Constantini für Cinémagazine. **Format:** 35 mm, s/w, Ton. **Länge:** 22 Min.
Kurzfilm/Spielfilm/inszenierter Dokumentarfilm

THÈMES ET VARIATIONS
(F 1929)
Regie: Germaine Dulac. **Kamera:** Germaine Dulac. **Schnitt:** Germaine Dulac. **Produktion:** Germaine Dulac?
Uraufführung: 1929, Ort unbekannt.
Format: 35 mm, s/w, stumm, ohne Zwischentitel. **Länge:** 9 Min. (bei 18 B/s, Version der Cinémathèque Française, Paris).
Kurzfilm, Avantgardefilm

LE VAMPIRE
(F 1945)
Regie und Schnitt: Jean Painlevé. **Regieassistenz:** Geneviève Hamon. **Kamera:** André Raymond. **Kommentar:** Jean Painlevé, gesprochen vom Autor. **Produktion:** La Cinégraphie documentaire. **Musik:** «Black and Tan Fantasy» und «Echoes of the Jungle» von Duke Ellington.
Dreharbeiten: 1939, geschnitten und vertont während des Sommers 1945. **Uraufführung:** Herbst 1945 auf dem siebten Kongress der L'Association pour la documentation photographique et cinématographique dans les sciences (ADPCS).
Format: 35 mm, s/w, Ton. **Länge:** 9 Min.
Kurzfilm, biologischer Dokumentarfilm